CHINA
ONLINE VIDEO
CASE STUDY REPORT 2016

中国网络视频
年度案例研究
2016

王晓红 付晓光 ◎主编 包圆圆 ◎副主编

U0248513

中国传媒大学 出版社
·北京·

序 言

网络改变了人与信息的接触方式和沟通方式,建构了信息时代新的社会形态。作为互联网生态的重要组成部分,异军突起的网络视频迅速建构了自己的产业阵地,并在与传统视频产业的竞争合作中重新定义了新的"游戏规则"。基于互联网的视频生产更多是针对年轻群体,以互动的方式传播,注重话题属性和用户体验。不同于以往的平台架构和用户群体,网络视频打开了更多创新空间。就在 2015 年,纯网综艺《偶滴歌神啊》大受欢迎,微信公众号"一条"人气高涨,强 IP《盗墓笔记》引发关注······与此同时,传统电视与互联网的融合也呈现出活跃态势。网络视频反哺、台网跨屏互动等合作方式愈发频繁,并日趋固化。可以说,网络视频已经突破了传统的视频生产范式,用新的视频语法带来了颠覆性的冲击。

网络视频给学界带来了广阔的思考空间,越来越多的学者聚焦于此,从理论高度求索规律,并贡献了很多真知灼见。但遗憾的是,现阶段相关学术成果的呈现渠道还相对分散,学术成果向业界应用转化的速度还可以进一步提升。在网络视频技术与理念快速更迭的今天,交流对话是促进双方共同进步的必经之路。学界内部、学界与业界之间,都亟须搭建更多高水平的对话平台。

有鉴于此,在 2015 年度相关研究的基础上,中国网络视频研究中心推出了新一期《中国网络视频年度案例研究(2016)》。与其他大面积铺开的蓝皮书形式不同,本书有三个突出特点:经典、深入、实用。经典,即本书选录的案例能够充分代表 2015 年度的热点现象,典型性强、影响力大。课题组经过反复研讨判定,遴选出了 IP 转换、纯网综艺、网络剧、移动短视频等主题,以及乐视、腾讯等独具特色的产业发展模式。深入,即文章的体量大,思考深入、信息丰沛。实用,是指通过分析具体案例的方式进行研究,趣味性、针对性更强,参考价值更大。而且在写作过程中,本书的作者们多次深入一线调研,力求言之有物。这十个案例虽然不能代表整个网络视频的发展趋势,但从中可以看出纯网综艺制作投入加大、超级网络剧发展迅速、政治传播与网络视频正逐步结合等趋势。

网络视频产业方兴未艾,虽然还面临着结构升级、优化配置等问题,但在我们期许的未来,网络视频必将赢得更大的发展空间,承载更多的文化使命。《中国网络视频年度案例研究(2016)》描绘出了宏观的行业路线和清晰的思想图谱。它不仅是一次对年度热点的全面梳理,更是对网络视频与传统视频相融合的"大视频时代"的深度解读。

中国网络视频研究中心成立至今,一直致力于多方向的探索和促进业界、学界间的交流沟通,力图立足于网络视频输出高品质研究成果。除本书之外,中国网络视频研究中心还参与了相关节目的研发,与爱奇艺联合打造的《偶滴歌神啊》上线30天总播放量破2亿,并在百度风云榜的综艺节目类中排名第一;中心的微信公众号"知著网"(ID:COVRICUC)自运营以来生产了很多高质量内容,文章多次被权威媒体转载,取得了良好的社会反响。

在此衷心地感谢社会各界对中心工作的支持。也希望本书能够得到专家学者的斧正,使之能够更好地服务于产业发展、学术研究。

中国网络视频研究中心主任

目录 >>>CONTENTS

产业篇

综述篇

2015：大视频时代的行业变局与发展路向

◎ 钟大年

摘要：在媒介融合背景下，网络视频行业格局正在不断地发生变革，同时，传统广电媒体也进一步加快与互联网新媒体的融合步伐，不断探索新的生存业态。不难看出，"大视频时代"成为 2015 年传统广电媒体和网络视频发展最主要的特征。本文以"大视频时代"作为切入口，一方面，探讨 2015 年爱奇艺、腾讯视频、优酷土豆等商业视频网站在产业布局、资本运营、盈利模式等方面的新动态、新举措；另一方面，探讨了 2015 年传统广播电视媒体典型的媒体融合发展之路。

关键词：媒介融合；网络视频；"大视频时代"；行业变局

2015 年，网络视频的格局因"媒介融合"而发生了改变。除原来大家关注的商业视频网站之外，传统广电媒体加快了与互联网的融合，"互联网+""广电+""双平台"等等，传统广电开始探索有网络特点的新的生存业态。此外，广播电视、IPTV（宽带电视、电信电视）、OTT（互联网电视）、视频网站以及手机视频等多种媒介形态，共同构成了我国目前的视频行业。这种合流，逐渐显现出了我们称之为"大视频"的业态格局。

当我们打理 2015 年网络视频的发展时，大视频不可忽视地进入了我们观察的视野，从宏观上扩大了"网络视频"这个概念的内涵和外延。下面，我们分头来进入我们的观察。

一

2015 年，商业视频网站的发展显现出强烈的变革态势，资本改变行业的格局、视频网站尝试改变盈利模式、行业生态中试图降低娱乐属性，这些求变的尝试，都有新的可供观察的亮点。

对于网络视频行业而言，2015 年最大的事就是确立了 BAT 三足鼎立的行业格局，而三者各自的发展路向又各有不同。

（一）过去一年腾讯发力重整腾讯视频，一年时间迅速崛起，跻身巨头行列。

腾讯视频的价值是从一部纪录片显现出来的。两会之前，柴静的《穹顶之下》纪录片成为一个社会的热点，这部纪录片在讲述雾霾的危害和环保的重要性的同时，也引起了很大争论。一个各大视频网站的播放数据统计显示，在纪录片播出的第二天，截止到2015年3月1日18时，腾讯视频播放10476.4万次，乐视播放2086万次，优酷播放1898万次，搜狐播放363万次，爱奇艺播放336万次等，腾讯视频遥遥领先。

腾讯视频的播放量高出其他视频网站几倍甚至几十倍，很重要的原因是腾讯视频有立体化的传播平台，依托于腾讯强大的社交体系和全平台流量导入，腾讯视频得到了腾讯微博、腾讯新闻客户端、微信等的联动。特别是移动互联网的优势，强化了它的全平台能力。这从另一方面说明，视频行业的竞争不只是视频网站本身的竞争，而是全平台的竞争。

腾讯视频定位于中国最大的在线视频媒体平台，以丰富的内容、便捷的登录方式、24小时多平台无缝应用体验，以及快捷分享的产品特性吸引了大量用户，以技术的驱动力吸引流量流向腾讯视频的平台：

1.腾讯视频启动的"移动为先"战略，通过与新闻客户端、微信朋友圈、微博、微视等媒体内容类APP产品的内容合作拉动腾讯视频用户量，以视频为载体，加强腾讯各个APP的信息流转，形成良性的互动体验。

2.以虚拟客厅场景应用，将家庭TV的概念从传统同屏同地收看模式，拓展到同地不同屏、同屏不同地、不同地也不同屏的多元体验模式，从而最大化地改善与提升了用户的移动和互动体验。

在过去一年，社交网络视频内容消费量的增长是一个全世界都非常明显的趋势，在美国就很流行社交网络视频，中国也是同样，据统计，在腾讯的微信内，视频浏览量在三季度同比翻了两番。腾讯视频依托腾讯的社交平台，出击移动视频，还真的找到了一条逆袭之路。

从平台的思维出发，腾讯视频还重构着它的内容运作模式：

1.腾讯的在线视频业务因为平台的原因，可以保证其拥有独特的优势，其中一个优势就是可以将不同形式的版权内容提供给整个平台。于是，购买大量独家或独特优质的内容就很重要，比如NBA转播权、HBO版权、派拉蒙公司的电影版权、星球大战的版权和007系列电影版权等。

2.在原创战略中，在自制剧方面，探索互联网众筹剧模式，强化用户需求和内容的结合，增强互动以及充分迎合广告主需求，使"边写边拍边播"模式成为可能。在原创节目上，与电视台和制作机构展开更深层次的合作，将微信、微博等移动社交平台全面渗透到节目生产与运营链条中,真正实现从网台同播转型到网台互动,从 play(看)到 play2.0(看+玩)的模式。

3.腾讯的手游也采取了新的增长策略,将新游戏发布于腾讯的两大社交平台——微信和 QQ 上。另外,也在应用宝和浏览器产品上推广这些游戏产品,为手游产品的推广提供了新的渠道和场景。在游戏内容开发方面,腾讯也从休闲游戏产品转向中度和重度游戏,游戏类型的转变通常意味着玩家数量的减少,但是每个用户贡献的营收将会提高,所以腾讯的策略也包含了识别用户兴趣和消费能力的解决方案。

4.腾讯的动漫频道控制了互联网领域动漫内容最重要的分发和盈利渠道,只要你想看原创动漫,你几乎躲不过腾讯,同样,在文学方面也有阅文集团的网络文学。将来自腾讯文学和游戏业务平台的版权内容,改编成电影、电视剧和游戏,这是腾讯相比较其他视频网站而言的独特优势,既得到了独家的内容,又有效地控制了 IP 这个至关重要的源头。

5.腾讯视频在 9 月的一周内先后宣布成立了企鹅影业和腾讯影业,前者集中在网络剧、电影投资、艺人经纪三大方面,而后者侧重发掘与联动内外部在文学、动漫、游戏等多个泛娱乐领域的明星 IP,并在影视创制、体验与营销的多环节全面布局,核心是打造更有广泛影响力和更有商业价值的明星 IP。

这样,腾讯通过控制 IP、通讯和视频网站,形成强大的全平台闭环,这为腾讯视频的攻城略地打下了坚实的基础。

(二)爱奇艺则坚持以"内容为王"的传统战略,但是,却凭借专业、精品、大制作的剧集,冲开了多年来久攻不破的"会员收费"的铁壁,使 2015 年成为视频网站"会员收费"盈利模式的元年。

对于号称超级网剧的《盗墓笔记》,爱奇艺除大投入和精心制作外,还精心策划了它的营销策略:头三集免费观看,之后就必须加入 VIP 会员付费收看。该剧 6 月 12 日上线,只用了 22 小时流量就破了亿,其中 5 分钟播放试看达到 1.6 亿次,超过 260 万次的 VIP 开通请求,最终导致爱奇艺系统宕机。播出当月,月度付费 VIP 会员数达501.7 万,按照 20 元的月卡费计算,这部分业务就给爱奇艺带来约 1 亿元的月收入。9 月 22 日《蜀山战纪》上线,采用全集 VIP 会员收费观看,利用会员独享模式继续刷新着视频付费的纪录,当晚即吸引 380 万 VIP 会员在线观看。

爱奇艺的会员收费方式影响了整个行业,过去一直烧钱而苦于收不来钱的视频网站忽然发现中国用户肯为内容付费了,于是纷纷开始效仿,搭建会员服务体系。据媒体报道,优酷土豆 7 月上线的韩剧《海德、哲基尔与我》《天眼》等进行付费试水,吸引了约 200 万会员观看。同时，腾讯视频推出的《华胥引》《班淑传奇》《暗黑者 2》也都采用了付费会员看全集的模式，腾讯视频的《华胥引》吸引了大概 100 万新用户为该剧购买会员。试水收费模式，成为 2015 年各大视频网站的选择。一位著名科技自媒体人拿到国内排名前三视频网站的内部会员数据：截至 12 月中旬，优酷土豆会员数接近 400 万，腾讯视频会员数低于 500 万，爱奇艺已突破 1000 万。

一般来说，会员数字是当月正在付费期的会员数，而不是累计会员数量，所以，这个会员数量完全可以直接换算成收入。如果 VIP 会员付费模式成为一种稳定的商业模式，将为各大视频网站确立新的营收增长点。据《网络视频个人付费行业白皮书》数据显示，2014 年初至 2015 年初，中国视频个人付费市场规模从 2.1 亿成长到 5.9 亿，年度同步增幅高达 178.1%。增幅惊人，而市场前景更加惊人。可以预见，"会员剧集"将成为 2016 年网络视频营销的热门词汇。

视频行业付费潮的出现基于以下几个因素：第一，用户的需求，特别是用户对最优质内容的刚性需求。这些最优质的内容，从商业角度来说，一定要向用户收费。对于一部分优秀的电视剧、网剧，或者是连续剧，付费是非常关键的基础。第二，网络盗版以及线下盗版问题逐渐解决，让知识产权得到了保护。第三，支付，特别是网上支付和移动支付在最近两年得到了迅速的普及，支付越来越方便，大家对网络支付越来越信任。"所以有本质上的原因，也有客观上的原因，让我们这个市场的风吹起来了，缺口打开了。"爱奇艺创始人、CEO 龚宇说。

其实，收费，作为一种收入模式在欧美已渐成熟，并成为拯救电视业，使其免于衰退的一种希望。根据最新研究数据，Netflix 等付费电视和网络服务带动 2014 年全球电视总收入上涨 5% 至 3,700 亿美元（2,440 亿英镑）左右。英国媒体监管机构英国通信管理局（Ofcom）发布的《通信市场报告》指出，在欧洲卫星广播机构天空广播（Sky）等公司业绩增长的推动下，2014 年订阅总收入为 1,250 亿美元，同比上涨 5.4%。报告指出，包括 Netflix、亚马逊、YouTube 和 Hulu 在内的网络视频服务提供的业绩也都出现增长，英国地区流媒体服务收入从 2.78 亿英镑涨到 9.08 亿英镑。英国通信管理局表示，在各国之中，英国观众最倾向于通过在线点播方式观看电视节目。2015 年 9 月、10 月，70% 左右的成年人都在使用 BBC iPlayer 等流媒体服务。报告还指出，美国仍然是世界上规模最大的互联网电视和网络视频市场，2009 年至 2014 年期间，互联网电视和网络视频收入从 13 亿英镑上涨至 68 亿英镑。

优质内容和大胆尝试，使得爱奇艺占得发展先机，爱奇艺最近公布的数据显示，它已拥有每日 1.5 亿独立 IP 访问、日播放 11 亿次和 1.9 亿小时播放时长。视频与搜索、社交同样,都是互联网重要的流量入口。巨大的流量使得爱奇艺显现出非常明显的入口平台的价值,正如微信从社交平台延伸出电商、O2O、阅读等服务,流量和用户使用时长等等,都已经可以支持爱奇艺去发展更多业务。爱奇艺已经看到了这个价值,龚宇认为,内容与平台的产业结构将发生巨大改变,广告、内容、销售等正全面走向融合。他提出"大苹果树模型":即实现同一内容 IP 下的多种商业模式,包括广告、收费、电影、动漫、游戏、电商等衍生生态链。有消息称,目前爱奇艺正围绕内容优势在游戏、电商等领域加速布局。2016 年,爱奇艺预计推出不少于 20 部大剧;在自制方面包括多种类型的"纯网"综艺,电商与内容相结合的全竞技商品直购选秀节目,盲选美食交友节目等;并向体育、旅游、科技、健康、财经等更多领域进行扩展。

(三)说到资本,2015 年网络视频行业仍然是资本起舞的一年。年底轰动行业的是阿里对优酷土豆的全资收购。11 月 6 日阿里巴巴集团和优酷土豆集团新改名的合一集团宣布,双方已经就收购优酷土豆股份签署并购协议,根据这一协议,阿里巴巴集团将收购优酷土豆的全部流通股份,这项交易将以全现金形式进行,交易总金额约达46.7 亿美元,创中国互联网史上"第一并购"。至此,中国视频三巨头——优酷土豆、爱奇艺和腾讯视频完成了完全的 BAT 化。

这一交易,阿里巴巴和优酷土豆各得其所。

优酷土豆做出这样的选择是出于一种无奈。原本是网络视频老大的优酷土豆,时至今日优势不再,易观国际提供的数据显示,2015 年第一季度中国网络视频市场广告收入的市场份额是:优酷土豆(21.7%)、爱奇艺 PPS(19.59%)、腾讯视频(14.11%)、搜狐视频(12.60%),优酷土豆已与爱奇艺相差无几。再者,并不成功的 UGC 战略和烧钱而带来的经营压力也有增无减。因为成本的原因,优酷土豆一直推动网络自制节目。2014 年底,优酷土豆上的网生微综艺一共有 36 档,到 2015 年中期,优酷土豆的网生微综艺超过 100 档,增长速度为 300%,越来越多的个人和机构可以在网上自主生产自己的内容。从播放量上看,2013 年底网生微综艺的播放量只有 7 亿,2014 年底为20 亿,到 2015 年底,网生微综艺的播放量超过 40 亿。但是,这种非专业的自制节目很难会有广告的收益。盈利单一,而带宽和内容成本却在大幅增长,是视频网站面临的集体困局,此前优酷土豆由于怕烧钱,《中国好声音》这种热门内容分别花落搜狐与腾讯,2014 年世界杯的独家版权在央视,《爸爸去哪儿》等热门综艺节目被爱奇艺砸钱买下。2015 年,优酷土豆没有推出一部超级网剧,面对《盗墓笔记》《无心法师》《心理罪》等一系列超级网剧的狂轰滥炸,优酷土豆只有眼睁睁地看着流量和用户白白流向他家。被阿里收购后,优酷土豆会有更加充裕的现金来采购版权内容,换取播放量的增长,然后再通过广告方式来实现变现,用以抵消带宽、内容和人工等成本。

自从2014年5月,阿里巴巴以12亿美元入股优酷后,古永锵曾期望除了在"广告需求方平台"方面合作外,更希望在跨屏幕战略(天猫魔盒+华数传媒)和收入多样化方面与阿里巴巴产生协同效应。"在内容投资、家庭娱乐、系统化售卖、视频电商、在线支付、互联网金融等方面都将有更多的想象。"古永锵认为,优酷、土豆、来疯视频直播平台的文化娱乐生态加上淘宝、天猫、支付宝的电子商务和支付生态带动的粉丝经济,将会改变现有的收入模式,使用户收入和内容营销有所增长,补充传统内容和以硬广为主的变现模式,也就是为优酷土豆生存找到乘凉的大树。

从战略投资到完全控股,阿里巴巴是最大的受益方。收购完成后,阿里生态体系愈加完备,成为完整运营电商、视频、广告三大业务的企业。优酷土豆的几亿用户,特别是移动视频端的优势,将为阿里数字"快乐"战略、虚拟商品消费战略、多屏战略提供巨大的支持。阿里巴巴集团CEO张勇先生表示:"以视频为代表的数字产品是电商除实物商品外的重要组成局部,优酷土豆优质的视频内容将会成为未来阿里电商数字产品的中心组成部分。同时,优酷土豆与阿里营销、数字文娱等业务结合,也将发生更多化学反应。"对于阿里巴巴来说,进军影视娱乐产业之后,视频入口非常重要,如果没有一个能自己主导的视频网站作为承载,阿里巴巴的影视娱乐布局将难以呈现。阿里影业CEO张强则是把优酷土豆比作一个阿里的"电视台"。他认为优酷土豆是渠道平台,是内容和IP的孵化平台。这是其一。其二,借助优酷土豆视频平台为其电商和金融业务导入流量与用户,是阿里收购更深层的意义。自从2014年注资以来,两家公司在基础技术、大数据和视频营销范围展开一系列的合作,优酷土豆与阿里对接后台,打通大数据,与阿里云展开协作,接入支付宝,依托阿里妈妈平台的数据和技术支持,开发了"边看边买"产品,协助商家展开视频营销,大规模打通市场,原创作者和商家自由对接,流量和商品自由流通。

优酷视频营销产品"边看边买",2015年4月14日全新上线,在PC和移动端同步推出,这是视频电商领域的最新探索。

首先,作为一个创新的营销产品,"边看边买"借助"来疯"直播平台,打通了优酷的原创作者和用户之间的交易关系。在线直播娱乐的最大优势就是即时性、互动性和非理性支付意愿高,在线直播娱乐平台上,每一个用户都可以随时对自己支持的主播付费打赏,享受其进入榜单后的荣耀感。因此在线直播娱乐平台培养了良性付费需求和服务"粉丝经济"的生态,主播贡献出优质内容,同时与粉丝形成良性互动,粉丝愿意为其优质内容与互动买单虚拟物品,因此在电商流量的视频变现上,来疯有着先天性的互动优势。来疯在第一季度就实现了64%的环比增长。

其次，"边看边买"还试图打通优酷平台的内容和阿里巴巴平台的海量商家，优质内容可以在优酷为自己的视频快捷选择匹配的商家和商品，进而获得推广商品的提成收入，用户则可以在欣赏内容时下单心仪的商品，流量被摆上货架，内容和商家分别成为流量主和广告主，围绕视频，谋求流量变现和场景营销的双赢，同时为消费者带来"边看视频，边购买视频中商品"的趣味消费体验。2015年的"双十一"晚会，优酷土豆实现同步直播，同时嵌入"边买边看"，发起"看直播抢红包"活动，"所见即所得"的购物体验，实现了销售闭环、品牌效应和场景购物的全线打通。一旦视频流量与电商结合或许将出现新的可能。

由此看来，阿里此次收购优酷土豆，实际上是在为它的电商建立多屏娱乐营销和视频营销生态占据流量入口，探索"屏幕即渠道、内容即店铺"的网络视频新的商业模式。但是，同时带来的忧虑是，娱乐功能和购物欲望多大程度的融合能够为用户所接受。

2015年，商业视频网站还有很多事……

2016年值得关注的是，BAT三大平台入口掌控了视频网站后所选择的发展路向。阿里全资收购优酷土豆后，2016年，在内容投资、家庭娱乐、大数据、视频电商以及与互联网金融和在线支付上将会探索融合的可能性，去共同构建"文娱+电商生态"；爱奇艺宣布2016年将投入超过50%的资金和资源用于VIP会员业务，这样，我们将期待实现大内容IP、播出方式、变现模式的突破；腾讯视频2016年将出现自制剧市场的全面爆发，利用超级IP的高投资回报率和全平台传播优势布局内容市场；乐视视频2016年还是试图将视频内容冲破娱乐化藩篱，布局生态营销，除硬件的电视、手机、汽车外，在内容上希望跟体育、旅游、教育、医疗等垂直行业相结合，让视频服务于生活……

无论如何，不管是在内容运营还是在视频应用上寻求盈利模式的突破，背靠强大金主而展开更惨烈的内容竞争，一定是2016年商业视频网站的两大看点。

二

2015年，是电视行业的躁动之年。处于新旧媒体交替的时代，电视行业备受冲击。互联网的不断进攻，迫使传统的广电行业开始转变，探寻自己新的生存业态，摸索行业未来的新格局。

传统电视媒体受惠于 30 年中国经济的高速发展，无论是影响力、传播力还是收视率、经济效益都攀升到顶峰，成为最强大的传播媒体。但近两年，情势出现逆转，新媒体异军突起，以超出人们预料的发展速度，抢夺着传统媒体的发展空间。在新媒体发展的挤压下，传统媒体的发展整体增长趋缓，报业发展已经出现持续性的较大幅度下滑。据央视市场研究（CTR）发布的监测数据显示，2014 年传统媒体广告市场出现负增长，平面媒体广告持续下降，降幅达到 18.3%，比上年多出 10 个百分点，杂志降幅为 10.2%，电视媒体的广告也由增长转为下降，电视广告下降了 0.5%。另据 2015 年中国传媒产业发展报告的数据，2014 年网络广告收入首次超过电视广告，达 1500 多亿，2015 年第一季度传统媒体广告仍然负增长，从 2011 年的 16.6% 下降到 2015 年的 -4.7%。虽然降幅还不大，但改变传统媒体广告市场的趋势已明显出现，有人说，传统媒体已越来越走向黄昏。

自从 2014 年习近平主席提出媒介融合发展，2015 年两会李克强总理提出"互联网+"战略以来，全国广电系统开始推进媒介融合的布局，主要就是探讨传统广电媒体自身如何发展新媒体，如何建立新的生态环境，以求自救。

互联网改变了人与信息接触与沟通的方式，它颠覆了传统的传播形态、信息类型、信息流动方式。大众传播不再是简单的信息传播，而是在建构一种新的社会形态：从传播形态看，从过去的"组织传播"变为人人可为之的"自主传播"；从信息类型看，从过去的单向"公共社会信息"传播变为"自主应用资讯"的交往互动（如商务、社交、生活、娱乐等等）；从信息流动的状态看，从过去传统媒体的"内容导向"（价值观取向、人本）变为"渠道、技术导向"（技术至上、物本），再到现在提出的"用户导向"（尝试人本、物本融合的可能性）。因此，互联网更多地是显现一种"工具属性"，它是一个开放、自由、自主，又虚拟化、民主化的交往平台。

从目前广电媒体自身发展新媒体看，从宏观角度讲，有三种战略整合思路："互联网+""广电+""电视、网络双平台"，这些都是在探索广电如何在媒介融合的情势下形成新的生存业态。

（一）"互联网+广电"，是广电媒体基于自身条件去拥抱互联网而提出的战略选择。用互联网的思维和技术，改造传统广电媒体的组织结构和业务流程是多数广电媒体尝试"互联网+"的普遍做法。

首先，就是尝试"从媒体渠道向信息整合平台转变"，把全媒体平台建设成为广电媒体的聚焦点；其次，就是尝试"从观众导向向用户导向转变"，发展新媒体业务。通过再造传播流程，实现与网络媒体、手机媒体、社交媒体等新媒体之间的聚合互动，进行多终端、立体化的传播，使新媒体成为主流舆论的发布场和集散地，让新媒体在发挥主流媒体的传播影响力上发挥作用。例如，广东广播电视台组建了广东网络广播电视台新媒体综合运营平台。在这个基础平台之上，新闻中心（包括其他节目部门）节目完成后，即可数字化存入媒资中心，各广播频道、电视频道、IPTV、网络电视、手机、地铁、OTT、网络广播电视等，可根据自己的需要调用编排出节目。在此基础上，又推出新闻客户端、微电视平台、"媒资推送"客户端，使其成为一个以新闻为主、兼容"粤语视频"的特色网络媒体，将传统媒体和新兴媒体在内容、渠道、平台、经营、管理等方面进行深度融合。深圳广电从顶层设计上，把新媒体作为一个大平台，打造 CUTV 全国性融合媒体平台，在移动客户端方面，推出了广播电视伴随 APP 客户端产品，目前该客户端本地客户有 200 万，全国用户过百万。江苏广电总台打造了"荔枝云"新闻制播分发平台，建立"多来源内容汇聚、多媒体制作生产、多渠道内容发布"的全新生产模式，实现面向新闻融合媒体生产的全新流程再造，力求新闻素材更加丰富，新闻热点抓得更准，新闻信息一次采集、多元化传播，打通了台内、台外平台的信息流通。重庆正在启动新闻资讯板块"融媒体"的演播室和架构的建设。贵州广电顺应互联网传播移动化、社交化、视频化的趋势，运用大数据、云计算等新技术，发展移动客户端、手机网站等新的应用，不断提高技术的研发水平，以新技术引领媒体融合发展，驱动媒体转型升级……

这种模式的探索，来自英国 BBC 媒体转型的启示。自 2007 年以来，BBC 新闻部门为应对互联网的冲击进行了几次大的业务模式改革。2007 年以前是"媒介导向"，以传统的广播、电视和网络等媒介来划分业务和机构，各做各的业务，各播各的节目。2007 年后转向"业务导向"，以应和数字常态化。新闻部门融合的核心是去媒介区隔，融通广播、电视和互联网等之间的界限，把新闻采集、编辑和节目按业务分别重组为三大板块：24 小时新闻、每日新闻和时事。2014 年以后，BBC 提出"用户行为导向"的理念，也就是基于用户获取新闻的行为来重整信息组织流程，整合、重构了网络新闻、广播新闻、电视新闻、24 小时新闻、早间新闻、世界新闻和技术 7 个部门。同时重组的编辑部和节目部也由原来的 4 个部门（时事、电视、广播和互动）整合为 24 小时新闻、每日新闻和时事 3 个部门，以此来联动电视新闻频道和 BBC 在线（BBC Online），打通直播和数字动态新闻业务，不仅进一步整合了资源、缩减了机构、拓展了传播平台，而且更加贴近用户获取新闻的行为特点和规律。此外，BBC 还开设了数字商店，新闻产销在一个大的全媒体平台上大数据化，不仅拥有海量相关数据，更重要的是对数据可以深度挖掘，这无疑为更全面把握新闻用户行为数据奠定了基础。

数字技术、互联网、移动通信技术、传感技术以及可穿戴式设备等一系列信息传播新技术的广泛应用，正在使传媒、通信、计算机和文化娱乐乃至消费领域的边界显得模糊，改变着人们信息传播行为和生活方式，也颠覆着传统产业格局，重构着相关组织结构和业务流程。从传统广电媒体寻求自身转型看，利用新的技术和理念，更精准、更全面地掌握用户的信息传播行为数据，获取、分析和运用这些数据来重组传播流程和信息获取方式，成为传统的传媒机构获得重生的关键所在。

（二）"广电+应用"是传统广电媒体依托原有的品牌优势与资源优势，向多元化产业布局和网络化公共服务传播转向的一种战略思路。它试图以广电的传播母体为本，以互联网为依托，建立与用户连接的入口级应用平台，挖掘广电的市场新价值。其实，就是要在"互联网+"的基础之上，运用互联网技术、平台、思维，实现广电产业的跨界转型。

最为典型的有两例。一例是湖北广电，在做战略转型的总体设计时，提出了1+4媒体融合发展战略：其中，1是总体战略，就是用"广电+"融合"互联网+"，重构传媒生态圈。4是四个战略举措，包括融媒体战略、平台化战略、资本化战略、创客化战略。湖北广电的"广电+"侧重两个取向，一个是"广电+产业"，就是以广电的品牌号召力和影响力向相关产业延伸价值链，形成多元化的产业布局。我们看："TV+农业"，加出了湖北长江垄上传媒集团。"TV+汽车"，加出了汽车后市场连锁运营产业链。"TV+美食"，加出了《好吃佬》线下商业运营新模式。"TV+教育"，加出了从少儿启蒙到就业培训再到传媒职业学院的教育产业链。"TV+婚恋"，加出了《桃花朵朵开》婚恋产业链。再一个是"广电+服务"，就是以广电的信誉度和新媒体传播手法延展公共服务功能，探索信息化惠民服务的新路子和服务电商化的盈利模式。他们建立的"长江云"湖北媒体云平台，设想分为三个操作层次：一个是面向内部的，即全台、全集团的传统媒体和新媒体的统一融合采编分发的信息管理平台。第二个是面向全省各厅局及市州、县市区的媒体云信息整合平台；三是面向全国用户的微摇平台。从长远的发展看，这样一个采编融合、内容汇聚、多渠道传播、多平台一体化的顺应新媒体运营和管理的平台，不仅为湖北广电内部500多个新媒体产品服务，还可同时向多个区域媒体提供"PC站+手机网站""手机客户端+微信+微博"的新媒体产品研发和技术支撑。在湖北省网信办的支持下，平台还加入了内容协同功能、管理协调功能，以后有望整合全省媒体与政务资源，形成"新闻+政务+服务"产品集群，实现跨行业、跨地域的新媒体共享和联营。

再一个成功的案例就是苏州广电的"无线苏州"。从媒体云到政务云再到商务云,这是广电媒体寻求重振的理想之路。无线苏州是苏州广播电视台跨界整合的一款APP 软件,在这款软件上,你可以收看苏州广播电视台的节目直播;还可以看到苏州当地的各种新闻和资讯;可以享受社交互动,如玩游戏,看图书;还可以浏览苏州广电和政府各部门的官博账号,看到城市交通、气象、治安等公共服务信息;还可以享受各种生活服务——预约出租车、实时查询公交信息、违章查询、预约挂号、查询用电用水信息等等,实现了互联网、物联网、通讯网和广电网的"四网融合",实现了电视屏、电脑屏和手机屏的"三屏互动",开创了新型城市公共服务传播体的崭新模式。三年多的时间,无线苏州的功能模块涵盖了新闻资讯、公共信息、社区互动、城市生活、应用市场、电子商务 O2O 和手机游戏等多个领域,并依此拓展出七大商业模式:广告产品植入、移动电子商务、软件技术输出、电子票务分佣、手机游戏运营、VIP 信息定制、运营商流量分成。"无线苏州"不仅服务于本地,而且把它做成了可以推广的模式,苏州广电总台与全国几十家媒体建立了合作机制,即由无线苏州有偿提供技术架构和平台服务,合作媒体负责本地内容生产,与几十个城市合作建立了城市信息云平台——"无线城市联盟",抢占城市入口,转型公共服务,整合政务资源,植根社区民生,这使得无线苏州打破了传统媒体的传统经营模式,开启了从广告收入为主向终端收费、多元化收入的转换。苏州广电的市场愿景是吸引外部资本进入,做大经营平台,提高运营效率,创建崭新、高效、多赢的商业模式,最终实现资本融资并上市。

发展"广电+电商"也是广电行业主要的发力点,其中最有效的是电视购物频道。目前,全国有近 40 家具有运营资质的电视购物频道,都在尝试不同程度地利用电子商务进行业务转型升级,深圳广电的"宜和购物"利用深圳免税区的政策优势首开海淘业务,2015 年初,湖南"快乐购"利用电商概念成功上市。电视购物,其一具有天然的媒体基因、媒体品牌的公信力和直观传播的优势,其二具有先天的电商基因、快捷方便的购物方式和物流配送,因此业务磨合期较短,盈利模式成熟较快。

建立新的平台入口,开拓视频应用的商务价值,借助电子商务打开通道,拓展线下产业链,进行产业多元化跨界运作,正是传统广电媒体利用"广电+应用"的战略思路,结合自身优势所进行的探索和尝试。

(三)湖南广电提出的"双平台、双引擎"战略,是传统广电媒体的内容优势得以最大化开发的创新之举,是与商业视频网站的正面对决。

绝大多数传统电视台做媒体融合,多是采取与视频网站合作播放节目的方法,不能去与网络视频媒体正面竞争。芒果 TV 成立之初也是采用这种策略。2014 年 4 月,湖南广电着眼于长远发展,规划建立自己独立的网络视频媒体平台。大胆地提出"芒果独播"的口号,不再向商业视频网站销售自制节目的互联网版权,全力发展"芒果TV"全平台视频业务。湖南台以"芒果TV"为品牌,整合旗下所有的新媒体业务,一云多屏,用互联网的办法打造自己的新媒体平台,这一举动震动了整个网络视频和电视行业。湖南台吕焕斌台长这样描述他的新媒体战略:

一是独立。在建立与互联网的关系上,湖南台的提法是"芒果+互联网",变"异体共生"为"一体共生",也就是变"互联网加芒果"为"芒果加互联网",建设"为我所有"的互联网媒体平台。二是独播。湖南台率先启动了芒果TV独播战略,自有版权在一定时间内暂时不再向社会视频媒体分销,只在自主网络视频、IPTV和互联网电视、手机电视等平台播出。三是独特。秉承"独播"的原则,芒果TV通过自制、定制、购买等方式,不断实现内容的规模化、多元化、精品化,已成为娱乐视频第一媒体,被看成是电视台对网络媒体的成功"逆袭",也受到业界的高度关注。

湖南广电形成湖南卫视和芒果TV并行发展的"双平台"格局,是基于几个原因:1.湖南卫视的内容创新能力一直是业内领先,多档娱乐节目都创下收视、收入的纪录,它的原创资源不仅具有商业价值,而且具有巨大的开发价值,也是与商业网站竞争的资本;2.随着芒果TV不断地迭代升级,在战略上提出了"去湖南卫视化"的战略思想,芒果TV不再是传统节目的网上"专卖店",而是成为"独立"的网络媒体运作平台,不再被动接受来自传统媒体的内容,而是湖南广电的新发动机;3.湖南卫视还有意识地进行体制变革和人才生态的建设,把湖南台原来的一些内部团队改造成公司,进行创业孵化,同时注重一线节目人员,包括物质、精神和感情的激励,保证了不断创新的能力。总之,创新的基因、创新的勇气、创新的能力、创新的魄力,使电视湘军再次引领了潮头。

其实,三网融合打破了过去广电行业对广播电视节目传播渠道的垄断,在这一背景下,优质的内容资源成为整个传媒行业竞争的核心,越来越多的行业外企业参与到内容市场的竞争中。在优质内容的竞争日趋白热化的背景下,广电只有发挥自身的传统优势,继续做大做强内容产业。广电新媒体也不例外,也须在内容的建设、投入和布局上更加重视,提升内容生产与集约能力,才能打造广电新媒体传播的品牌和影响力。

过去实行独播一年多来,包括PC端、移动端和OTT在内,芒果TV已实现全平台日均活跃用户超过3500万,日点击量峰值突破1.37亿;移动端以每月10%、日均新增30.3万人的增速,累计下载量突破了2亿次。它累积1亿用户的时间,比微信少用了103天,增长速度惊人。此外,湖南广电的新媒体也探索了多种业务形态,先后在电信增值业务、网台深度互动、互联网电视业务、IPTV等多个项目上取得不俗成绩。一年多来,芒果 TV 与三星、飞利浦、TCL、创维、长虹、华为、海美迪和清华同方等 40 多家企业合作,推出芒果互联网电视一体机和机顶盒系列产品,已经拥有了 1600 万用户,实现飞速成长。在用户聚合到一定规模后,开始向产业链上下游延伸,向多元产业生态演化,通过投资、并购等方式,在互联网视频、影游互动、网络新闻以及"芒果铺子"视频购物等领域布局发力。

芒果 TV 在与新媒体的深度融合方面,已成为国内广电系的领跑者。它所代表的内容驱动型媒介融合发展方向,得传统广电所长,又有与商业视频网站对决的核心竞争力,这为广电主流媒体作为"主力军"进入视听新媒体的竞争"主战场",做出了先锋榜样。

凭借新战略、新思路、新技术、新探索,广电媒体的创新在向多元化、多媒介、多种组织模式和盈利模式等方面探索,在试图建立一个传统广电自主发展新媒体的新的媒介生态系统。在当今媒介融合的情势下,广电媒体的新媒体发展路径我们是否可以描述为:从"互联网+广电"走向"广电+应用";从媒体渠道发展为全媒体平台;从技术与资本驱动回归到优质内容为驱动的"用户为王"。

但是,当我们在呼唤媒介融合去拯救传统广电媒体的时候,顺便说一句,探究传统媒体衰落的原因,与所谓的观念、技术、体制、资本和新媒体的冲击等因素相比,根本的可能还是产业结构不合理,互联网的市场由 BAT 三大巨头瓜分,而电视行业却要 30 多个省台和成百上千个市台都兴旺发达,这可能吗?

三

从大视频的角度看,无论是商业视频网站还是广电的融合媒体,都在寻找着创新的机会和可能性。2015 年有这样几个热词成为整个视频行业共同追逐的新概念。

(一)内容"IP",是网络视频界近一两年兴起的一个词,是英文"Intellectual Property"的简称。IP 是一种无形的智慧财产,是通过智力劳动获得的成果,并且由智力劳动者对成果依法享有专有权利。无形的智慧财产与有形的实物财产不同,它本身就带有权力归属的内涵。因此,知识产权这个中文概念,有时对应的是 IP(Intellectual Property),有时对应的是 IPR(Intellectual Property Rights)。而前者侧重"知识财产(Property)",即保护的对象,后者侧重的是权利(Right)本身。这种区分有利于梳理清楚"权"和"客体"之间的区别。因为知识产权保护的客体是无形的,权利人无法事实上占有或控制这种无形的客体,所以,其权利本身就是财产,所谓财产(IP)的转让、抵押、许可等利用,其实就是权利(IPR)的让渡,而并不存在一个"无形物"的交付行为。

在创意产业领域,IP 更多是指对一个已有的创意成果的改编权,以及由此带来的产业开发。IP 的形式五花八门,一部网络小说、一个动漫形象、一首歌的名字甚至一个概念……只要有开发价值,都有可能被投资者买下版权,成为 IP。比如 2015 年就有《大圣归来》《黑猫警长之翡翠之星》《桂宝之爆笑闯宇宙》等多部电影,是由过去已有的小说人物、动画形象延展开发而成,因此被称为 IP 电影,电视热播剧《花千骨》《甄嬛传》《琅琊榜》等也是由网络小说改编而来的 IP 开发。

如今,IP 由网络小说向歌曲、游戏、足球、国产原创漫画、经典传统小说等一切领域延伸,凡具备一定知名度和潜在变现能力的一个故事、一个热门话题、一个游戏、一个歌名、一个书名或一句流行语,都有可能作为 IP 被纳入影视拍摄计划。如今已形成了一条以网络文学 IP 为源头的线下出版、影视、游戏、动漫、音乐等泛娱乐领域多态呈现的 IP 产业链。在互联网思维下,IP 可以催生出巨大的长尾效应,不断延展产业链条的价值。

IP 之所以受到追捧有以下原因:

1.有粉丝支持,减少试错成本。现成的网络文学作品或经典故事及形象,已经有读者检验过其受欢迎程度,作为大众文化商品,根据其受欢迎程度和影响力,较容易判断出其改编的价值,大大降低了不成功的风险,对投资商而言是一个省事又保险的操作。《中国青年报》社会调查中心通过问卷网对 2006 人进行了一项在线调查,参与调查的受访者中,〇〇后占 1.1%,九〇后占 25.4%,八〇后占 48.8%,七〇后占 18.2%,六〇后占 5.4%,六〇前人群占 1.0%。调查显示,57.8%的受访者认为"IP"影视受热捧的原因是"IP"粉丝与观影主流人群高度重合,43.7%的受访者认为原创剧本蕴含的巨大市场风险导致"IP 影视"热,42.9%的受访者认为"IP"影视容易得到投资方认可,38.8%的受访者认为"IP"影视是提高收视率和票房的灵丹妙药。

2.筛选和放大内容资源的内在价值。IP 对内容资源的聚合作用是巨大的,它凭借原作的知名度和影响力,可以对不同用户提供不同的产品,以适应不同的爱好,也更容易进行线上线下游戏、动漫、主题公园、玩具等多形态衍生价值开发,产生协同效应,形成可复制的模式,比如有报告就显示,有 IP 的游戏下载转化率是无 IP 游戏的 2.4 倍。就在上面的调查中,有 55.5%的受访者认为"IP 影视"模式有助于影视创作形成程序化、标准化的类工业生产流程。市场化(62.2%)、开放式(47.7%)、互动性(42.7%)被认为是"IP 影视"模式跟传统影视创作模式相比的不同之处,其他特点还包括类型化(25.8%)、产业化(25.8%)和标准化(21.3%)。

3.垄断版权资源提升营销价值。根据 CNNIC 和 DataEye 的数据显示,我国网络文学市场规模保持着持续的增长,2012 年市场规模是 20 多亿,到了 2014 年,已经达到 56 亿,这一数字在 2015 年可达到 70 亿,如此之大的网络文学市场,很大程度上来自 IP 概念的炒作。炒作网络 IP 其实是影视剧产品营销的前置,是起跑线上的竞争,IP 价码被炒高,意味着其商业价值被放大,知名度和品牌价值被大幅提升,对于片商来说相当于前期宣传的广告投入。如今具有改编价值的网络 IP 成为抢购的重点,国内网络小说版权的价格已翻了近 10 倍。据说起点、晋江、小说阅读网等文学网站数据排行靠前的网络小说影视版权多数已售罄,排行 200 名开外的也被疯抢,有部小说的电视剧和网剧改编版权卖了 1300 万。据统计,2015 年投资在 2000 万元以上的网络剧有近 20 部,其中包括《盗墓笔记》在内的 5 部"超级网络剧",投资成本高达 5000 万元至上亿元。2016 年,IP 网络剧将继续发力,《鬼吹灯》《老九门》《三生三世十里桃花》《诛仙》《示铃录》《法医秦明》等近百个网剧项目纷纷启动。

IP 的价值首先是商业的价值,是资本铺排的一种金钱游戏。在一场主题为"原创与 IP 相煎何太急"的论坛上,阿里影业副总裁徐远翔描述了他所理解的编剧:"请 IP 的贴吧吧主和无数的同人小说作者,最优秀的挑十个组成一个小组,然后再挑几个人写故事,也跟杀人游戏一样不断淘汰,最后哪个人写得最好,给予重金奖励,然后给他保留编剧甚至故事原创的片头署名。然后我们再在这些大导演的带动下找专业编剧一起创作,我们觉得这个是符合超级 IP 的研发过程。"徐远翔的一番言论引发了巨大争论,特别是导致整个编剧界震怒。电影《心花路放》和《老炮儿》的编剧董润年回击称:"把贴吧吧主和无数同人小说作者圈养在一起厮杀,这不叫创作,叫养蛊,这是对所有人尊严的践踏。创作从根本上关乎的是人心,不是金钱。"

其实这是商业人与专业人不同的价值观。从专业人的角度,作品是创作的结果,是创作者用心血奉献给观众的艺术成果。而从市场角度热捧的"IP"概念,其实是资本助推的一种全新的经济模式,又称为粉丝经济,其核心是通过粉丝来进行商业变现。比如《盗墓笔记》热播,2015 年 9 月它的作者南派三叔成立了公司,并宣布融资 1 亿元人民币用于开发《盗墓笔记》相关 IP。据他估计,这些 IP 投入到电影、版权销售、广告、游戏和衍生产品的市场规模将超过 200 亿元。但是,商业自有商业的规律,过分强调互联网的思维而人为使之泡沫化,也未必是文化产业的长远之计。就在我们上面提到的《中国青年报》的调查中,64.9%的受访者看好"IP 影视"发展模式,21.0%的受访者不看好,12.1%的受访者觉得不好说。同时,调查也显示,66.2%的受访者赞同,影视创作假若没有脚踏实地的心态,任何模式的创新恐怕都不会走远。

（二）把"互动"做成内容,这是大视频时代创新的又一个着力点。视频网站与用户、节目与观众、节目与播出平台等多种互动关系融合在一起,成为与内容不可分割的一部分,在过去的一年中,各方也做了不少的探索。

1．"摇电视"几乎成为电视节目与观众互动的标配

从羊年春晚中央电视台牵手微信给全国人民派红包开始,"摇电视"迅速席卷全国,使得今年的电视与微信结下不解之缘。早在半年多以前,湖北卫视就首开了全国摇电视的先河,此后湖北广电成立了微摇公司,推广这一技术服务,为各地有需求的电视台提供摇电视服务。目前,大多数省级电视台都开始了摇电视的互动方式,"摇电视"也从最初的抢红包,扩展成为丰富多彩的互动形式,让传统电视台与观众之间的互动有了新变化,使电视参与到新媒体的技术创新中。与此相似的还有视频网站的"弹幕",作为一种年轻人互动参与的吐槽文化,也从小众的专门的弹幕网站,发展到了主流视频网站,正在逐渐成为与年轻一代互动的亚文化观影模式。

2．影游互动成为影视作品开发的新话题

影游互动即影视与游戏的结合,包括影视改造为手游、页游、端游等网络游戏产品,也包括手游、页游、端游等网络游戏产品反向制作成影视作品,上映或播出。网络游戏,是与用户互动最紧密、变现最直接的网络娱乐产品,影游互动将两个领域的资源打通,影视剧庞大的粉丝基础,使那些天然的游戏用户可以强势介入,二者合作又让影视热度带动游戏影响力急速扩张。在谈到《花千骨》的影游互动时,阅文集团副总裁朱靖认为,影游互动中的"影"负责把用户导进来,但效益好不好还要看"游"。如果游戏有很好的玩家体验,可以让影视播放周期结束后继续延续话题热度。这样,影视剧可以从游戏产品中获得新收入点,游戏也可依托影视剧的影响力获得足够的曝光与关注,形成双赢的局面。

3．"流量变现"成台网互动的新尝试

江苏卫视的《一票难求》是电视节目将流量变现的很好尝试。《一票难求》邀请电影剧组上节目推介自己的电影,集电影评论、剧组求票、观影预测、期待指数为一体,通过主持人与影评人士的点评和互动,让现场100位观众为影片打分,打造了电影后续话题的发酵与传播。《一票难求》还联合售票APP格瓦拉实现了完整的营销闭环,打通线上播出、线下购买通道。让观者成为用户,参与互动即用户体验,最终,赢得了电视和电影的双丰收。此外,年初《舌尖上的中国2》开启了T2O的营销模式,央视与电

商平台天猫、美食社区豆果网进行了授权合作。豆果网开辟了整合传播体验社区，同步更新节目中的 300 多种食材及官方菜谱。观众在观看节目的同时，可以通过电脑、手机参与互动，了解节目中食材的营养成分及美食。而淘宝数据显示，观众的购买潮与舌尖的播放内容几乎同步。这种电视+电商的 T2O 模式的探索逐渐受到重视，随后的《女神的新衣》《何以笙箫默》等都复制了这一模式，而湖南卫视与天猫合作的"双十一"晚会，更是让今年的 T2O 潮达到顶峰。《天猫 2015"双十一"狂欢夜》由冯小刚执导、一众明星加盟，湖南卫视、优酷土豆网和芒果 TV 互动直播，规格之高可与春晚相比。内容营销带来的影响力自然非同凡响，据统计，晚会开播 4 小时，下单超过 362亿，"双十一"全天仅阿里成交额就达 912 亿。这些尝试，可能是电视流量经济变现的一小步，但却是电视寻求参与新的大视频时代的一大步。

4.网络视频直播从游戏发展到真人

从游戏直播发端，2015 年一大批网络视频直播网站出现并火爆起来。这些网络直播网站通常招揽女主播，在独处空间自我表演，以吸引粉丝观看，并通过打赏来挣钱，具有很强的互动性。但由于它互动性强，收入高，监管又不易，使得网络视频直播乱象丛生。例如，斗鱼 TV 直播平台上一名主播"放纵不羁 123"打出"直播造娃娃"的标题，直播一男一女赤身裸体，正在进行不雅行为，因此网络直播的涉黄涉赌问题引来广泛的社会关注，也引起了监管部门注意。如何建立监管制度，厘清自媒体与公共媒体的区别，平衡用户互动与社会规范的关系，是业界和管理部门亟须面对的问题。

(三) 双向的网台联动，是过去一年商业视频网站和电视台都在致力于建立的合作模式。几年前，台网合作的方式基本上是，电视台是视频网站的节目版权提供方，视频网站是电视台节目的又一个播出渠道。如今，随着视频网站的崛起和电视台媒介融合战略的实施，网台联动成为双方需求的共同点，开始深度尝试：

1.视频网站反向输出节目

视频网站曾经提倡的"纯网节目"由于两个原因并没有显示出发展优势：一是纯网络播出的节目，由于传播出口相对偏窄，限制了市场影响力进一步扩散；二是纯为网络制作的节目，原本是因管控较为宽松，与台播有话语空间差，但是监管部门逐渐推行的"网台内容相同标准"的监管政策，也限制了这种空间。于是，自制内容走向规模化、精品化，IP 化运营就成为视频网站重要的竞争策略，专业化程度高、制作又精良的自制节目开始走向电视屏幕，传统电视节目版权单向输出视频网站的模式出现了变化。比如，全网热剧《花千骨》《琅琊榜》等在网络上获得了高点击，又在电视播出获得高收视,还有许多网络自制剧如《他来了请闭眼》《蜀山战纪之剑侠传奇》等也开始向电视台反输。视频网站与电视台之间的这一联动模式将备受关注。

2.网台联合制作节目

在过去的一年,视频网站与电视台合作加强的标志性现象,是网台联合制作节目。北京卫视和优酷土豆合作了《歌手是谁》,安徽卫视和腾讯视频合作了《易时间》,东方卫视和爱奇艺合作了《我去上学啦》,湖北卫视和爱奇艺合作了《爱上超模》,央视一套与优酷土豆合作了《侣行》等节目。其中最值得关注的是《我们15个》。这是一档由腾讯视频和东方卫视联合打造、共同制作的"大型生活实验真人秀",节目内容是:15个背景各不相同的陌生人,被安排到荒芜的平顶之上共同生活一年,在有限的苛刻的资源条件下,自己生存,希望实现他们的理想生活方式。节目采取无剧本、无任务、无打扰的录制方式,利用全媒体、全平台、无死角、24小时不间断播放的方法,开创了真人秀的3.0模式。据腾讯视频的数据显示,半年时间,《我们15个》的总播放量突破10亿,月均用户数达5000万,单日直播人均观看时长129分钟,弹幕总量突破1000万。此外,在社交网站《我们15个》也是热议不断。在百度贴吧,《我们15个》以113万帖的活跃数为网络自制综艺综合排名第一,在新浪微博,《我们15个》的话题阅读量高达2.7亿。24小时×365天的伴随式观看,也有黏住用户的效果,从而构建起一个有互动交流、有投入产出的粉丝群。《我们15个》采用"24小时互联网直播"+"电视剪辑播出"的"网台联动"的多平台跨屏的全新播出方式,第一次让电视作为"多屏"中的"一屏",成为被互联网调用的渠道资源,使得"网台互动"开始从理念逐步走向现实。

3.《超级女声》选秀新玩法

湖南卫视在2016跨年演唱会上宣布《超级女声》将重磅回归。但不同于十年前的选秀节目,此次的《超级女声》将由湖南卫视、芒果TV、天娱传媒联合出品,而制作和播出平台则主要是网络视频的"芒果TV",芒果TV结合互联网用户的使用习惯推出芒果直播APP,这档综艺从大型直播电视节目变身为网络直播互动选秀。

十年前,这档草根选秀节目,吸引了15万多名年轻女孩参与其中,约有4亿观众收看了2005年8月26日的总决赛电视直播。央视索福瑞公布的2005年《超级女声》节目收视数据显示:《超级女声》平均收视率为8.54%,平均收视份额达到26.22%,三强对决时,个别时段的市场份额最高达49%,湖南卫视因《超级女声》,广告短信收入超过3000万元,广告经营收入突破1.5亿,年营收突破6亿。

《2016超级女声》设计为一档历时8个月,360度全视角、全程直播互动的超级网络节目。报名面向全国、全年龄，无门槛、不设限，只要下载"芒果直播"APP，上传歌唱作品，即可参与报名。此外，选手的个人展示将以视频形式在芒果TV进行展示，网友们可以全程关注并点赞。《2016超级女声》将启动"梦想众筹"，向全国追梦的女孩们筹集10万个报名名额，在报名人数突破10万后，全面启动全国海选。进入节目的海选和晋级阶段，观众更可以全方位观察选手的表现与成长。在这一过程中，选手与粉丝之间可以通过"直播互动聊天室"进行面对面的沟通，加深了解，促进交流。最终决定选手去留的"人气投票"，是由屏幕前的观众来投出，使得比赛更加公平公正。另外，弹幕、直播互动等互联网新玩法的加入，也将拉近粉丝与偶像之间的距离，这种经典综艺与互联网娱乐的碰撞，将为观众和网友带来更好玩、更多样、更新奇的体验。报名开启只有5天时间，芒果直播APP上《超级女声》报名人数就破万，随着节目推广力度的加大，全民讨论热情高涨，#超级女声#新浪微博话题阅读量破4000万，#2016超级女声#、#超级女声微博直通车#均位居热门综艺榜榜单。可以预期，这场跨平台、跨年龄、跨地域的全民娱乐狂欢，使湖南广电在互联网的创新中，又让我们看到一个"选秀新时代"。

双向台网联动，从播出渠道到联合制作再到共同开发运营，不仅仅是提升双方收视率、流量的需要，更重要的是双方探索发展模式和提高竞争力的手段，必定会越来越成为大视频时代创新的重点。

回望过去的一年，"大视频时代"的概念同时扩展了传统电视与网络视频的内涵和外延。其一，新的视听形式与业态不断涌现，视听媒体的媒介渠道基本完善，从传统的广播电视到网络视频再到互联网电视、移动视频、IPTV、互动数字视听以及视频通讯等，多种视频呈现技术和呈现形态已经成型，争奇斗艳；其二，视听服务也从单纯的泛娱乐文化转向多功能、跨平台、多屏幕、全媒体的大融合格局；其三，受众已经从单向传输内容的接受者，变成了多维度互动的参与者、体验者。大视频正在成为连接平台、内容、终端以及应用的核心因素。基于这个理解，我们看到，内容商在做平台，平台商在做终端，终端商在做内容，都想做从内容到终端的全链条，于是我们看到，有些网络公司自己生产终端，自己去搞内容，自己开发服务，这样，同样会造成同质化的恶性竞争，而实际上恰恰是差异化，可能才是应对竞争的生存之道。

观望2016年的视频行业，可能预期的看点是，视频网站内容竞争白热化，电视媒体技术革命如火如荼，视频直播严加监管，视频电商发展迅速……但是，无论如何互联网与电视媒体融合发展的"大视频时代"，将继续开拓出视频媒介的新生态。

〔钟大年，中国传媒大学新闻传播学部教授、博士生导师，中国网络视频研究中心主任〕

2015：互联网视频领域政策法规探析

◎ 罗姣姣

摘要：2015 年，互联网以及广电领域的一系列政策法规正式实施，其中一些与互联网视频领域息息相关，并产生深远的影响。其中，国家新闻出版广电总局下达的《关于加强真人秀节目管理的通知》（俗称"限真令"）、《国家新闻出版广电总局关于进一步落实网上境外影视剧管理有关规定的通知》（俗称"规范令"）、新《广告法》（2015 年 9 月 1 日起正式施行）以及四部委下发的针对互联网电视的 229 号文件等都与互联网视频的发展产生联动影响，本文针对这几个 2015 年下发实施的互联网视频政策法规的相关规定及其影响进行了解读与分析，以期探析政策对互联网视频发展所产生的影响。

关键词："限真令"；"规范令"；新《广告法》；229 号文件；互联网视频政策法规

对内容行业来说，政策法规一直作为影响发展的一只看得见的手而存在，国家新闻出版广电总局以及相关部门近年来持续出台了一系列的政策法规，对市场和行业整体发展产生了深远影响。近年来互联网视频发展势头迅猛，对其监管和规范的力度不断加强，一系列相关政策法规相继出台，对其自身发展产生深远影响。2015 年，广电和互联网领域的政策频出，对互联网内容、广告、引进、播控等方面的问题进行了规范。可以看到的是，互联网内容不再是一片法外之地，而是越来越从多个维度被纳入到监管的范畴当中。一系列影响和效果表明，监管政策的出台对互联网内容的发展方式、走向产生深刻影响，对市场整体走向有着立竿见影的效果。

一、案例回顾：2015 年互联网视频领域政策法规综述

2015 年，互联网视频从整体上呈现出繁荣发展的局面，发展往往是伴随着机遇与挑战，对于新生发展、各方面规则正在急速建立的互联网视频来说更是如此。政策法规在中国对互联网视频的发展往往具有重要的推动作用，一定程度上能够对市场的发展走向产生根本性的影响。2015 年，在互联网领域以及整个视频领域诞生的一些新的法律法规同样对这一行业的发展脉络产生深刻影响。

2015 年,国家新闻出版广电总局印发的《关于加强真人秀节目管理的通知》(俗称"限真令")于 7 月 22 日正式下达,对彼时正火热上演的真人秀节目的相关方面进行了引导和调控,主体目的是要坚决抵制此类节目的过度娱乐化和低俗化,努力转型升级,改进提高,丰富思想内涵,弘扬真善美,传递正能量,实现积极的教育作用和社会意义。并要求真人秀节目发挥好价值引领作用,挖掘展示思想文化内涵和社会意义,大力推动创新创优,关注普通群众,避免过度明星化,引导真人秀节目健康发展。

"限真令"具体提出了真人秀调控管理的六点方向,对真人秀节目的发展方向进行了规定,同时,给出的细则中也对相关问题作了进一步规范。对真人秀嘉宾进行管理,要求有丑闻劣迹以及吸毒嫖娼等违法犯罪行为者将不能作为嘉宾参与节目。同时要求游戏类真人秀节目既要有意思又要有意义,而不是单纯的玩闹娱乐,要贴近火热现实生活,挖掘展示思想文化内涵和社会意义。"限真令"对来自韩国等国家的引进模式也将进行调控,表明联合研发、联合制作等变相引进方式将受到治理,要求真人秀节目要创新创优。明星高片酬将得到调控,素人节目将得到扶持,迎来发展的空间。同时,真人秀作假、作秀现象将会受到管理,"限真令"事实上并不是对真人秀节目一网打尽,而是倡优抑劣,科学调控,从本质上促进节目更好地发展。

"限真令"内容主要是针对电视真人秀节目,但电视真人秀节目的发展趋向对互联网视频的发展往往能够产生重要的联动作用,而"限真令"对于互联网视频以及台网联动的方式和走向事实上也产生了一定影响。

2015 年,《国家新闻出版广电总局关于进一步落实网上境外影视剧管理有关规定的通知》(俗称"规范令")正式实施,对互联网引进境外影视剧播出的内容和方式进行了进一步的规范,规定在 2015 年 4 月 1 日前未经登记的境外影视剧将被勒令下架。"规范令"规定,引进剧在视频网站播出需要遵守"数量限制、内容要求、先审后播、统一登记"四项主要原则。首先规定,"单个网站年度引进播出境外影视剧的总量,不得超过该网站上一年度购买播出国产影视剧总量的 30%。"对境外引进剧的数量进行了限制,2015 年,"规范令"正式实施之后,效果是境外剧引进的数量较上一年有所减少。

同时,"规范令"也要求"各网站引进境外影视剧的内容、格调应当健康向上,符合《境外电视节目引进、播出管理规定》(广电总局令第 42 号)第十五条规定",并提出了具体的十条不得载有的内容。在此规定之下,一系列影视剧集开始了整顿规范。一些剧集开始下架整顿。同时,"规范令"也规定引进专门用于信息网络传播的境外影视剧的网站,每年要将本网站年度引进计划在上一年度年底前经省级新闻出版广电局初核后,向国家新闻出版广电总局申报(中央直属单位所属网站直接向总局申报),这一规定意味着视频网站所有播出的引进剧目需要先经过审核才能播出,延续了数年视频网站与海外剧集同步播出的状况将成为历史。同时要求通过不同渠道引进的用于信息网络传播的境外影视剧,都应当在"网上境外影视剧引进信息统一登记平台"上进行登记。国家新闻出版广电总局办公厅于2015年1月21号印发《开展网上境外影视剧信息申报登记工作的通知》,作为后续监管的一项举措。

"规范令"的颁布,让引进剧受限,引进剧数量减少,引进剧价格出现下滑,与此同时,也导致互联网视频开始纷纷发力自制,2015年包括腾讯视频、爱奇艺、优酷土豆、乐视等在内的各大网站纷纷斥巨资大力扶持网络自制剧,向制播一体化迈进,自制剧的内容营销空间显然要更丰富多元,包括品牌植入、冠名、赞助播出等等,收入渠道也更加多元化,进一步发展的趋势和潜力巨大。

十二届全国人大常委第十四次会议表决通过新修订的《广告法》,于2015年9月1日起正式施行,新《广告法》修改幅度较大,涉及面广,对原来的很多内容和规定进行了扩充和细化。其中一个重要的变化就是首次增加了对互联网广告的规定,为了规范互联网广告的发布行为,保护消费者合法权益,新法明确规定互联网广告活动也必须遵守《广告法》的各项规定。这一所谓史上最严的广告法对互联网广告的规范引导将产生深远影响。针对广告扰民问题,新法规定,未经当事人同意或请求,不得向其住宅、交通工具发送广告,也不得以电子信息方式发送广告,弹出广告应当确保一键关闭。此外,互联网信息服务提供者对利用其平台发布违法广告的行为,应当予以制止。

新《广告法》将互联网纳入监管,也是针对目前互联网广告中的诸多乱象而进行的,让互联网不再是违法广告的法外之地。新法实施后,很多在内容和形式上违法的广告被撤下,对互联网媒体的广告业务势必产生结构性的影响。

值得注意的是,在新《广告法》将互联网广告纳入监管开始实施的同时,《互联网广告监督管理暂行办法(征求意见稿)》于2015年7月1日公开向社会征求意见。征求意见稿中共有25条规定细则,对互联网广告监督管理的一些详细问题进行了规定。而此前,2015年3月11日,我国首部《中国移动互联网广告标准》发布会在国家工商总局召开,于3月15日起正式实施,这是针对移动互联网广告发布的首个行业标准,该标准共包含《互联网数字广告基础标准》《移动互联网广告监测标准》《移动系统对接标准》三部分,对所涉及的术语、定义和缩略语,广告投放和排期,广告展示、广告监测及计算方法和异常流量排除等进行了统一规范,提出了全网统一接口标准,为提高用户信息安全和互联网广告监管统一了接入通道。①

2015 年 10 月,229 号文件由四部委联合下发,这个较 181 号文更严厉的 229 号文件对互联网电视相关领域的一系列问题进行了规范。事实上,早在 2015 年 7 月,广电总局针对网络电视和电视盒子再次发布禁令,要求七大牌照商对照包括"电视机和盒子不能通过 USB 端口安装应用"在内的四点要求自查自纠,这四点要求如果厂商做不到就取消其播控权。并在 10 月 229 号文件下达的同时公布了针对电视盒子的非法应用名单,其中涉及非法视频的应用达 81 个。这一消息在 11 月天猫盒子更新系统之后得到了验证。版权问题是此次治理的"关键词",但并非是此次封禁的唯一理由,在封禁的同时,广电总局还推出了"纯净认证"制度,第三方应用需要通过该项认证才能上线盒子平台;而厂商需要做的,是配合广电做好对非认证应用的封杀。短期之内盒子上的应用软件数量无疑将极大减少,但对于版权提供方算是一个利好消息,广电部门可能会帮助 OTT 市场走向规范化。

综上,2015 年以上这些政策法规的下发与实施都对互联网视频行业产生了深刻长远的影响。

二、"限真令"对互联网视频产生联动影响

2015 年,对广电行业造成最大影响的政策法规莫过于国家新闻出版广电总局于 7 月 22 日正式下达的《关于加强真人秀节目管理的通知》。"限真令"对时下正在流行的真人秀节目中存在的一系列相关问题进行了指导调控,对真人秀节目的数量、内容、引进制作等方面的内容有所规范。通知指出,近年来真人秀节目已成为上星综合频道的重要节目类型,但存在缺乏价值引领的问题,为了抵制过度娱乐化和低俗化,总局提出了引导和调控真人秀的六个方向。

(一)真人秀遭受政策调控

在这份"限真令"中,首先表明了真人秀调控管理的背景和意义。即真人秀节目大量出现,它们中的大部分导向正确、内容健康、受到社会好评,但有部分节目既不攀登正能量的高峰也不触碰负能量的底线,"有意思"但没意义,收视率虽高但缺少价值引领,有的甚至传播错误价值观或流于低俗,引起舆论批评。因此,有必要对一些真人秀节目进行引导和调控,要坚决抵制此类节目的过度娱乐化和低俗化,努力转型升级、

---

① 首部《中国移动互联网广告标准》发布,腾讯科技,2015 年 3 月 11 日。

改进提高,丰富思想内涵,弘扬真善美,传递正能量,实现积极的教育作用和社会意义。并提出真人秀调控管理的六点方向:

1.主动融入社会主义核心价值观,发挥好真人秀节目的价值引领作用。

2.贴近火热现实生活,挖掘展示思想文化内涵和社会意义。

3.植根中华优秀传统文化,大力推动创新创优。

4.坚持以人民为中心的创作导向,关注普通群众,避免过度明星化。

5.坚持健康的格调品位,坚决抵制低俗和过度娱乐化倾向。

6.切实加强管理和调控,引导真人秀节目健康发展。

总体来讲,此次"限真令"可能会对中国电视节目发展带来多重影响,从细则中的具体解读可以得出以下几点结论:

首先,要对真人秀嘉宾进行管理,有丑闻劣迹以及吸毒嫖娼等违法犯罪行为者将不能作为嘉宾参与节目,其中规定,"真人秀节目嘉宾应坚持道德操守的标准。不允许邀请有丑闻劣迹以及吸毒嫖娼等违法犯罪行为者参与制作节目。节目组对嘉宾要加强培训、引导和把关,防止错误不当的言行在节目中播出。"同时,在"限真令"第一条中,还对道德建设、情感婚恋等方面的真人秀节目进行了特别提示,规定:"不能为吸引眼球就故意激化矛盾,突出放大不良现象和非理性情绪,也不要以'考验''测试'的名义人为制造和展示'人性恶'事件。"

其次,受到各大平台和制作方欢迎的游戏类真人秀节目将受到限制,要求既要有意思又要有意义,而不是单纯的玩闹娱乐,"要防止把节目办成脱离现实、脱离群众的无聊游戏、奢靡盛宴,避免节目成为无根的浮萍、无病的呻吟、无魂的躯壳,不能助长社会浮躁心态和颓废萎靡之风",要"贴近火热现实生活,挖掘展示思想文化内涵和社会意义"。

再次,韩国、欧美等国家的引进模式节目可能受到调控,联合研发、联合制作等变相引进方式将得到治理。"限真令"第三条即"创新创优"的规定中,要求"对引进节目模式要适度控制数量,要避免过度集中在某一地区或国家。"很明显,此条是针对目前真人秀制作领域中韩式节目一边倒的现状而作出的规定,韩国模式在当下一窝蜂式的引进播出将受到更加严格的控制。事实上,从 2014 年开始正式实施的《关于做好2014 年上星综合频道节目编排和备案工作的通知》中,广电总局对"坚持自主创新,加强引进管理"的内容进行了规定,"电视上星综合频道每年播出的新引进境外版权模式节目不得超过 1 个,当年不得安排在 19:30~22:00 之间播出。"但上有政策、下有对策,近年来,在联合研发、联合制作等名义之下多种模式的节目仍被引进,对于这种现象的管控其实坊间早有传闻,而这次的"限真令"的发布看来是要进行落实。因此,未来引进模式节目的管理看上去会更加趋紧,对模式节目的本土化改造也做出"坚持以我为主,开拓创新"的要求。

还有,素人节目将获得扶持,明星高片酬将得到调控。针对当下内容市场中颇受诟病的明星泛滥和高片酬现象,"限真令"进行了明确规定,要求真人秀避免过度明星化,"要摒弃'靠明星博收视'的错误认识,纠正单纯依赖明星的倾向,不能把节目变成拼明星和炫富的场所,不能助长高片酬、高成本的不良风气。"同时,"限真令"中也规定:"要依据节目内容确定参与节目的嘉宾人选,提高普通群众参与真人秀节目的人数比例。"这其实是对广受探讨的素人真人秀节目的某种鼓励和扶持,素人真人秀将迎来发展空间。

而且,真人秀作假、作秀现象将会得到管理,通知中要求节目要保证真实性,"特别要防止明星嘉宾作假作秀、愚弄观众。不得设置违背核心价值观和公序良俗的节目规则与低俗噱头等"。一段时间以来饱受诟病的真人秀作假行为将得到管理与调控。同时,"限真令"再次强调要加强对未成年人的保护,"尽量减少未成年人参与,对少数有未成年人参与的节目要坚决杜绝商业化、成人化和过度娱乐化的不良倾向以及侵犯未成年人权益的现象。"再次对未成年人参与节目的相关规范进行了强调和确认。

值得注意的是,从此次"限真令"的发布细则中可以看出,其并不是要对真人秀节目一网打尽,而是"对优秀的真人秀节目大力扶持,对缺少价值和意义的真人秀节目加以抑制,对内容低俗有害的真人秀节目坚决查处、纠正直至取缔。"优秀的真人秀节目会得到扶持,标准是"按照'好节目进入好时段'的管理理念,通过黄金时段节目备案、各类评奖评优等管理机制,倡优抑劣,科学调控"。

可见"限真令"之本质目的是为了繁荣真人秀节目的发展,而2016年出现的一些新现象也表明,真人秀数量不降反增,从一个侧面表明了节目市场依旧火热,而诸如团体选秀、棚内综艺、脱口秀节目的出现和回归也可以看作是"限真令"影响下的结果,而这种影响还在持续深化中。

(二)互联网视频联动影响

虽然此次"限真令"主要是针对广播电视节目,对广播电视节目的生产、制作、传播产生深远影响,但广播电视的发展也必然对互联网视频的发展产生联动作用。

首先,互联网开始成为电视节目传播的重要渠道,除了传统台网联动式的节目互动方式之外,互联网自制和专属内容也在这一过程中逐渐发展起来。2015年,互联网内容领域的一个显著特征便是纯网综艺或者网生内容开始进入大发展时期,包括爱奇艺、腾讯视频、优酷土豆、乐视等视频网站都积极布局自制综艺，纯网播出取得点击量和话题度的双丰收，爱奇艺《奇葩说》《爱上超模》《偶滴歌神啊》等纯网综艺都取得不俗成绩，腾讯视频《我们15个》投入超过2亿，创造出首个全年24小时的直播节目，投入规模和量级已经与传统广播电视台无异，此外，腾讯视频的《魅力野兽》《拜托了冰箱》《你正常吗?》等自制节目都因高品质和极强的互联网属性而受到网友欢迎。优酷土豆的《侣行》《暴走漫画》《看理想》等自制内容也吸引着各个层级的垂直用户。乐视网的《十个礼拜嫁出去》在创意性和互动性等方面也拥有很强的互联网属性。

社会化制作力量开始意识到网络综艺的潜力和变现能力，纷纷开始布局网络综艺，随着在人力、物力上投入的不断加大，网络节目已经开始摆脱粗制滥造和低投入、低产出的状态，一些传统广电人开始离开体制，进入视频新媒体中，有些互联网节目甚至开始返销电视台。网络视频渠道的崛起态势，与整个媒介传播环境和内容市场环境息息相关，其内容趋向、传播方式、制播模式等的发展都与广播电视端口的内容生产制作有着很大的关系，因此"限真令"的颁布对互联网视频的发展也产生了一定的联动影响。

其次，网台联动模式必然发生影响变化，随着"限真令"的颁布，电视节目的发展趋势和制播模式随之发生一定的变化，互联网视频媒体对电视台来讲将不再是一个简单的内容传播和营销平台，更深入的网台联动模式将会逐渐出现，如网台联合制作、联合运营播出、深度联动等。浙江卫视热播节目《燃烧吧少年!》是一档素人偶像养成节目，是传统的电视选秀节目的一种变化发展的形态，由浙江卫视、天娱传媒、腾讯视频联合出品，三方就这档节目进行了联动，整合了各自的资源，达到了基于目标受众的一定程度上的传播效果。

综上，"限真令"对网络视频的联动影响效应体现在多个方面，而这种影响还在继续深化的过程当中。

三、"规范令"限制引进剧，产生多维效应

2015年，对各大视频网站来说，面临的最直接的一个政策挑战便是"规范令"的正式实施。所谓"规范令"是指在2014年9月份发布的《国家新闻出版广电总局关于进一步落实网上境外影视剧管理有关规定的通知》，该"规范令"主要是针对网上境外影视剧引进与传播的多个维度进行了管理。这一"规范令"实际上对视频网站引进国外影视剧进行了多方面的限制和规范，是此前已经发布的针对国外影视剧引进播出的。

2012 年 2 月 13 日,广电总局在其官方网站上发布《关于进一步加强和改进境外影视剧引进和播出管理的通知》(俗称"限外令")的升级版,对视频网站影视剧引进的数量、内容、方式、流程等都进行了规范。"规范令"相关规定内容经过一年多的准备从 2015 年 4 月份正式实施,至此,各大视频网站同步更新海外剧的日子正式结束,海外剧引进播出被正式纳入监管规范的范畴中。

(一)解读:"限外令"升级,"规范令"针对互联网引进剧

此次"规范令"的主要内容是针对视频网站引进境外影视剧进行的一系列规定,首先明确指出,网上播出的境外电影、电视剧,应依法取得新闻出版广电部门颁发的《电影片公映许可证》和《电视剧发行许可证》等批准文件,并取得著作权人授予的信息网络传播权,未取得《电影片公映许可证》和《电视剧发行许可证》的境外影视剧一律不得上网传播。同时,主要以"数量限制、内容要求、先审后播、统一登记"四项主要原则为基准对视频网站引进境外影视剧进行了规定。

首先,是数量限制。通知规定"单个网站年度引进播出境外影视剧的总量,不得超过该网站上一年度购买播出国产影视剧总量的 30%。"即对国产剧和海外剧播出的比例进行了调控。视频网站引进境外剧数量不再是无节制的,而是与其头一年购买播出国产影视剧的总量息息相关。2015 年,规定正式实施之后,视频网站境外剧引进的数量较上一年有所减少。

其次,是内容要求。通知要求"各网站引进境外影视剧的内容、格调应当健康向上,符合《境外电视节目引进、播出管理规定》(广电总局令第 42 号)第十五条规定",不得载有以下内容:

1.反对中国宪法规定的基本原则的;

2.危害中国国家统一、主权和领土完整的;

3.泄露中国国家秘密、危害中国国家安全或者伤害中国荣誉和利益的;

4.煽动中国民族仇恨、民族歧视,破坏中国民族团结,或者侵害中国民族风俗、习惯的;

5.宣扬邪教、迷信的;

6.扰乱中国社会秩序,破坏中国社会稳定的;

7.宣扬淫秽、赌博、暴力或者教唆犯罪的;

8.侮辱或者诽谤他人,侵害他人合法权益的;

9.危害中国社会公德或者中华民族优秀文化传统的;

10.其他违反中国法律、法规、规章规定的内容。

在此规定之下，一系列影视剧集开始了整顿规范。早在 2014 年 4 月份，《生活大爆炸》和《傲骨贤妻》就被下架整顿，2015 年 1 月，《特工卡特》《嘻哈帝国》《无耻之徒》等多部美剧在国内多家视频网站下架，整顿调整后才重新上架播出。新规之下，一些境外影视剧可能无缘与中国观众见面，或者需要调整后才能上线。

再次，是先审后播。引进专门用于信息网络传播的境外影视剧的网站，每年要将本网站年度引进计划在上一年度年底前经省级新闻出版广电局初核后，向国家新闻出版广电总局申报（中央直属单位所属网站直接向总局申报），包括拟引进影视剧的名称、集数、产地、著作权人、内容概要等信息，以及该网站上一年度购买国产影视剧的相关证明。国家新闻出版广电总局于每年 2 月 20 日前，将各网站申报的符合总体规划要求的拟引进境外影视剧相关信息，在"网上境外影视剧引进信息统一登记平台"上发布，供相关网站查询。

这一规定意味着视频网站所有播出的引进剧目需要先经过审核才能播出，延续数年的视频网站与海外剧集同步播出的状况将成为历史。由于在国内颇受欢迎的美剧、韩剧等生产播出方式都是采用边拍边播，以往视频网站基本上都是在国外播出机构播出后就能立即上线更新，先审后播的规定让这种同步更新的方式变得不再可能，一些热门美剧新一季的节目要等到第二年才有可能上线播出。

最后，是统一登记。通过不同渠道引进的用于信息网络传播的境外影视剧，都应当在"网上境外影视剧引进信息统一登记平台"上登记。各单位购买境外影视剧的信息网络传播权后，应在签约之后的 3 个工作日内，将所引进境外影视剧的名称、集数、版权起止日期、内容概要、内容审核机构等信息上传到"网上境外影视剧引进信息统一登记平台"，包括以下几种情况：

1.取得《电影片公映许可证》用于影院播放，同时或之后又取得了信息网络传播权的境外电影；

2.取得《电视剧发行许可证》用于电视台播放，同时或之后又取得了信息网络传播权的境外影视剧；

3.取得国家新闻出版广电总局发放的进口音像制品批准文件用于境内复制、发行，同时或之后又取得了信息网络传播权的境外影视剧音像制品；

4.按本通知引进的专门用于信息网络传播的境外影视剧。

总局对各类单位上传到"网上境外影视剧引进信息统一登记平台"上的相关信息核对之后，配以节目登记序列号，将所有可用于信息网络传播的境外影视剧目录在总局政府网站上公告。网站在播出境外影视剧时,应在节目片头注明登记序列号。各网站不得播放未在平台上登记和公告的境外影视剧。

并同时规定,2015 年 3 月 31 日之前,各网站要将本网站在播境外影视剧名称、集数、购买合同、版权起止日期、内容概要、内容审核情况等信息上传到"网上境外影视剧引进信息统一登记平台"上进行登记。从 2015 年 4 月 1 日起,未经登记的境外影视剧不得上网播放。对于已经登记但未取得新闻出版广电部门批准引进文件的网上在播境外影视剧,各网站不得进行版权续约,节目版权到期后不得继续播放。

2015 年 1 月 21 日,国家新闻出版广电总局办公厅印发《开展网上境外影视剧信息申报登记工作的通知》,此份通知的出台是继 2014 年中旬监管风暴的一个后续动作,通知文件对于诸如境外影视剧的网上申请流程、条件、时间、数量等都做了很明确的规定及要求。对于那些在 2014 年已经上线播出的境外剧,则需要在 2015 年 3 月 31 日前进行在线登记,凡是未经登记的则都将面临着下架的命运。对于那些已经上线播出却将续集留在了 2015 年的境外剧们,剩余剧集将依照标准剧集转化后被算入 2015 年新上线境外剧的 30%的指标。

这四项原则对网上引进剧的数量、内容、流程、方式等进行了规定,事实上,"规范令"被看作是"限外令"的一次互联网上的延伸。通知规定,引进境外影视剧的长度原则上控制在 50 集以内,境外影视剧不得在黄金时段播出。

颁发的这一"限外令"很大程度上是对之前相关规定的重申,之前颁布的"42 号文""82 号令"也有类似规定,比如引进剧不得登黄金档,不得引进含有暴力低俗内容的影视剧等。早在 1995 年广电总局第一次对境外影视剧进行管理之时,就规定境外影视剧不得在黄金时段播出,同时规定"各电视频道每天播出的境外影视剧,不得超过该频道当天影视剧总播出时间的 25%",这一规定与 2004 年颁布的国家广电总局令[2004]第 42 号《境外电视节目引进、播出管理规定》并没有什么区别。

"限外令"的颁布和重申表明了国家有关部门对于播出机构引进播出境外影视剧的管理态度与措施,而 2015 年开始正式产生影响的"规范令"则是对网络播出境外剧的进一步规范,证明了网络开始被纳入到与广播电视台同样重要的监管范畴之内,在监管内容上开始与广播电视趋同,监管方式也开始有了更明确的规定。

(二)效应:引进剧受限,互联网发力自制

自 4 月 1 日"规范令"正式生效之后,各网站内容生产播出的结构、特征等都产生了多个方面的变化和影响。

首先是引进剧数量减少,有统计显示,2015 年全网视频网站同步更新的美剧数量比 2014 年同期减少 22 部,降幅达 43%。由于必须引进整季的片子并配好字幕,在比韩国观众晚近 7 个月、比美国观众晚近 10 个月之后,韩剧《海德、哲基尔与我》、美剧《生活大爆炸》成了中国网民 2015 年看到的第一批海外剧。而在 7 月 27 日,腾讯视频独家引进的《权力的游戏》第五季也已通过审核,获得(粤)剧审网字(2015)第 0001 号的准播许可证。总体来讲,在"先审后播"政策的限制下,视频网站在境外剧的采购上变得更加谨慎,在数量和质量上进行严格把关。公开资料显示,优酷土豆在 2015 年独家拿下 1700 余集海外新剧,腾讯视频宣布全权独家播放 HBO 每年 900 集以上影视剧内容。

其次是引进剧价格出现下滑,由于引进剧数量减少,并有了"先审后播"造成的"时间差",海外剧购剧成本出现普遍下滑。据悉,境外剧引进剧的版权费用在近几年里呈现出水涨船高的态势,尤其是韩剧的价格明显有些虚高,并且热播韩剧的价格屡屡刷新纪录。随着广播电视端口"限外令"的实施,以韩剧为代表的热门海外剧开始转战互联网平台。有媒体报道显示,三四年前韩剧在中国的网络转播权每集仅有 1000—3000 美元,而到了 2013 年却迅速突破了单集 1 万美元的高价。随着热播韩剧《来自星星的你》带来的热效应不断释放,版权价格在彼时已经飙升到了每集 4 万美元。而 2014 年 5 月播放的《Doctor 异乡人》,价格已经突破了 8 万美元一集。

境外剧新规的实行,一定程度上遏制了这一版权价格不断攀升的态势。据悉,今年 1 月起,韩剧的版权价格已经直接下降了三分之一。[①] 但与此同时,新规可能客观上增加互联网用户通过非法渠道下载观看国外影视剧的可能性,一些非正常渠道的境外剧片源通过各种渠道率先在国内流传开来,对于正规的视频网站则会造成用户流失的可能性和困扰。

从"规范令"的规定中可以看出,一方面对引进境外剧的内容进行规范化管理,同时,更重要的是对引进剧的数量进行了规定,规定的数量更是与网站上一年购买制作国产剧的数量息息相关。此举目的较为明确,一定程度上为了扶持国产影视剧在网上的播出。尽管有关数据表明,热播韩剧和美剧等境外剧在视频网上的内容播放量上并不占据主流,热播国产剧才是各网站播放排行榜中的热门,但"规范令"的实施无疑为国产剧在互联网上的发展带来了更多的空间。

外购剧一直在视频网站热播剧集中占据着主流,但各网站 2015 年在自制上的布局和投入也有开始加大的趋势,这种趋势还非常明显。在视频网站看来,相比于外购

---

① 黄锴:《规范令实施 视频网站发力自制剧》,《21 世纪经济报道》,2015 年 4 月 3 日,http://finance.stockstar.com/JC2015040300001760.shtml。

版权,自制剧的投入产出比更高。从价值变现回报上来看,外购的片源通常只能在前后播放贴片广告,但自制剧的内容营销空间显然要更丰富多元一些,包括品牌植入、冠名、赞助播出等,收入渠道也更加多元化。

2015 年,包括腾讯视频、爱奇艺、优酷土豆、乐视等在内的各大网站纷纷斥巨资大力扶持网络自制剧,向制播一体化迈进。爱奇艺、优酷土豆等还成立了影业公司,爱奇艺影业和合一影业都在大电影上进行投资。据统计,《鬼吹灯》《盗墓笔记》《匆匆那年2》《暗黑者 2》等自制剧的投资均突破 2000 万元,最高的甚至达到 2 亿元。各热门 IP 成为视频网站竞相争抢的对象,2016 年将有多部投资过亿的视频网站自制剧上线。随着各视频网站自制影视剧数量和丰富性的不断提高,视频网站电视台化的趋势不断加强。各视频网站在自制剧上加强厮杀,与"规范令"的新规有着重要的联系。

四、新《广告法》将互联网广告纳入管理范围

2015 年,互联网领域的另外一大监管政策便是新广告法的实施所带来的影响。从 9 月 1 日开始实施新《广告法》虽不是针对互联网的专门法,但由于其首次将互联网正式纳入到监管范畴的规定,而受到互联网领域各方的关注。

(一) 互联网被纳入《广告法》监管范围

我国现行的《广告法》自 1994 年 10 月 27 日公布,1995 年 2 月 1 日实施至今,在规范广告经营行为、维护广告市场秩序、保护消费者合法权益等方面发挥了重要作用。但随着我国广告业的飞速发展,实施 20 年的现行《广告法》已经不能完全适应广告业发展的客观需求。

修订前的《广告法》只对广播、电影、电视、报纸、期刊等传统媒体广告予以规范,没有涉及互联网等新兴媒体,新《广告法》则首次新增加了对于互联网广告的规定,为了规范互联网广告的发布行为,保护消费者合法权益,新法明确规定互联网广告活动也必须遵守《广告法》的各项规定。而针对广告扰民问题,新法规定,未经当事人同意或请求,不得向其住宅、交通工具发送广告,也不得以电子信息方式发送广告,弹出广告应当确保一键关闭。此外,互联网信息服务提供者对利用其平台发布违法广告的,应当予以制止。

第四十三条,任何单位或者个人未经当事人同意或者请求,不得向其住宅、交通工具等发送广告,也不得以电子信息方式向其发送广告。以电子信息方式发送广告的,

应当明示发送者的真实身份和联系方式，并向接收者提供拒绝继续接收的方式。

第四十四条，利用互联网从事广告活动，适用本法的各项规定。利用互联网发布、发送广告，不得影响用户正常使用网络。在互联网页面以弹出等形式发布的广告，应当显著标明关闭标志，确保一键关闭。

第四十五条，公共场所的管理者或者电信业务经营者、互联网信息服务提供者对其明知或者应知的利用其场所或者信息传输、发布平台发送、发布违法广告的，应当予以制止。①

以上这三条都是出自新《广告法》中的新规定，这三条也都是针对互联网广告而制定的。

(二) 影响：新法之下，互联网广告产生结构性影响

事实上，新法出台之前，互联网广告一直被看作是存在诸多问题的一个领域，据报道，2014 年，国家工商总局就从网易、腾讯等 20 家门户网站中抽取了 105.6 万条各类网络广告进行检测，结果显示出，涉嫌严重违法广告多达 34.7 万条，占检测总量的 32.93%，其中以保健用品、药品、医疗、化妆品、美容服务等广告的违法情形最为严重。

新《广告法》将互联网纳入监管，也是针对目前互联网广告中的诸多乱象进行的，让互联网不再是违法广告的法外乐园。新法实施后，很多在内容和形式上未发的广告被撤下，势必对互联网媒体的广告业务产生结构性的影响。

垃圾广告不再是想投就投，弹窗广告也要确保一键关闭。据不完全统计，在新法实施前，我国网民常用软件中，有弹窗广告行为的达 1221 个，其中每天弹出广告数量超过 1000 次的近 500 个。② 而在百度搜索引擎中输入"网页弹出广告"这一关键词，相关页面竟然达到了近 3900 万个。2014 年，迅雷的弹窗服务更是因传播色情低俗及虚假谣言信息，被执法部门予以关停。监测数据显示，从 2015 年 4 月底新《广告法》颁布到 9 月 1 日正式实施，四个月时间内违法广告数量下降了近 70%，违法广告时长下降了近 87%。新《广告法》实施后第一个月，违法广告数量下降了 80% 以上，违法广告时长下降了 90% 以上。③

2014 年，我国整体网络广告市场规模超过 1500 万元，同比增长 40%，已经超越电视、报纸、杂志、户外等传统广告载体，成为广告市场排名第一的媒介，新法实施对 2015 年互

---

① 新《广告法》。
② 网信办：《每天超 1221 个软件有弹窗广告行为》，央视新闻，2014 年 9 月 24 日。
③ 《〈互联网广告监督管理暂行办法〉或年底有望出台》，《北京青年报》，2015 年 11 月 15 日。

联网广告有没有产生实质性影响,从目前统计数据来看,互联网广告整体上依旧处于增长态势,总体上并未受影响,更多是具体的结构性影响,互联网广告更加规范。

(三) 其他类别互联网广告监督管理办法和标准出台

在新《广告法》将互联网广告纳入监管开始实施的同时,《互联网广告监督管理暂行办法(征求意见稿)》于 2015 年 7 月 1 日公开向社会征求意见。征求意见稿中共有 25 条规定细则,对互联网广告监督管理的一些详细问题进行了规定,为规范互联网广告活动,促进互联网广告健康发展,保护消费者合法权益,维护公平竞争的市场竞争秩序,发挥互联网广告在社会主义市场经济中的积极作用而制定。

可以看到,在这一征求意见稿中,用户对于互联网广告选择权限细化成为亮点,同时规定了弹窗广告违法应该赔偿,而互联网广告中的一些不正当竞争行为也被明确,搜索引擎广告排名行为也将被严格管理,同时,自媒体广告也将被纳入监管。《互联网广告监督管理暂行办法》将成为互联网广告领域管理的一项基本法则,对新《广告法》中互联网广告的管理进一步细化。

通过新《广告法》以及正在征求意见阶段的《互联网广告监督管理暂行办法》等法律法规以及《中国移动互联网广告标准》等行业标准的制订,互联网广告被正式纳入监管范畴中,并且在未来必将不断发展、细化。互联网广告将面临着更严峻的监管局面,而更加规范化的监管方式也必然对互联网广告的发展产生重要影响。

五、229 号文件加强对互联网电视管理

2015 年 7 月,国家新闻出版广电总局针对网络电视和电视盒子再次发布禁令,要求七大牌照商对照包括"电视机和盒子不能通过 USB 端口安装应用"在内的四点要求自查自纠,四点要求如果厂商做不到就取消其播控权。

这四点具体要求是:

1.2015 年初以后发布的机型严禁支持 USB 安装应用;

2.严禁内置可访问互联网的浏览器;

3.严禁应用商店或其他手段推送聚合应用软件、视频网站客户端、电台应用软件;

4.严禁应用商店或其他手段推送可通过手机间接遥控播放视频的遥控器应用。

2015 年 10 月,广电总局公布了针对电视盒子的非法应用名单,其中涉及非法视频的应用达 81 个,这一消息在 11 月的天猫盒子更新系统之后得到了验证。事实上,

就在此之前,被称为229号文件正式下达,这个较181号文更严厉的229号文件由四部委联合下发。

事实上,这个229号文件旨在有效遏制使用非法电视网络接收设备从事违法犯罪活动,切实保障国家安全、社会稳定和人民群众的利益。从细则上可以看出,229号文件针对的并不是机顶盒等设备终端本身,而是对非法电视、非法广播等非法内容的严打。文件指出,非法电视网络接收设备主要包括三类:"电视棒"等网络共享设备;非法互联网电视接收设备,包括但不限于内置含有非法电视、非法广播等非法内容的定向接收软件或硬件模块的机顶盒、电视机、投影仪、显示器;用于收看非法电视、收听非法广播的网络软件、移动互联网客户端软件和互联网影视客户端软件。

而在广电总局相应公布的针对电视盒子的非法应用名单中,涉及非法视频的应用达81个。广电总局同时指出,这81款应用的违规点主要包括三个方面:

1.政治上的非法:提供境外电视台(如凤凰卫视中文台、BBC、美国之音等)的直播服务,和传播影响国内稳定团结的节目,用资本主义的腐朽思想影响广大人民群众的情绪稳定。

2.版权上非法:非法播放没有取得版权和播放权的节目。

3.提供非法血腥暴力色情视频节目。

此次遭封禁的81个应用涵盖风云直播、泰捷视频、VST全聚合、喜马拉雅等第三方视听应用,其中也不乏众多侵权APP。版权问题是"关键词",但并非是此次封禁的唯一理由,在封禁的同时,广电总局还推出了"纯净认证"制度,第三方应用需要通过该项认证才能上线盒子平台,而厂商需要做的,是配合广电做好对非认证应用的封杀。

短期之内盒子上的应用软件数量无疑将极大地减少,但对于版权提供方算是一个利好消息,在盒子发展初期,各家版权内容都偏少,如果严格按照版权来,其内容将大大落后于盗版内容充斥的平台,进而劣币驱逐良币。从这个角度看,广电此举可能会帮助OTT市场走向规范化。

综上所述,2015年对互联网视频内容产生影响的政策法规包括对内容的监管、引进数量方式的限制,也包括对互联网广告以及OTT电视的监管,规范调整的范围和力度正在逐渐加大,其实是对不断发展的互联网内容市场的一种政策应激机制,短期内会对某些互联网视频平台和内容产生一定的影响,从长远来看,这种影响也会持续发挥效应,具体效果还有待进一步评估,但总体来讲,必将有利于行业的可持续稳定性发展。

〔罗姣姣,作者单位:中国传媒大学新闻传播学部〕

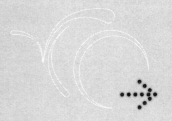

案例篇

网络视频传播的政治话语新表达

——以《十三五之歌》为例

◎ 王晓红　袁月明

摘要: 本文以"复兴路上"工作室制作出品的视频短片《十三五之歌》为案例,分析该视频成功传播的话语机制,并在此基础上探讨网络视频作为一种新的话语表达方式,对改进现阶段我国政治传播成效的意义。无论是从传播的渠道层面,还是内容层面上看,网络视频都为政治传播提供了一个非常强势的扩散渠道和传播路径,为政治传播活动的展开提供了巨大的发挥空间。在对《十三五之歌》所产生的传播"魔力"进行分析的基础上,文章提出,政治传播活动应兼具世界性眼光和在地化思考,通过"瞄准"具体受众群体来有的放矢地制作传播内容;通过将受众"带入"特定情境来建立情感连接,寻求情感认同;通过建构起"立体化"的传播网络,来实现传播效应最大化。

关键词:《十三五之歌》;网络视频;政治传播

2015 年,在我国网络视频生产领域,UGC 模式向 PGC 模式、OGC 模式显著转型,①网络视频发展进一步呈现蓬勃之势;2015 年,手机成为网络视频的"第一终端",②秒拍、美拍大行其道,短视频及其社交应用如火如荼地展开。2015 年,瞬间爆红于社交网络的网络视听产品接踵而至,诸如《五环之歌》《小咖秀配音-橙汁儿》《咱们屯儿里的人》等"神曲""神片",显现出病毒式传播的威力。

在众多的"爆款"视频中,复兴路上工作室推出的纯英文短视频《十三五之歌》,独树一帜,开创了网络时代中国政治传播和对外传播的又一新气象。《纽约时报》刊文称,"多年来,中国的宣传机器坚持用传统的社会主义风格制作宣传海报,而现在,一段新视频把世界上最大的宣传机器带入了新时代"。③

那么,《十三五之歌》到底是怎样的一款视频作品？又是怎样抓住国内外受众的

---

① UGC,即 User-generated Content,用户生产内容;PGC,即 Professionally-generated Content,专业生产内容;OGC,即 Occupationally-generated Content,职业生产内容。这是网络视频生产的三种基本模式。

② 引自《2015 年中国网络视听发展研究报告》,http://www.china.com.cn/v/2015-12/02/content_37218169.htm。

③ 转引自《参考消息》官方网站 10 月 29 日报道:《境外媒体热议"神曲"〈十三五〉》,http://www.cankaoxiaoxi.com/china/20151029/980544_3.shtml? _t=t。

心理节拍？它的"走红"及话语实践对中国政治传播带来哪些启示？本文试图以《十三五之歌》为个案，探讨网络视频作为新型政治传播话语的机制、功能与意义。

一、案例回顾："魔性"神曲与"神秘"的工作室

（一）"魔性"神曲：《十三五之歌》

2015年10月26日至29日，中共十八届五中全会召开。这次全会的重点是审议我国第十三个五年规划。五年规划是中国政治制度的一大特色，关乎中国社会发展的行动指南。而"十三五"更关乎中国未来五年全面建成小康社会、实现"第一个百年目标"的路径与宗旨，因此，大会闭幕时发布的"十三五规划"公报具有特别重要的意义。

10月27日，全会召开的第二天。会议正在顺利进行中，公报发布还需等待两天，媒体报道相对平静。对中国老百姓来说，"十三五"规划是国家层面的事情，虽然极其重要，但是有点儿"高大上"，难免严肃乏味；对老外来说，一国之五年发展规划，真是"远在天边"，毫无关联。然而，就在这一天，一则专门解读"十三五规划"的3分钟短视频《十三五之歌》在国内外社交媒体上同步出现，并且迅速走红。"太魔性！""忒洗脑！""真神曲！"各种惊叹扑面而来，"十三五"瞬间被国内外众多网民耳熟能详。

耐人寻味的是，这则视频的国内首发平台为中国最大商业视频网站"优酷"，而国外首发则是新华社在Twitter（推特）和YouTube（优兔）上的官方账号。一时间，中国发布宣传"神曲"成为引人注目的媒介事件。短短三天内，美联社、法新社、路透社、《华盛顿邮报》、《纽约时报》、《卫报》、《泰晤士报》、英国广播公司、美国有线电视新闻网等40多家西方主流媒体对此进行了报道，《卫报》、路透社、英国广播公司等10多家网站还将《十三五之歌》放在视频新闻头条位置。YouTube、Twitter、Facebook（脸书）等全球最具影响力的社交媒体热转。新华社、人民日报社、中央电视台、中国国际广播电台等媒体的海外社交平台点击量、转发率、互动评论量均创新纪录。截至2016年1月16日，在YouTube平台上，仅@New China TV一个账号，《十三五之歌》的播放量就超过28万（见图1），@CCTV America账号上的播放量也达到了17万。

作为带有明显的政治宣传色彩的视频短片，《十三五之歌》相较于以往中国政治传播活动而言，无论在传播范围、影响力度还是口碑评价上，均成效显著。美国《大西洋月刊》网站称，《十三五之歌》将流行的欧美漫画、地道的英文吟唱与中共发展规划"混搭"，产生魔幻效果，抓人眼球！《华盛顿邮报》网站建议读者："如果你有三分钟时间，应该看看中共这个最新宣传神曲"；《时代》周刊网络版报道说，"歌曲把'十三五'

图1 "神曲"《十三五之歌》在社交网络爆红

重复了28遍。中国,请你放心,我们都在关注呢!"英国《卫报》评论说,伴随着这首热歌,全球都听到了中共新的经济发展路线图呱呱落地的声音;俄罗斯网站评论认为,四个卡通小人物唱的歌词,清晰阐述了中国经济政策的制定过程,并且告诉了大家"十三五"规划关系到每个人;《大西洋月刊》网络版指出,这首歌不只是好听、好玩,而且还说明中共五年规划是一个缜密的、全民动员式的调研讨论结果;《郝芬顿邮报》评论指出,"不管怎么说,我们都得承认,中共的软实力正在大幅度提升";英国广播公司(BBC)用"迷幻(trippy)的宣传"一词来评价《十三五之歌》,其报道称中国官方媒体机构在 Twitter 上发布了这条形式新颖的病毒式影像信息,引发强烈反响。

上述种种反响显示,"魔性"、时尚的《十三五之歌》,让抽象的政治文本变得鲜活,成为中国政治制度对外传播的绝佳"翻译"。

(二)神秘的工作室:复兴路上工作室

如果要分析和探讨《十三五之歌》,一个总会被率先提及并且无法回避的话题,就是它背后的神秘制作者:复兴路上工作室。这个工作室在优酷网上的账号为"复兴路上",但是没有任何简介,也从未被报道过。尽管如此,"复兴路上"之命名,契合了"中华民族复兴"的愿景,也暗示了工作室的官方背景。这种若隐若现、虚实结合的宣传方式颇具匠心。与这种神秘相映成趣的是,其作品风格鲜明。迄今,"复兴路上"已推出了10部网络视频短片,内容均为宣传介绍中国政治制度和中国领导人,话语风格大胆生动,极富创新力,凸显了十八大以来中国对外传播打造"融通中外的新概念、新范畴、新表述""讲好中国故事""传好中国声音"的追求。

早在2013年10月14日,复兴路上工作室就推出了名为《领导人是怎样炼成的》的动画短片。视频分中、英文两个版本,时长5分多钟,中国国家领导人一改以往刻板严肃的画风,首次以可爱的动漫卡通人物形象出现,并配合欢快的音乐和诙谐幽默的旁白,以新一届中央领导集体的晋升之路为例介绍了中国领导人的选拔过程。短片还将中国领导人的选拔过程与英美等国领导人的产生机制进行了比较,突出中国的干部选拔机制是"中国功夫"式的考验和历练,并在结尾指出"条条大路通总统,各国各有奇妙招。一票定乾坤式的票决也好,'中国功夫'式的长期锻炼、选贤任能也好,只要民众满意、国家发展、社会进步,这条路就算走对了"。截至2013年10月15日中午,《领导人是怎样炼成的》推出两天内,中文版视频播放量达到106万次,英文版播放1000多次,获得9500多次"赞"。① 而截至2016年1月16日,优酷播放量已达366.5万次(见图2)。网友们也纷纷转发点赞,称其"生动、有趣、跟得上时代步伐",在政治宣传类视频短片中绝对遥遥领先,属于破纪录水平。

图2 动画短片《领导人是怎样炼成的》

在《领导人是怎样炼成的》引发轰动之后,复兴路上工作室还配合中国领导人出席博鳌亚洲论坛、出访俄罗斯、出访英国等一系列政治活动,陆续推出了《中国共产党与你一起在路上》《跟着大大走之博鳌篇》《跟着大大走之俄罗斯篇》《跟着习大大走

---

① 《网络首现中国领导人卡通形象 讲述习近平经历》,http://news.sina.com.cn/c/2013-10-17/043928454206.shtml。

之英国篇》等一系列宣传片,进行中国特色社会主义核心政治话语的积极传播,在境内外舆论空间都取得了良好效果。这次,为配合中共十八届五中全会的召开,复兴路上工作室再次大胆创新,将一个重要的政策规划用"神曲"视频的形式对外传播,成功地吸引了世界的关注。

二、《十三五之歌》的话语"魔力"分析

作为一支带有明显外宣色彩、主要目标受众为国外普通民众、旨在解读中国"十三五"规划相关政策措施的音乐动画短片,《十三五之歌》相较于以往中国宣传片常常遭遇的自说自话、鲜有回应的尴尬局面,显然可以用"喜闻乐见""风生水起"来形容。外国网友纷纷买账,并留言称"听这首歌会有一种着魔的感觉,越听越想听""影片很欢快,一直让我发笑"等等。那么,《十三五之歌》为什么能在跨文化的政治传播中打开局面,被国外受众接受呢?

(一)轻松幽默,趣味十足

毫无疑问,在现如今的新媒体传播环境中,"是否有趣"已经成为影响信息传播的重要因素之一。一份北京大学与网易联合发布的《九〇后:互联网时代的原生民》报告①显示:"伴随互联网成长起来的九〇后有相对宽松、自由和丰富的物质和精神生活,更具创造力、想象力、表现力,追求个性化、崇尚自由。他们在信息接收方面也倾向于更能满足这些特质的内容。网络热词快速风靡、社交网络热点事件、暴走漫画大受欢迎、花漾字体拥有市场、弹幕视频一夜爆红……这些都迎合了九〇后的娱乐至上主义。"尤其是对于现如今网络空间中的主力军、有"互联网原住民"之称的九〇后们来说,无论国内还是国外,只有"新鲜有趣"的东西,才能博得他们的关注和喜爱。

《十三五之歌》最显著的特征之一,就是抛弃了以往"高大全"的宏大叙事和严肃刻板的说教姿态,取而代之的是,用轻松活泼、幽默逗趣的方式进行趣味十足的叙事。

《十三五之歌》时长仅 3 分钟,以说唱方式反复吟唱"十三五"。在旋律方面,整首歌以吉他弹奏为主调,配合手鼓等打击乐,节奏清新、欢乐、俏皮的美式乡村民谣曲风贯穿始终,让听众的心情不自觉地跟随轻快的旋律飞扬。同时,整首歌曲的旋律流畅,没有过于复杂的变调和炫技性质的变奏,一方面,简洁明快,容易入耳;另一方面,歌曲朗朗上口,也容易得到传唱。不少网友就留言表示,听一遍就会哼唱了,会不自觉地循

---

① 《九〇后:互联网时代的原生民》报告,http://www.360doc.com/content/15/0723/07/5473201_486787228.shtml。

图3 拼贴动画，趣味十足

环播放。

在画面方面，《十三五之歌》并没有使用真人形象，而是采用了四位不同肤色、不同穿着但通通非常可爱的卡通人物作为叙事主体，边说边唱。同时，影像叙事大胆采用了"动画拼贴画"（Motion Graphic）的艺术表现形式（见图3），所有元素都以拼贴画般层叠出现，排布紧密，场景的转换和衔接非常快，充满青春动感，其中还加入波普元素，不仅相当时髦，而且层次立体，色彩鲜明，非常吸引眼球。

在歌词方面，与我国以往所惯用的高高在上式的外宣辞令不同，《十三五之歌》的歌词不再是文绉绉且晦涩难懂的"八股文"，而是相当口语化和接地气的表达。歌曲以一句"嘿，朋友们，你们知道中国最近在干啥？"开头，并通过类似朋友间日常聊天般的一问一答引出"十三五"，然后对"十三五"相关政策概念进行解释性阐释。比如歌词中有一段是这样说的："想要了解中国的下一步，你最好关注十三五。十三五，十三五，十三五哦十三五，每个人都在谈论十三五……"再比如另外一段唱道："十三五计划有多大？""像中国那么大！"，这样的调侃不仅让"十三五"由一个抽象的名词变得真实可感、形象生动起来，而且非常轻松幽默，让人听了就不自觉地会心一笑。

简而言之，《十三五之歌》旋律欢快，歌词浅白，通过娱乐化的呈现方式，不仅消解了政治话题本身自带的敏感性和严肃性，还以"趣味性"牢牢抓住了网民群体的注意力和好感度，符合新媒体受众的审美取向。此外，3分钟的视频时长也符合互联网空间信息碎片化的特点，使受众不至于因为时间过长而产生厌倦感，适合新媒体传播规律，因此最终达到了魔性般的病毒式传播效果。

（二）受众本位，融入其中

不少国内网友都用"洋范儿十足"来评价《十三五之歌》。的确，作为以对外政治宣传为目的的视频短片，这种"洋范儿"的实现，恰恰是《十三五之歌》最值得肯定的地方。

不同国家、不同文化间的传播行为，其实就是不同话语体系之间的交流。由于普通民众大多缺乏对政治原始信息的梳理和理解能力，因此在对外传播语境下，单纯对政治信息进行字面翻译，毫无重点地传播，往往会出现"鸡同鸭讲"的局面，传播也就变成了不接地气的自说自话，"传"而不"通"。只有从受众角度出发，使传播内容尽可能贴近目标受众的口味，融入其中，才能真正实现不同文化间的对话，从而最终达到对外宣传和政治传播的目的。换言之，任何产品的传播高度都不是"曲高和寡"，而恰恰要用贴近来更好地诠释高度，而要贴近就必须做好话语体系的对接。这种贴近与话语对接很好地体现在《十三五之歌》的叙事主体、内容选择、呈现方式等各个方面。

从叙事主体看，《十三五之歌》的演绎主体不再是中国政府或中国人，而是普通的外国人，其视点是"外国人眼中的十三五"，通过西方普通人之口，唱出中国正在发生的故事。《十三五之歌》以四个外国歌手的动画形象作为叙事主体，其中"主唱"形象原型是英国著名摇滚歌手大卫·鲍威（David Bowie）标志性的"闪电造型"（见图4）。四位演唱者操着标准美式口音、唱着美式幽默歌词，演绎了一首朗朗上口的美式民谣歌曲。对西方受众而言，短片产生了"自己人说外国事"的传播效果，从西方人视角解构中国的体制与政策，以"自己人"的视角呈现中国的政治文本，因此更容易被西方受众所接受和认同。

图4 动画形象原型为英国著名摇滚乐手 David Bowie

从内容选择看，歌曲内容按照"十三五是什么→谁制定的→怎样制定→制定完成后如何执行完善"这一逻辑顺序，层层推进，对有关"十三五"规划的相关问题进行了通俗且直白的诠释。在此，对外宣传的重点不再是面面俱到的说服，而是印象化、积累式的概念建立，换言之，外宣的目的不是为了真正解读"十三五"条文，事实上，这些条文也与外国公众并无关联,绝非其兴趣所在,而如何在西方普通人对中国的认知偏见和刻板印象中,有效植入客观的中国印象,才是当前对外传播的重点。进而言之,短短3分钟根本无法承载复杂内容,因此,对于核心政治理念的提炼成为认知、认同的前提。《十三五之歌》将"五年蓝图""民主集中""强力执行"作为中国政治制度的核心内容及比较优势,切中西方观众的理解程度,也便于建立印象。

从呈现方式看,《十三五之歌》不仅特意选取了西方社会普通民众所熟知和喜爱的文化符号(David Bowie、爱因斯坦、苹果产品),而且整体上也采用了欧美现阶段非常流行的波普复古风格。虽然在国内,这种风格的创意视频还尚属少数,但在国外,它其实已经有了相对长时间的发展和一定的受众群体基础。例如,风靡全球的美国情景喜剧《生活大爆炸》(*The Big Bang Theory*)的片头曲 MV 就是这种波普拼贴风格,与《十三五之歌》如出一辙。正如《纽约时报》在文章中评价所称,《十三五之歌》"带着马洛·托马斯(Marlo Thomas)的经典作品《你我无拘无束做自己》(*Free to Be... You and Me*)的情怀",并且在其中"看到了 ABC 电视台令人怀念的动画短片《校舍摇滚!》(*Schoolhouse Rock!*)的影子"。因此,当《十三五之歌》采用这种符合西方民众审美趣味的风格进行信息的呈现和传播时,本就符合西方受众的传播偏好,自然会让受众产生亲近感,乐于接受。

互联网把世界连接成了一个整体,这也就意味着,互联网时代的传播活动,既要有"世界性眼光",又要有针对性地进行"在地化思考"。如果不把自己想要传播的内容积极融入目标受众所处的传播场景中,不和其本土文化偏好进行对接、整合、融入,传播就无法达到最好的效果。这一次,复兴路上工作室对《十三五之歌》进行了一系列非常"西方化"的创意包装,对西方受众而言,远方中国正在实行的政策变得更加"接地气"和"好理解"了,有效降低了跨文化政治传播的难度,也更容易建构起外国民众对中国乃至中国政治的认同感,为我国的对外宣传打开了新局面。

(三)巧用符号,实现政治隐喻软着陆

在我国以往的政治传播和对外宣传活动中,政府往往在整个传播关系中占据绝对优势地位,因此经常持有指挥、教育、领导式的传播语气,使整个政治传播过程充满了高高在上式的命令感、威严感和俯视感。这种充满自上而下优越感的传播模式,自然会引起受众(无论国内还是国外)的反感和抵触。

一直以来,政治制度与政策相对于普通大众而言都是抽象且晦涩的"硬核信息"(hardcore),如果仅是用文字材料来阐释的话,很难将其解释透彻。正因为如此,政治传播,尤其是进行政策解读和政治理念宣传类的政治传播活动,便非常容易因"权威性"而产生"说教感"。再加上由于意识形态的不尽相同,受众会很自然而然地对来自其他政体的政治传播产品产生反感和排斥情绪。因此,进行政治传播和政治宣传时并不能"死磕",不能把自己的理念强加到另一方的受众身上,而是要为其裹上一层或风趣快活、或柔软甜蜜的文化外壳,"软化"政治传播自带的强硬感和权力感,逐渐被目标受众所认知和理解,最终达到潜移默化、润物无声的传播效果。

《十三五之歌》就运用了大量的符号,对政治传播进行文化软包装,通过其所选取的文化符号,将"十三五"的相关情况加以形象化呈现,画面与歌词相呼应,表达政治隐喻,最终实现政治传播的软着陆。

我们不妨仍以《十三五之歌》中的一句歌词:"十三五计划有多大?""像中国那么大!"为例进行分析。一个政策的实施规模有多大?很难形容确切,而且单说一个"大",不同受众对于"大"的理解也不同。但众所周知,中国国土面积非常之大,位列世界第三,这是一种默认的共识。这一句歌词中,将"中国"作为喻体,不仅能直观表现出"十三五"的规模庞大,更将文本与中国本身联系在一起,向受众传递和加深了"中国的'十三五'"这一从属关系。同时,当我们将歌词与视频画面联合进行审视就不难发现,除了语言上的隐喻之外,在画面上还依次出现了狗、熊、大象、中国版图的剪影,与歌词相呼应。不同符号意象从小到大的递进式呈现,让受众一步步地感受到"十三五"蓝图的规模之大。

此外,《十三五之歌》中还出现了众多具有中国特色的符号,结合相应的歌词,表达政治意象。例如,歌词中唱到"快来扒一扒是谁在规划十三五?党中央、国务院,还有各级部委,工人农民企业家、专家教授你我他"时,相对应的画面非常意味深长(见图5)。其一,农民等人物形象、广场舞人群剪纸画、活字印刷版上的百家姓显示出中国在制定政策过程中的群众参与,体现了中国式民主;其二,旧版人民币上四位领导人的头像则表示中国领导人在政策制定实施中

图5 巧用文化符号,表达政治隐喻

的领导作用;其三,美国科学家爱因斯坦的头像与中国领导人的头像一齐出现,让人联想到中国政策制定的科学性、开放性。由此一来,政治传播内容不再只是空洞的文字,众多意象的符号化运用,使文件式的政治体制介绍变得生动可感,并兼具艺术想象力,言语之外,意味无穷。

另外,由于短片是介绍中国的"十三五"政策,因此画面的背景构成元素中还出现了大量中国符号。例如沙漠、草原、雪山、桃花和牡丹等自然元素显示了中国的幅员辽阔和壮美;鸟巢、央视新楼、东方明珠、三里屯等现代建筑则呈现出中国高速的现代化进程。这些符号意象在阐释短片内容方面,虽然大多起的是辅助性和修饰性的作用,但也在一定程度上传递和构建出和平友善、良好发展的中国形象。

(四)主动制造米姆,触发"病毒传播"

纵览近几年国内外互联网空间中的病毒式传播事件,无论是在 Twitter 上风靡一时的《彩虹神经猫》视频、"小李子(莱昂纳多·迪卡普里奥,Leonardo DiCaprio)歪脖走路图"、冰桶挑战,还是国内大热的暴走漫画表情包、神曲《小苹果》,它们无一例外都拥有激发传播的"米姆"因子,并在传播过程中不断进化,终成病毒传播之势。

"米姆"(meme)这个词最初源自英国著名科学家理查德·道金斯(Richard Dawkins)所著的《自私的基因》(The Selfish Gene)一书,其含义是指"在诸如语言、观念、信仰、行为方式等的传递过程中与基因在生物进化过程中所起的作用相类似的那个东西"。在道金斯提出米姆的概念之后不久,许多西方文化学者如理查德·布罗迪(Richard Brodie)、阿伦·林治(Aaron Lynch)等开始积极研究传播活动中的"米姆",并尝试建立文化进化的米姆理论。现今,"米姆"一词已被收录到《牛津英语词典》中,被定义为"文化的基本单位,通过非遗传的方式,特别是模仿而得到传递"。米姆也被看作一种流行的、以衍生方式复制传播的互联网文化基因,是引发病毒式传播的关键要素之一。

《十三五之歌》就主动制造了一个病毒传播的米姆①——"十三五"。统计歌词内容后我们发现,"十三五"一词在整首歌曲中重复出现了 28 次之多,而含有"十三五"的视觉图像也出现在了 19 个不同的画面元素上。通过反复吟唱"想要了解中国的下一步,你最好关注十三五。十三五,十三五,十三五哦十三五,每个人都在谈论十三五……","十三五"这一符号被不断强化,成为歌曲最大的记忆点。

---

① 米姆即英文单词 meme 的中文译音,也被翻译为"模因",它由仿遗传学中的核心概念"基因"一词而来,被赋予人类的"文化基因"的寓意。

除了自身主动制造米姆之外,《十三五之歌》的发布平台及推广方式也都拟合了病毒传播达成所需的条件。在此之前,复兴路上工作室的一系列对内作品均通过国内商业媒体(如优酷土豆)进行发布,平台的草根性、亲和力与作品本身的去官方语态相互加权,博得了广大普通受众的亲近之感和喜爱之情。而此次对外发布的外宣作品《十三五之歌》,则特意选择通过我国代表性官方媒体平台新华社进行首发,并联合了中央电视台等中国主流媒体的各大西方社交网络账号及其子账号,在同一时刻集中发布。一方面,所发布内容与以往中国官方媒体的严肃刻板的说教性语态形成了强烈反差,有效激发了西方媒体和各界舆论的关注和兴趣;另一方面,众多媒体短时间、高强度集中报道,打造出病毒传播的"信息瀑",有效形成传播的"聚合效应",使得病毒信息内容得以借助反复叙事而获得信息传播的集聚之势,形成传播的合力,进一步激发了公众舆论热度和讨论力度,使得传播的影响力不断加大,共同助力病毒式传播的最终实现。

(五)深谙视频机制,强化转发价值

纵观复兴路上工作室的作品,无一例外都是通过最具有"带入"性的视听元素,借助社交媒体,实现了传播效应的最大化。可以说,"复兴路上"的话语创新,不仅源于其开放的政治视野和传播理念,而且离不开创作者对网络视频传播逻辑的准确把握。

一般来说,相比文字而言,视频影像具有直观、生动、形象、更具刺激性并且超越语言限制的先天优势,信息接受者也更容易在短时间内进入影像所建构的世界中,换言之,视频影像更容易形成对观众的"带入"。心理学研究同样证明,人类存在着"生动性偏见",即受众在明显带有视觉显著性的信息面前,更容易被劝服,栩栩如生的信息容易左右人们的判断。① 因而有学者明确提出,大众传播媒介不仅要说,而且要展示;不仅要使人知道,而且要让人看到,甚至后者更有效。②

进入网络时代,视频"带入"的力量更为强大,一方面,随着手机视频应用的日趋便利与广泛普及,视频随手拍、随手转发成为人们的日常行为。在很多情形下,网络视频被作为一种交谈的方式,取代文字表达,具有了"口语性"。③ 另一方面,网络视频具有可截取性、可嵌入性。在微博、微信等各种传播平台中,网络视频都可以被轻松嵌

---

① 〔美〕仙托·艾英戈、唐纳德·金德:《至关重要的新闻:电视与美国民意》,刘海龙译,新华出版社 2004 年版,第 50 页。
② 陈卫星:《影像:传播的悖论》,《现代传播》2001 年第 3 期。
③ 〔美〕曼纽尔·卡斯特:《网络社会的崛起》,夏铸九、王志弘译,社会科学文献出版社 2006 年版,第 341 页。

入，并且通过分享转发、共同点评、即时反馈等用户行为，形成人际传播情境。可以说，借助社交媒体，网络视频能够创造出远比电影电视更为丰富、直接、生动且能深度参与的"带入"情境，令受众获得"沉浸式体验"。因此，利用网络视频，借助社交关系链，传递政治理念，成为西方政治竞选的常态方式。以2016年度美国总统大选的竞选人之一希拉里·克林顿为例，在竞选活动一开始，她就在YouTube页面上开通了其个人官方频道，发布其个人竞选相关视频。截至2016年1月16日，希拉里的个人YouTube频道已经上传了总计102个视频，已有35753位订阅者，部分热门视频如：关注女性运动的《现在开始》（Getting Started，Hillary Clinton）、关注同性恋群体的《平等》（Equal，Hillary Clinton）等，单个视频播放量就高达数十万，其中有些视频甚至在中国社交媒体上流传。无论希拉里竞选成功与否，这些视频显然最直接、最生动、最广泛地传播了她的政治理念和主张。

同样，复兴路上工作室依托网络视频，创新了中国核心政治理念的对外传播话语形式。几乎所有作品都呈现出"寓理念于故事，寓故事于人物，寓人物于细节，寓细节于视觉"的理念，突出生动的故事性，强化直观的可视性。特别是，抓住短视频转发的核心价值，诸如轻松、有趣、紧凑、出人意料等，最大限度地做好政治话语的"娱乐化"转型，因而才成功推出了《领导人是怎样炼成的》《十三五之歌》等好看、时尚、新颖、令人看了就想转发的视频短片。

总体来说，以《十三五之歌》为代表的政治话语的创新实践，反映了中国政治传播者顺应新的时代需求，突破刻板语态，寻找最大接受公约数的一种努力，为推动政治宣传走向政治传播探索了方向。

〔王晓红，中国传媒大学新闻传播学部教授、博士生导师；

袁月明，作者单位：中国传媒大学新闻传播学部〕

网络视频的移动化生存
——以"一条"视频为例

◎ 顾　洁　包圆圆

摘要:2014 年,秒拍、微视、美拍等移动短视频社交应用凭借制作简单、即拍即传、即时互动等传播特点开启了移动短视频时代,因此 2014 年也被称之为"移动短视频元年"。移动短视频社交应用有助于人们用影像的方式记录生活,同时也丰富了人们的个性表达方式,更好地满足了人们在新媒体时代的社交需求。2015 年,微信公众号"一条"视频一改移动短视频社交应用以 UGC(用户生产内容)为主的生产模式,大胆转向 PGC(专业生产内容),以短视频作为载体生产高端、优质的视频内容,从而满足信息大爆炸时代人们对优质内容的需求。"一条"视频优质内容生产力、相对成熟的商业变现模式等多方面的创新举措,已然成为移动短视频领域的又一次创新探索。本文旨在以"一条"视频作为典型案例,从用户定位、内容生产、传播平台、商业模式等多个角度阐述其发展历程,同时,对比分析国内同类短视频微信公众号,并从平台、内容、广告等角度对移动短视频进行深入分析。

关键词:网络视频;移动化;"一条"

互联网、移动互联网的快速发展,使用户获取信息的方式由原来的被动接收转变为主动选择和参与。微信、微博等社交媒体更是加强了用户信息传播和接收的主动性。如今,微信凭借"强关系"社交,成为人们日常社交和信息传播和接收的重要途径。而基于微信强大的用户基数发展起来的微信公众号,凭借传播性、精准性和交互性等优势,使人们的信息选择和接收方式呈现出更加多元化的趋势。据腾讯官方数据显示,截至 2015 年 8 月,微信每日活跃用户总数 5.49 亿,微信公众号总数已经超过1000 万。① 其中,有一部分微信公众号是由专业的团队运营推广,致力于专业内容的生产,并以盈利为目的,带有一定的"自媒体"属性。这一类微信公众号具有一定的用户数量、高品质的内容和清晰的盈利模式,其中较为典型的是以短视频为传播内容的

---

① 新华网.《江苏政务微信白皮书出炉 政务微信总量全国第三》,http://www.js.xinhuanet.com/2015-12/22/c_1117543453.htm。

公众号"一条"视频。"一条"作为专业团队运行推广的公众号,凭借精准的用户定位、高品质的短视频内容、清晰的商业模式,成为 2015 年现象级短视频微信公众平台。"一条"粉丝的迅速增长、优质内容的生产力和精确的商业模式得到了人们的广泛关注。

一、案例回顾:"一条"视频发展综述

"一条"于 2014 年 9 月 8 日正式上线。由前《外滩画报》执行总编辑徐沪生创办,上海一条网络科技有限公司负责内容生产和运营推广。"一条"致力于原创视频的生产制作,于每晚 8 点准时推送 3—5 分钟的原创短视频内容。据悉,"一条"正式上线第一天,粉丝即破 1 万,2014 年 9 月 24 日,半个月时间内"一条"的粉丝数就达到了 1,010,727 个。截至 2015 年 7 月 4 日,"一条"微信粉丝数超过了 600 万,其粉丝增长速度得到了行业内的广泛关注,截至 2016 年 1 月 4 日,"一条"视频微博粉丝数也达到了 789,065。[①]

截至 2015 年 8 月,微信公众号数量已经突破 1000 万,并每天以 1.5 万的速度增加。[②] 在千万级的微信公众号中能被人记住的少之又少,能找到合理的商业模式实现商业变现的微信公众号更是凤毛麟角,"一条"视频以上两点都做到了,并逐渐成为人们睡前必看的内容。同时,"一条"经常进入新榜乐活榜单前十,在 2015 年 12 月新榜月榜中总排名 176,在"乐活"月榜中排名第八(见图 1)。

2015年12月	统计截止:1月1日 12时整		样本数量:189825					数据说明	
总排名	乐活								
资讯	#	公众号	发布	总阅读数	头条	平均	最高	总点赞数	新榜指数	加入我的收藏
生活	⑩	视觉志 QQ_shijuezhi	31/244	2371万+	310万+	97178	10万+	27万+	972.2	♡
文化	⑳	大爱猫咪控 daaimaomikong	31/186	1860万+	310万+	10万+	10万+	31万+	962.3	♡
百科	㉛	狗与猫的世界 gouminwang	31/149	1451万+	310万+	97448	10万+	20万+	949.9	♡
健康	㊷	大爱狗狗控 gougou2016	31/169	1298万+	300万+	76844	10万+	11万+	941.1	♡
时尚	㊄	一路风景一路… cozydream	31/127	998万+	294万+	78635	10万+	91198	929.1	♡
美食	132	好狗狗 HaoGougou88	31/156	831万+	235万+	53328	10万+	17万+	919.4	♡
乐活	134	居家小妙招 jujivip	31/248	1143万+	253万+	46116	10万+	3652	919.2	♡
旅行 幽默 情感	179	一条 yitiaotv	31/71	672万+	310万+	94736	10万+	41111	911.1	♡

图 1

---

① 好灵网:《一条创始人徐沪生:每一条视频阅读十万+》,http://www.hao0.com/news/show/1235/。

② 微锋网:《微信公众号的数量已经突破 1000 万,每天还在以 1.5 万的速度增加》,http://www.v11v.net/yejie/dongtai/3108.html。

"一条"视频的成功,不仅在于适时抓住了社交媒体时代叠加的风口和机遇,更在于精准的用户定位、多元的传播渠道、高品质的原创内容以及合理的盈利模式。

(一)媒介机遇:社交媒体时代叠加风口和机遇

在"一条"视频精准的用户和内容定位、多元化的营销推广方式及持续的优质内容生产背后是团队广阔的视野和强悍果敢的执行能力。在创业这艘航船前行的路上,团队掌舵核心技术非常重要,同时万万不能忽视水流。水流就是时代的大势和机遇。对于"一条"而言,面临的时代机遇就是中产阶级审美品位的不断升级和社交媒体时代红利的叠加。

微博、微信等社交媒体的快速发展颠覆了传统的信息传播模式。基于移动互联网的社交媒体,让信息的传播和接收、让人与人的沟通交流,以及让兴趣相投的人的聚集变得前所未有的方便便捷。随着智能手机、4G 技术和 WiFi 的普及,让众多中低收入阶层进入互联网时代,"得屌丝者得天下"成为众多产品的万能口号。在社交媒体上,人们所分享的内容在一定程度上可以展现他们自身的特征和身份。目前,真正具备购买能力的中产阶级正一直困于缺乏优质的原创内容来满足自身需求和展现自己的身份。同时,随着传统纸质媒体的不断沦陷和移动新媒体的快速发展,曾通过高端时尚类杂志向中高端用户投放广告的广告客户也急需在移动互联网上找到品牌推广的出口。而在微信公众号中,能够满足以上两种需求的公众号极为稀缺,"一条"团队正是看到社交媒体时代这一机遇,并借助自身团队优势,大力进军这一广阔市场,打造优质、高品位的内容,充分利用社交媒体的传播优势,承接高端品牌商和目标用户,同时满足这两种人的需求,正是"一条"视频的核心和价值所在。

(二)用户定位:追求高端生活品质的中产阶级

"一条"视频将目标用户定位于 18—38 岁之间,具有良好教育水平,并且注重生活品质的中产阶级。目前,在微信公众号平台上,大部分内容都以幽默、搞笑的段子为主,能够真正满足这类追求较高生活品质的用户需求的精致内容为数不多。"一条"创作团队正是看到这样的契机,致力于生产优质的原创视频内容,为目标用户提供彰显自身高端生活品位的空间和平台。而追求高端生活品质的中产阶级,一方面极度需要高端优质的内容来满足自身需求,且与"一条"所传递的生活方式、艺术思想能够产生共鸣;另一方面,这类社交媒体用户具有一定的购买力,为"一条"构建合理的盈利模式,实现商业变现提供了物质基础。

（三）内容生产:优质的原创视频生产力

"一条"视频内容定位于"生活、潮流、文艺"。其中,反映生活主题的栏目有"达人厨房""叶放访茶""生活课""二十四节气"等;反映潮流主题的栏目有"中国建筑新浪潮""个性小店""男装""中国最美民宿设计酒店""美妆"等;反映文艺主题的栏目有"独立设计""艺术""作者""人物谈话"等。每个栏目中视频数量不一,但视频制作都十分精良,标题设计都很讲究。

1.高品质的原创视频内容

"得屌丝者得天下"是网络时代信息传播的惯用逻辑。人们普遍认为幽默、搞笑、具有娱乐性质的内容无一例外都会受到用户的喜爱,且大部分自媒体内容都是二手评论,在一手材料相同的情况下,谁能把材料加工得更有趣、更好玩,谁就能获得更多的关注度。然而娱乐信息爆炸的今天,尤其是在微博、微信等社交平台,人们不再满足于仅仅接收恶搞、娱乐类信息,而是需要更优质、更高端的内容来满足自身更高层次的信息需求。

"一条"就是看到社交媒体时代这样的契机,将自身定位于为用户提供高品质的原创视频内容。"一条"制作团队对每条视频的拍摄和剪辑都会进行很长时间的考究和打磨,并不断"折腾"和精心修改,直到满意为止。正常情况下,对"一条"团队来讲,为了制作5分钟的视频,拍摄长达十几个小时的素材是常态,同时后期剪辑还需要用一个星期的时间来不断地修改和打磨。以3分钟长的《做一碗最鲜美的上海虾肉小馄饨》为例,拍摄时长达到了13个小时。高品质的原创内容不仅为"一条"带来大量的粉丝,也已经成为其标志性特征。

除此之外,值得指出的是,"一条"每条视频都采取第一人称叙述方式。这样的设置一方面因为没有采访者的介入,为拍摄剪辑节约大量时间;另一方面,可以加强视频内容的主体性,有助于视频主体(当事人)与用户之间产生更真实、亲近的关系,同时使内容的呈现更加直接、明了。

2.反复推敲每一条视频标题

在传统媒体时代,标题是对内容的概括,而在社交媒体时代,标题则是对内容的包装。每条微信的标题不能超过22个字,这便要求每一个字都要足够吸引眼球,以免淹没在信息的海洋中。正如"一条"主编徐沪生所说,"社交媒体时代,标题可以决定内容的生死"。①因此,"一条"团队十分重视每一条视频的标题,常常起上百个标题,进行反复推敲。"一条"有一期视频标题叫"这才叫放空,你那叫发呆",这是典型的社交媒体标题,这样的标题使视频内容和每一位用户产生了关联,使用户不由自主地想观看视频内容。徐沪生主编接受采访时表示,"起一个10万+的标题不难,难的是既要10万+,又要符合自身的定位。好的标题,会吸引人打开,点进去之后,又没有'很傻很俗'"。的确,在满地都是"标题党"的社交媒体时代,能够做到既有吸引人的标题,又有符合品牌定位的内容,实属不易。

表1 "一条"视频腾讯平台排行前8位的热门视频标题汇总

日期	标题	点击量
2015-12-03	爱家,因为家爱我们	1340.3万
2015-09-16	想怎么美,就怎么装	666.6万
2015-07-11	冯唐李泉在一个木屋子里,光着脚,在聊谁?	609.3万
2014-12-29	他在山上独自一人打了三年的铁	466.9万
2015-03-03	来台湾,一定要去食养山房	405.4万
201505-10	全中国最孤独的图书馆	399万
2015-05-18	干净到没有缺点的人,不如不见	377.8万
2015-04-28	如果收到一份这样的礼物,你舍得烧吗?	375.3万

从表1不难看出,每一条视频标题多多少少都会与用户产生联系。如"爱家,因为家爱我们"这一标题很容易使用户产生对家和家人的联想和想念,因为家和家人是我们生活中永远的依靠和港湾,这一标题可以紧紧抓住人们的这一心理。再如标题"如果收到一份这样的礼物,你舍得烧吗?"很显然通过疑问句激起人们的好奇心,从而不由自主地想点击视频看看是一份什么样的礼物。在社交媒体时代,每一次起标题似乎都是与用户之间的一场心理战,需要不停地揣摩用户怎样才会点击标题阅读正文的心理。当然,吸引人的标题需要好的内容来支撑,否则用户不是傻子,不是每次都会被标题所骗。

(四)传播渠道:多层次多样化的传播推广方式

移动互联网是未来的发展趋势。"一条"选择移动互联网作为主要的传播媒介,

① 解放日报:《"一条"里的每一条,都是怎么来的》,http://newspaper.jfdaily.com/jfrb/html/2015-06/29/content_107987.htm。

一方面,考虑到移动互联网媒介的传播速度快;另一方面,移动互联网媒介更青睐于传播短视频,且符合社交媒体时代人们碎片化的信息接收习惯。确定以移动互联网作为主要传播媒介之后,"一条"团队在内容传播平台的选择、前期宣传推广方面做了很多工作。

1.KOL 推广

"一条"所覆盖的每个领域都有自己的 KOL(Key Opinion Leader)为其宣传推广。主编徐沪生《外滩画报》前主编的经历(据悉,《外滩画报》每年采访 500 多位人士)为他积累了很多重要人脉。起初,徐沪生正是借助这些人脉,打入各个领域的 KOL 群,并借助这些 KOL 进行宣传推广。通过不同领域 KOL 宣传的不断累积叠加,使"一条"的覆盖面越来越宽,最终实现覆盖整个目标用户群的目的。

2."广点通"精准投放

"一条"利用"广点通"——腾讯社交广告服务平台进行精准推广。"广点通"可以使广告渗入到腾讯多个社交平台(如 QQ、QQ 空间、腾讯微博等),并根据"一条"目标用户定位进行精准投放。"一条"通过广点通进行宣传推广这一措施产生了很好的效果,除了广点通自身的平台优势之外,"一条"广告设计做得十分精细,几厘米的广告修改十几次,同时做了无数次广告内页的方案,并修改上百次,最终采用 GIF 动图方案,与"一条"以视频内容为主的定位相吻合。①

3.跨平台传播

除了微信公众号这一传播平台之外,"一条"在优酷网、土豆网、腾讯视频等视频网站开通自媒体频道进行传播。截至 2016 年 1 月 4 日,"一条"视频个人频道在优酷网平台的播放总量达到 2391 万,粉丝数为 251,754;腾讯视频平台的播放总量为 54,434.5万,其中,2015 年 12 月 3 日《爱家,因为家爱我们》这一期单集点击量达 1340 万,总订阅人数为 7389;土豆网平台的累计播放量为 424.7 万,订阅人数为 1.51 万。

(五)商业模式:聚焦中高端用户和高端品牌

微信公众号商业变现模式大致分为流量变现、众筹打赏、线下活动、电商、原生广告五种形式。"一条"主要采用电商和原生广告两种模式。

---

① 百家:《"一条"回应百万粉丝来源》,http://xudanei.baijia.baidu.com/article/33545。

1.电商模式

目前,用户可以通过"一条"公众号中"生活馆"栏目购买商品。"生活馆"包括首页、文房七件、古树普洱、呼叫客服、查询订单5个板块。其中,首页还设有桌子、椅凳、床榻、几案、柜橱、格架、沙发、食器8个子板块。用户不仅可以在微信公众号中挑选商品,还可以随时查看订单、在线呼叫客服。"一条"之所以把目标用户定位于18—38岁之间,具有良好教育水平,并且注重生活品质的中产阶级,一方面看到了这群用户对优质生活的重视与向往,更重要的是他们具有相对稳定的购买能力,有助于其商业变现。据悉,"一条"单价卖3万多的音响在"生活馆"的销售额达到了100万元。和其他的电商不同,"一条"不以量或者价格来区分所卖商品,而是注重商品本身的品质,以及这个商品所出现的生活场景是不是与用户的生活场景一致。①

2.原生广告

不难看出,近年传统纸质媒体的订阅量与发行量在大幅度下滑,以往投放于传统媒体的数以千计的高端品牌和中高端用户无处可去,而这一市场份额可达数百亿。如何将这份大块蛋糕收入囊中,是许多新兴媒体迫在眉睫的问题。"一条"正好看到了这一商机,并利用社交媒体和短视频的表现形式,将内容与品牌完美地结合在一起,找到了适合自身的商业模式。

目前,从"一条"视频内容选题上可以看出,每一条视频都可以称之为一条原生广告。据悉,"一条"单条视频广告费达100万至120万,在2015年前两个月,"一条"就已经敲定2000多万的单子。② "一条"摒弃惯常的硬广告模式,而是和客户一同制作共有的节目,打造双方可以长期持有的平台,如中国个性酒店郑在看。这种广告模式符合高端品牌广告商的诉求,将品牌潜移默化地深入到人们的生活中。未来"一条"可以和一个高级越野车品牌,打造移动互联网上最好的自驾游节目,周播,一年50集;还可以和一个高级化妆品集团打造移动互联网上最好的美妆节目,等等。③ 随着共享时代的到来,"一条"已经具备连接价值和"撮合属性",逐渐成为连接中国中高端品牌和普通消费者的桥梁。

(六) 团队资源:强大精干的核心团队

"一条"创始人徐沪生是《外滩画报》前执行总编辑,具有丰富的媒体从业经验。

---

① 百家:《"一条"粉丝破千万、估值上亿美金,然后呢?》,http://xudanei.baijia.baidu.com/article/282067。
② 界面:《写了〈两个忠告〉后徐沪生的"一条"视频要电商化》,http://www.jiemian.com/article/318695.html。
③ 百家:《"一条"回应百万粉丝来源》,http://xudanei.baijia.baidu.com/article/33545。

徐沪生 2000 年参与创办《上海壹周》，2005 年参与创办《外滩画报》，曾任《第一财经日报》编委兼视觉总监和生活总监。除此之外，徐沪生还是一名诗人，出版诗集《一个青年的小巷》，这一经历对"一条"视频的整体风格定位、文化审美以及标题的制定等方面产生了很大的影响。除了徐沪生之外，"一条"团队中还有四个人曾经做过主流媒体的总编辑职务，一方面执行能力很强，另一方面握有广泛的社会资源。

徐沪生在接受新榜采访时表示："我们的核心创始团队，曾经成功打造过营收一亿多的主流媒体，可以说，我们在成本控制、质量管理、流程管理、团队管理方面，有十多年的经验。我们熟悉一线品牌，再加上对移动互联网与社交媒体的学习能力、迅速融资的能力、成熟的 APP 开发团队——能把这些东西全都打通的团队，我相信不会一下子涌现出很多。"[①] "一条"团队中的一个制作总监可以统筹所有项目，摄像师个个都身兼导演，受过系统化的培训和锻炼，毕业半年多的剪辑师就能练就大师级水准，毫无视频经验的编辑也完全可以独当一面。团队的整体协作能力和抗压能力极强，几十个人每天可以保持十几个小时的高强度工作，通过极高的人力投入，保证每一条视频的完美呈现。[②] "一条"团队正是因为拥有相同的志趣、苛求完美的自我要求和热情的合作精神，才能够保证长时间地生产出高水准的内容。

二、国内同类短视频微信公众号对比探析

2014 年也被称之为移动短视频元年。以秒拍、美拍为代表的移动短视频社交应用成为人们信息传播、表达自我的重要渠道。与此同时，2014 年下半年，以短视频为载体，以移动设备为传播平台的短视频微信公众号逐渐渗入到人们的日常生活，目前短视频微信公众号多达几十个。但在这些短视频微信公众号中，做得相对成功的公众号除了"一条"之外，需要指出的还有"二更"。

（一）"二更"发展概述

2014 年 11 月 30 日 21 点左右，即在古代二更时辰，微信公众号"二更"推出一条3—5 分钟的原创短视频，也因此将微信公众号命名为"二更"。"二更"创始人是丁丰，并由二更网络科技有限公司运行，目前，团队人数已超过 100 人，其中全职导演超过

---

① 微头条：《"一条"徐沪生：估值千万美金背后的秘密》，http://www.wtoutiao.com/a/2129520.html。
② 爱微帮：《"一条"徐沪生：聪明人太多，笨蛋都不够用了》，http://www.aiweibang.com/yuedu/31429666.html。

40 人,并建立了杭州、北京两个运营基地。① 截至 2015 年 12 月底,"二更"微信粉丝已经达 600 万,全网视频播放总量超过 2 亿。②

"二更"将镜头对准那些人们不知道的生活中的美,从人文、艺术、潮流、生活等不同层面讲述这些领域中的牛人牛事,从而传播"快乐、自由、爱"的理念,传递温暖的正能量。目前,"二更"有身边人、手艺人、设计师、好店、地道风物、二更商业、隐藏菜单、二更电影、二更音乐、二更公益 10 个栏目。目前,"二更"每期视频内容在微信平台上的点击量达到 30 万,其全网点击量可达到 200 万。③

值得指出的是,"二更"建立了庞大的全媒体多屏传播矩阵,一方面,其原创视频节目现已全面覆盖腾讯、搜狐、优酷、乐视、新浪、爱奇艺、芒果 TV 等全国近 20 个视频网站,并获得今日头条、秒拍、美拍、ZAKER、开眼等热门视频 APP 的重点推荐;另一方面,入驻小米、芒果 TV、华数等热门智能电视盒子频道,并覆盖东航、南航、海航等机上媒体,地铁、公交电视等公交媒体,以及商务楼宇、卖场终端、公寓电梯等联播网。④ 这一举措扩大了"二更"内容的传播范围,加强其内容的传播力度,并有助于建立品牌影响力。

"二更"商业模式主要有以下四种:一是硬广告;二是软广告(广告植入);三是商业定制内容的发布和运营,这是"二更"目前营收最多的方式,自 2015 年 7 月商业化以来,其收入已经超过 1000 万;四是 IP 孵化,这是"二更"未来着重发展的方向。

(二)"一条"与"二更"比较分析

2015 年,在众多短视频微信公众号中脱颖而出的实属"一条"和"二更"。这两个短视频微信公众号在传播内容、创作团队、商业模式等方面有很多相似之处,并成为短视频微信公众领域的两只领头羊。

1.传播内容:3—5 分钟的短视频。"一条"和"二更"所制作的视频时长都在 3—5 分钟左右,每日发布一条。在内容选题上,这两个微信公众号都致力于传递生活美学,向人们讲述美好的人和事物。例如"一条"比较有代表性的选题有"中国最美民宿:地图都搜索不到这个地方""最会造房子的人,住得最朴素""我们一见钟情,生活特别简

①② IT168:《"二更"品牌发布会暨新媒体视频高峰论坛》,http://www.it168.com/a2015/1203/1786/000001786101.shtml。
③ 融资中国:《"二更"的 1000 万生意:在睡前的 5 分钟 开始 A 轮融资》,http://www.thecapital.com.cn/col/1368166861670/2015/12/29/1451375876138.html。
④ IT168:《"二更"品牌发布会暨新媒体视频高峰论坛》,http://www.it168.com/a2015/1203/1786/000001786101.shtml。

单,自给自足"等;"二更"比较有代表性的选题有"告诉你新年穿什么时尚、美丽、舒适""不是维密才叫性感,胖模也可以这么美""这才是完美女人"等,这些选题共同的特点是让用户感受生活中美好的事物,满足他们对美的向往,以及对生活品质的追求。

2.创作团队:从传统媒体成功转型到新媒体的创始人。"一条"视频创始人徐沪生参与过《上海壹周》和《外滩画报》的创办,还担任过《第一财经日报》编委兼视觉总监和生活总监。"二更"创始人丁丰具有20年的传统媒体从业经历,曾任《青年时报》副社长一职。"一条"和"二更"的创始人所具有的丰富的传统媒体从业经历,对他们所执掌的公众号的内容制作、资本运营、品牌营销等多个方面产生了深刻的影响。两位创始人的传统媒体从业经历对"一条"和"二更"的迅速崛起起到了至关重要的作用。

3.商业模式:原生广告为主的商业模式。"一条"和"二更"主要的商业模式均为原生广告,即每一条视频内容都是一则广告,这一模式把广告嵌入到视频内容当中,广告和内容融合在一起,从而潜移默化地影响用户,实现传播和推广品牌的目的。例如"一条"2015年11月28日推出的"中国最美民宿:杭州郊外5间房,一对文艺夫妻"就是典型的原生广告,讲述了一对文艺夫妇在杭州郊外开了一家只有5个客房的民宿"白描",并让这对夫妇以第一人称的方式讲述他们为什么选择在这里开民宿、设计民宿的理念和过程、民宿最具特色的地方等,在无形中激起很多文艺人士对这一民宿的向往,从而达到宣传民宿的目的。"二更"2015年7月24日推出的"缅甸高颜值少女杀手,曾给郭采洁织毛衣",讲述了缅甸一位高颜值设计师的设计理念、设计服装,与此同时,也在为这位设计师和他设计的服装进行宣传推广,而这种推广效力是在潜移默化中产生的,先让用户了解这位设计师的设计理念和设计生涯,从而让用户对他的作品产生兴趣。

"一条"和"二更"虽然在传播内容、商业模式等方面有很多相似之处,但仔细推敲之后不难发现,"一条"和"二更"在目标用户、传播平台等方面仍有所不同。

1.目标用户:"一条"将用户定位于18—38岁之间,具有良好教育水平,并且注重生活品质的中产阶级;而"二更"将目标用户定位于追求品质生活,对生活怀有独特情怀的学生、白领等精英用户。相比"二更","一条"的目标用户自我认知度更强,对优质内容的需求更大,更具购买力,这一用户定位有助于"一条"实现商业变现;而"二更"的目标用户范围相对较广,抓住了广大的学生和白领群体。

2.传播平台:"一条"除了微信公众号之外在腾讯视频、优酷、土豆3家视频网站开通了自频道进行跨平台传播。而"二更"的原创视频逐渐覆盖腾讯、搜狐、优酷、乐视、新浪、爱奇艺、芒果TV等全国近20个视频网站,比"一条"的推广范围更宽,推广力度更强。

目前,国内短视频微信公众号中,除了相对成功的"一条"和"二更"之外,值得指出的还有"一视频"。在定位上,"一视频"暂时选择以云南为中心,拍摄旅游景区与特色酒店,以旅游体验记录为主,真实还原云南的旅游生态,如"从前有个地方,叫做昆明""一场雪,让丽江穿越到了 800 年前,最初的模样""倾听原味自然,来自云南农民的天籁之音"等,最终想成为云南吃、住、旅游等多项资源的综合平台。"一视频"现有"佤山映像""佤山部落""中国女神"3 个板块。"佤山映像"以卖茶叶为主,包括佤山官网、世外沧源、谭梅茶砖、京东微店 4 个部分,用户可以通过以上 4 个部分购买相关商品。"佤山部落"有佤山社区和谭梅说茶两部分,通过设计相关话题与用户进行互动。"中国女神"主要介绍"寻找我国最美女神"评比活动,有参赛细则、赛制评比、奖励机制等相关内容。与"一条"和"二更"相比,"一视频"无论是在用户定位、商业模式还是在宣传推广方面都不够成熟。

三、"一条"视频创新实践引发的几点思考

(一)移动短视频:微信公众号的另一个出口?

截至 2015 年 8 月,微信公众号总数已经超过 1000 万①,而真正实现盈利的还不及整体总数的百分之一。② 在这百分之一中,以短视频为内容的公众号"一条"和"二更"做得风生水起,"一条"更是完成了几轮融资,融资金额达到千万美金,最近一轮融资估值过亿美元,③从而成为 2015 年典型的新媒体成功案例。不到两年时间,"一条"能够实现过亿美元的融资,实属微信公众号领域的奇迹,也正因为如此惊人的成绩,让很多业内人士慨叹:短视频是否能够开启微信公众号的另一个出口?

近年,随着移动互联网技术、无线网络(WiFi)及 4G 技术的快速发展,加之移动智能终端的普及,移动平台成为人们接收信息、观看视频的重要渠道。据《第 37 次中国互联网络发展状况统计报告》④,截至 2015 年 12 月,我国网民规模达 6.88 亿,其中,

---

① 新华网:《江苏政务微信白皮书出炉 政务微信总量全国第三》,http://www.js.xinhuanet.com/2015-12/22/c_1117543453.htm。
② 新浪网:《微信公号难盈利,短视频是否救场?》,http://tech.sina.com.cn/i/2015-06-26/doc-ifxemzey4853365.shtml。
③ 中国融资:《创业一年,屯粉 600 万,估值一亿美金,他每天只拍一条视频,5 分钟的片子拍摄 13 小时》,http://www.cnf888.com/html/2015-11-23/222059300.html。
④ 中国互联网信息中心:《第 37 次中国互联网络发展状况统计报告》,2016 年 1 月。

使用手机上网的比例为90.1%,较2014年底增长了4.3%,通过手机观看网络视频的比例为65.4%,较2014年底增长29.5%。近2/3的网民都通过手机观看网络视频,这为以短视频为内容的微信公众号提供了良好的外部环境。同时移动终端的内容消费带有明显的碎片化特征,加之微信、微博等社交媒体内容从图文转向视频、动画、交互作品等多媒体化成为趋势,短视频同时满足了以上两种需求,从而很有可能成为微信公众号的另一个出口,迎来微信公众号下一个红利时代。

短视频之所以会被视为微信公众号下一个出口,主要有以下几个原因:一是移动智能设备和移动网络的普及以及移动传播能力的加强,提升了用户对手机播放较长的短视频的接受度;二是微信公众号图文内容泛滥,缺乏专业的短视频内容;三是微信公众号在一二线城市覆盖度的提升扩大了这种高品质短视频的传播范围,提升了其传播程度。

虽然很多业内人士非常看好未来专业短视频内容可能为微信公众号带来的红利,但相对于图文内容,视频内容制作对专业技术的要求较高,对资本的投入巨大,因此,能够保证持续生产高质量的视频内容不是三五个人的小团队所能实现的,而是需要像"一条""二更"一样,具有丰富的媒体从业经历的领导团队和具有高度敬业精神的内容制作团队及营销推广团队,除此之外,还需要强有力的投资人来支撑其营销推广和试错成本,因此这类微信公众号的团队化运作是未来必然的趋势。如果没有专业化的团队,就没有持续高质量的生产能力,以短视频为传播内容的微信公众号的未来也就无从谈起。这是很多想借鉴"一条"的成功经验,进入短视频领域的微信公众号必须考虑的重要问题。

(二)互联网时代"内容为王"仍是亘古不变的硬道理

在互联网时代,"用户为王""渠道为王""产品为王"等说法层出不穷。但归根结底,无论是在传统媒体时代还是在新媒体时代,内容为王始终是亘古不变的硬道理。"一条"团队制作一条3—5分钟的短视频,经常拍摄十几个小时的素材,后期制作还利用至少一周的时间进行精打细磨,每一条视频的标题都要起几十遍甚至上百遍。这样一个小型新媒体制作团队精致、高效的内容生产能力和对内容的重视度一点不亚于传统主流媒体。"一条"也正是凭借这种专注、精致的理念生产高端、优质的视频内容以赢得目标用户,获得了用户的支持就意味着获得了资本。

在新媒体时代,由于传播主体化,人人都成了"记者""摄像""导演"……海量的UGC(用户生产内容)成为社交媒体和社交应用的主要内容来源之一。然而海量并不等于优质,虽然普通用户生产的内容越来越多,但人们对优质内容的需求反而越来越大。这一现象充分说明,不论是传统媒体时代还是在新媒体时代,优质内容始终是获取用户、留住粉丝最重要的法宝。

虽然"内容为王"是亘古不变的硬道理,但也不能忽视用户和平台的重要作用。与传统媒体时代有所不同的是,在新媒体时代,在不断生产内容的同时,需要注重用户的反馈,了解用户的需求,并根据用户的需求不断探索和创新内容,而不能脱离用户,为了生产内容而生产。大数据技术的快速发展为跟踪用户行踪、了解用户需求提供了技术基础,社交媒体强大的互动功能为广大用户提供了自我表达的平台,这为内容生产机构充分了解用户喜好,根据用户需求生产优质内容提供了可能。

内容在一定程度上决定了渠道和平台的价值,但是平台依靠内容成功之后,必然不可忽视的是平台对内容的推广作用。"酒香也怕巷子深",在信息爆炸的今天,用户很难有机会从海量的内容中主动寻找到优质的内容,而是更多地依靠知名平台和渠道获取信息。"一条"虽然拥有优质内容生产力,但起初也投资巨额在腾讯"广点通"平台进行宣传推广,并获得了很好的宣传推广效果。"二更"创始人在接受采访时也表示在微信公众号的宣传推广上下了很大的功夫。"一条"和"二更"的经验足以说明,如果没有好的平台、好的推广,好的品牌、好的内容就得不到有效的传播,内容的生产将会变得没有意义。因此,在社交媒体时代,在海量信息泛滥的今天,优质的内容生产力非常重要,同时,好的传播推广平台同样重要。

值得指出的是,虽然"一条"和"二更"很好地抓住了微信公众号的下一个出口,占领了短视频微信公众号的重要阵地,但在未来发展过程中,仍需要不断探索如何才能够持续不断地生产优质的内容,如何才能更好地抓住用户眼球,如何才能够为用户带来持续的新鲜感,并让用户愿意为你的内容买单。

(三)原生广告将成为移动平台下一个主流模式

随着移动互联网的快速发展,大多数广告主更倾向于在移动互联网平台投放广告。艾瑞咨询 2015 年第 3 季度数据显示,中国在线视频市场规模为 115.3 亿,环比上升 31.9%,同比增长 62.7%。其中,视频移动端广告市场规模为 25.9 亿元,占整体广告市场规模的比例为 39.9%。数据显示,近两年是美国移动端广告增长最迅速的阶段。2013 年,移动端广告支出仅占全部广告的 24.7%,2014 年增长到了 38.1%。到了

2015 年,这一占比达到 50.1%,这意味着美国移动端的广告将超过 PC 端。① 有很多业内人士分析,随着手机、iPad 等移动终端日益成为人们观看视频内容的主要渠道,移动端广告市场规模将会持续稳定增长。

而在移动平台中,越来越多的广告商则选择原生广告作为品牌推广的重要形式。国内百度和腾讯两家互联网巨头十分看好移动平台原生广告所能带来的价值。而在国外,Facebook、Twitter 等社交平台广告份额中原生广告所占的比例也越来越高。② 本文重点阐述的短视频微信公众号"一条"和"二更"主要的商业模式均为原生广告。

原生广告是指广告商在用户体验中通过提供有价值的内容试图抓住用户的眼球。它是一种"虽然是付费广告但尽量做到看上去像正常内容"③的互联网广告形式,其具体形式多种多样,可以是图片、文章、音乐、视频或者其他媒体形式。"一条"是以视频作为原生广告形式,其一条视频就是一则原生广告。原生广告将品牌信息融入视频内容中,以内容作为载体进行品牌宣传和推广。其重点在于创造出有价值的内容,并让消费者愿意继续阅读或者接受。总结起来,原生广告有 3 个核心要素:一是强调广告与媒体平台相融合;二是重视用户体验;三是提供有价值的内容。

原生广告近年来如此受欢迎,甚至逐渐成为移动平台的主要广告形式,其原因在于,一方面,它避免了传统广告形式对用户体验的影响,可以消除用户对广告的抵触心理;另一方面,保证了广告的精准推送,使用户在阅读媒体内容的同时自然而然地接受广告内容,从而更好地实现广告推广效果。如"一条"所制作的视频内容表面上讲述最美的民宿、最别具一格的设计作品,实质上对民宿和设计作品进行宣传,但并未使用一句宣传语,而是潜移默化地让用户接受所讲述的内容,认同所传递的价值和理念,自然而然地与用户产生共鸣,从而促使目标用户消费视频所宣传的内容。目前,在手机、iPad 等移动智能终端相对较小的屏幕和比较私密的空间里,原生广告可谓是理想的广告模式。因此,未来,随着微博、微信等社交媒体和移动 APP 的不断发展,原生广告凭借自身优势,将成为移动端下一个主流广告模式。

2014 年,秒拍、微视、美拍等移动短视频社交应用的迅速崛起,掀起了移动短视频的一次浪潮,因此 2014 年也被称之为"移动短视频元年"。而与秒拍、美拍等移动短视频社交应用以 UGC(用户生产内容)为主的内容生产模式不同,微信公众号"一条"

---

① 网易新闻:《移动互联网内容营销变了,原生广告带来颠覆性玩法》,http://help.3g.163.com/15/0911/20/B38QAVBT00964KBE.html。
② 中华网:《原生广告三年内成移动广告主流》,http://tech.china.com/news/net/156/20151201/20855483.html。
③ 百家:《原生广告一:巨头们的原生广告布局》,http://morketing.baijia.baidu.com/article/81529。

视频采取PGC(专业生产内容)模式,生产高端、优质的视频内容,以满足用户对优质内容的需求。秒拍、美拍等移动短视频社交应用为用户提供了自己制作视频、展现自我、张扬个性的平台,而"一条"视频充分抓住信息爆炸时代缺乏优质内容(尤其是在视频领域)的时代契机,将自身定位于为用户提供优质的短视频内容,致力于提倡一种美的生活方式。如果说秒拍、美拍等移动短视频社交应用以海纳百川的精神为每位用户提供以短视频形式作为传播信息、展现自我的平台,那么"一条"视频则只为与它拥有同样的价值理念的用户提供创新内容和服务,它所提倡的是一种生活方式、一种价值观和理念,它所生产的内容更加垂直化,目标用户更加细分化,这是未来移动短视频乃至整个网络视频行业发展的另一个新趋势。

〔顾　洁,中国传媒大学新闻传播学部副教授;

包圆圆,作者单位:中国传媒大学新闻传播学部〕

纯网综艺打造"去电视化"的新语态

——以《偶滴歌神啊》为例

◎ 曹晚红 谷 琛

摘要:与出自传统电视媒体的综艺节目不同,纯网综艺节目更适应当下的网络受众需求,实现了人气、口碑和商业价值等多方共赢的局面,其庞大的观众群和商业市场为网络视频行业注入了崭新的活力。本文以爱奇艺2015年8月播出的纯网综艺节目《偶滴歌神啊》为主要研究案例,对比台网联合制作播出的同类型节目《歌手是谁》,对纯网综艺节目在产制过程中呈现出来的与传统综艺节目不同的新语态,从节目语言风格、叙事手段和镜头语言几个方面进行分析,并进一步探究网络视频行业未来的发展方向与格局。

关键词:纯网综艺;《偶滴歌神啊》;语态

2015年8月5日,一档号称"最不像音乐节目的音乐类节目"在爱奇艺上线,这档给自己贴上"非大型、不靠谱、伪音乐"标签的纯网综艺节目,在首播当晚,两个小时点击量突破800万,上线两周播放量破亿,上线仅一个月总播放量累计突破2亿,连创百度风云榜综艺节目第一、微博话题总榜第一、微博热搜第一等多个冠军,成为自《奇葩说》之后又一个纯网综艺节目的典范。

这就是由国内综艺一姐谢娜主持的纯网综艺节目《偶滴歌神啊》。2015年,主流视频网站爱奇艺在"互联网+"的大潮中,提出了"纯网综艺"的概念,并推出一批纯网综艺节目。其中,《偶滴歌神啊》《奇葩说》《爱上超模》《大牌对王牌》等综艺节目,无论是投入规模、明星阵容还是流量表现,均已比肩大牌卫视的综艺节目。

包括爱奇艺在内,"2015年全行业共有96个网络自制综艺节目,相比2014年增加了104%,其中语言类28个,音乐类和户外综艺节目各20个"。[①]

与出自传统电视媒体的综艺节目不同,纯网综艺节目更能迎合当下网络受众的需求,并形成了人气、口碑和商业价值等多方共赢的局面,其庞大的观众群和商业市场为网络视频行业注入了崭新的活力。

---

① 微信公众号:公关界的007;《综艺前瞻:2015"综二代"霸屏,2016路在何方?》,2016年1月6日。

那么,"纯网综艺"概念的提出到底意味着什么? 与传统综艺节目在产制过程中有何不同? 本文以《偶滴歌神啊》为个案,对比台网联合制作播出的同类型节目《歌手是谁》,从节目语言风格、叙事手段、镜头语言几个方面解析纯网综艺节目新的表达语态,并进一步探究网络视频行业未来的发展方向与格局。

一、案例回顾:纯网综艺《偶滴歌神啊》发展综述

(一)《偶滴歌神啊》的出现

《偶滴歌神啊》由爱奇艺于2015年8月5日推出,是一档以"非大型、不靠谱、伪音乐"为标签定位的音乐类推理节目。该节目的版权来源于土耳其Global Agency公司研发的模式 *Is That Really Your Voice*,节目的主要流程是通过外貌、消音视频资料、假唱对口型和自我描述等方式来判断5位选手是音痴还是歌手。主要看点在于嘉宾在短时间内对选手身份的推理,以及选手真唱时与假唱相比造成的反差效果。

2015年5月1日,《偶滴歌神啊》的项目研发工作由爱奇艺与中国传媒大学中国网络视频中心合作,正式启动。作为节目总监制,爱奇艺高级副总裁陈伟,有着丰富的大型电视节目制作经验,他曾任浙江卫视《中国好声音》制作总监、《我爱记歌词》总导演。

节目在策划初期定名为《奇葩还是歌手》,采取双主持、双嘉宾制,环节设置较为复杂。陈伟及其团队经过与中国网络视频研究中心的研发人员细致的研究讨论,在原版模式的基础上大胆创新,简化流程,采取单嘉宾制,并确定了"2组选手,每组3选1"的核心规则。第1季播出2期后,节目组又根据节目效果和反馈意见,将规则修改为"1组选手,每组5选3,3选1",节目流程变得更加合理顺畅,之前的2组选手造成的重复感也随之消失,取得了更好的收视效果。《偶滴歌神啊》第1季的单期平均点击量高达4623万,成为2015年平均点击量最高的纯网综艺节目。

(二)《偶滴歌神啊》与《歌手是谁》的竞争

作为版权购买节目,韩国Ment频道《看见你的声音》、优酷土豆与北京卫视合作的《歌手是谁》以及爱奇艺出品的《偶滴歌神啊》都源于土耳其Global Agency公司的 *Is That Really Your Voice*。同样的版权,在不同的国家与平台,节目效果是完全不同的。

《歌手是谁》是由北京卫视和优酷土豆网合作推出的大型音乐推理互动节目,2015年8月8日以台网联动的方式播出。节目采取双嘉宾制,分为两队进行比拼,通过三轮比赛猜测谁是真正的歌手。主持人除了北京卫视的徐春妮，还邀请了魔术师刘谦作为推理引导师，协助推进节目流程。

可惜，观众最终只记住了《偶滴歌神啊》。截至 2015 年年底，《偶滴歌神啊》两季总点击量已突破 7 亿。第 1 季第 1 期上线 2 小时点击量突破 800 万次，8 小时突破 1000 万次，整季单期平均播放量为 4623 万次，超过《奇葩说》和《爱上超模》，成为爱奇艺有史以来平均点击量最高的纯网综艺节目。节目在微博、微信等社交网站上活跃度高，话题"谢娜偶滴歌神啊"在首播后更冲上微博热搜榜第一，并持续在榜 15 小时以上。

而且，"偶滴歌神啊"的百度搜索指数要明显高于"歌手是谁"，其中"偶滴歌神啊"在 9 月 3 日（第 5 期播出后，嘉宾邱胜翊）的搜索指数达到峰值 390734，"歌手是谁"在 10 月 31 日（最后一期播出后）达到峰值 81840，二者数值相差 4.7 倍。

图 1　爱奇艺出品纯网综艺《偶滴歌神啊》

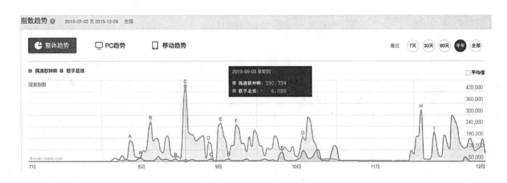

图 2　热搜词"偶滴歌神啊"与"歌手是谁"的百度指数对比

为什么出自同一模式的两个节目，在互联网上的受关注度有如此大的差异呢？很重要的一个原因，正是由于纯网综艺节目《偶滴歌神啊》相较于台网合作节目《歌手是谁》，在节目的表达语态上，进行了革新和转变。

(三)《偶滴歌神啊》呈现出的新语态

《偶滴歌神啊》在表达语态上呈现出许多新面貌,比如主持人语言风格的标准从"得体、大方"转变为"不装"和"语不惊人死不休",人物的语言尺度更大、碰撞更激烈,有时甚至出现粗口消音的情况。比如谢娜的口播广告"装 Bility",张大大经常口出狂言,暗示别人"开黄腔"等。

节目不再依赖于故事与情节,而是营造出一个个"穿插着来自微博、微信的网络流行语、时尚典故、视觉性表意符号,甚至是软脏话和黄段子"①的"情境";节目的叙事方式更简洁,镜头剪辑率更高,比如《偶滴歌神啊》的预热环节少于 3 分钟,迅速进入主题。

为什么以《偶滴歌神啊》为代表的纯网综艺节目在表达语态上呈现出这些新的变化?其背后的生产逻辑是怎样的呢?我们先来了解一下纯网综艺节目的发展历程,再以《偶滴歌神啊》为例,针对纯网综艺节目的表达语态进行具体分析。

二、纯网综艺节目的发展历程与语态变化

2015 年,多家主流商业视频网站相继推出了自制纯网综艺节目,有的大获成功,有的却无人问津。我国网络综艺节目的发展历史只有 5 年左右,在这 5 年的时间里,电视台与视频网站经过此消彼长的博弈,逐渐形成了当下的竞争与合作态势,纯网综艺节目的发展还面临着机遇和挑战。

(一)纯网综艺节目的概念

纯网综艺节目,即单纯由互联网平台制作并播出的综艺节目,包括访谈、表演、竞技、纪实和真人秀等。纯网综艺不再受制于电视媒体的束缚,拥有更大的制作空间、更宽松的审查机制,也拥有更多自主性。

这一概念最早由爱奇艺在 2015 年 6 月举办的"网络综艺节目活动论坛"上提出。爱奇艺前任首席内容官马东将之总结为:"全新的价值观、全新的剪辑逻辑和全新的应用场景。"虽然是新词汇,但这种"由网络平台制作并播出"的综艺节目其实早在 5 年前就已经出现。

2010 年,中国网络电视台(CNTV)推出了一档访谈节目《明星来了》,标榜"中国

---

① 盖琪:《中国大陆综艺节目新一轮语态转型》,《长江文艺》,2015 年 10 月 1 日。

互联网第一档综艺娱乐栏目"，每周五在 CNTV 网站的综艺台首播。《明星来了》的内容形式更像是后台采访，没有舞台和观众，只有一个主持人坐着和嘉宾聊天做游戏。受限于当时的市场环境和技术水平，这个概念先锋的节目并没有得到广泛关注。所谓"第一个互联网综艺节目"也更多地停留在概念层面，没有被大多数观众认可。

图3 中国"第一个互联网综艺节目"——《明星来了》（CNTV）

2009 年之后，中国的视频网站基本上都采取"用户上传"与"版权购买"并举的方式发展。为了开辟新的发展空间，网站开始利用自身平台的优势与民间团队合作，制作出诸如"优酷出品""爱奇艺出品"等原创内容。在大量网剧、个人脱口秀等低成本节目中也夹杂着一些类综艺内容，但大部分因为成本低、专业性不强等原因被贴上了"粗制滥造"的标签，很难吸引广大网络用户。

与此同时，高成本、专业化、大制作的综艺节目基本上都是由电视媒体出品，互联网平台上播出的大型综艺节目也基本来自电视台。然而，随着互联网行业的发展和智能设备的普及，围绕着综艺节目的产、制、播等方面，视频网站与电视台的关系发生了演变。

(二)纯网综艺"台网关系"的演变

1.视频网站综艺 1.0 时代——台输送网

2009 年 4 月，广电总局下发新规《关于加强互联网视听节目内容管理的通知》，对于未取得许可证的电影、电视剧、动画片、理论文献影视片，一律不得在互联网上传播。从此，电视台开始成为视频网站的内容供应商。在这一阶段，处于发展初期的视频网站毫无主动权，只能花费高价购买版权并配合电视台进行点播和宣传。电视台有时将一档节目卖给多家网站，获得高额的版权费用，也借助互联网提升了节目的影响力，视频网站在此时更多处于被动地位,烧钱买版权的经营模式使得各家都陷在赔钱赚吆喝的处境之中。

2.视频网站综艺2.0时代——台网联动

随着视频网站的影响力不断加强,一档热门节目在网络上的衍生价值越来越高。于是,网站之间开始抢夺热门综艺节目的"独播权"。如《我是歌手》第2季在乐视独播,《中国好声音》第2季在搜狐视频独播等。在此阶段,电视台开始有选择性地将节目卖给视频网站,并与之开展更广泛的业务合作,共同开发衍生商业价值。

台网合作更进一步的发展是"共制共播",如爱奇艺与东方卫视合作出品的《我去上学啦》,腾讯视频与浙江卫视合作出品的《燃烧吧少年》等。台网合作使得双方实现资源互补,也出现了一些成功的案例。但是,在综艺节目版权费节节攀高、强势卫视开始建立自己的网络播放平台等形势下,主流视频网站不得不转变策略。

3.视频网站综艺3.0时代——纯网自制

随着网络视频用户的迅猛增长,网络视频平台逐渐成熟,用户数量完成原始积累,综艺节目的网络冠名费也不断上涨,视频网站逐渐开始有能力自己策划并制作大型节目,纯网综艺应运而生。

2014年4月10日,腾讯视频《你正常吗》开播;同年11月29日,爱奇艺《奇葩说》上线,并一跃成为2014年的互联网现象级综艺节目。由于无须考虑电视受众和审查机制,纯网综艺的"强冲突、快节奏、大尺度"等特点迅速吸引了年轻网友的注意力,市场前景被普遍看好。

爱奇艺出品的《爱上超模》、《偶滴歌神啊》第2季更是实现了"网输送台",即互联网首播之后返回省级卫视重播。与此同时,视频网站也在互动技术、模式研发和节目效果上进行着不断的探索。

2015年,各大视频网站都开始继续发力,策划并制作自己的大型综艺节目(见表1)。其中,爱奇艺以数量和质量上的双重优势成为这一年度纯网综艺的领军,其他视频网站虽然也陆续推出了不少自制节目,但因公司战略考虑不同,所以对纯网综艺开发的程度也不尽相同。

表1 2015年部分视频网站纯网综艺节目列表

出品方	节目名称	首播时间	首期点击量（万）	单期平均点击量（万）
爱奇艺	《爱上超模》第1季	2015年3月21日	3898	2849
	《奇葩说》第2季	2015年6月26日	18,600	2951
	《偶滴歌神啊》第1季	2015年8月5日	7294	4623
	《大牌对王牌》	2015年10月16日	2239	1358
	《爱上超模》第2季	2015年10月22日	2407	1824
	《偶滴歌神啊》第2季	2015年12月2日	4897	4305
优酷土豆	《室友一起宅》	2015年11月21日	90	41
腾讯视频	《你正常吗》第2季	2015年5月15日	6662	4442
	《拜托了冰箱》	2015年12月3日	5324	3866
乐视网	《十周嫁出去》	2015年9月12日	2560	2312
芒果TV	《完美假期》	2015年8月22日	726	571
	《百万秒问答》	2015年9月30日	193	521

数据源自各网站官方公布点击量，统计截至2015年12月31日。

(三)综艺节目的语态变化

对于《偶滴歌神啊》在人气、口碑和商业价值方面的火爆，可以从多个方面进行分析，但其根本原因在于，节目在生产制作过程中呈现出来的与传统综艺节目不同的新语态，使它更能适应网络受众的需求。正如节目总监制陈伟所说，"我们就是想以精英的实力，创造大众的文化。"[1]在他看来，这就是"对我们的表达语态和方式进行一个屌丝化包装，使表达语态更加平民化"。

什么是综艺节目的语态呢?

语态，简单地说，就是怎样运用语言，用什么方式说话。综艺节目的语态包括节目中人物的语言风格、说话与互动方式，也包括节目的叙事方式、镜头语言的运用等。

有学者提出，中国内地综艺节目的语态嬗变大致经历了三个阶段[2]:

第一阶段是20世纪90年代初，以央视《综艺大观》和《正大综艺》为代表的舞台晚会类节目的语态占据主流，这一阶段普遍追求一种宏大的美学气质，主持人、演员和嘉宾都呈现出舞台化和居高临下的姿态。

---

① 微信公众号:娱乐资本论:《〈偶滴歌神啊〉总监制陈伟:纯网节目不需要迁就电视台》,2015年8月15日。
② 盖琪:《中国大陆综艺节目新一轮语态转型》,《长江文艺》,2015年10月1日。

第二阶段是从 20 世纪 90 年代末开始,以湖南卫视《快乐大本营》为代表的游戏娱乐类节目的语态领风气之先,而这种语态的流行与中国城市逐渐进入消费社会的现实呈现出紧密的对应关系。

第三阶段的综艺语态转型大致从 2010 年江苏卫视《非诚勿扰》开始,在《中国好声音》《我是歌手》《奔跑吧兄弟》等多档现象级节目的涌现下进入高潮。这一阶段与地方卫视和网络视频平台的全面崛起息息相关,正是这种播出平台的"去中心化"格局,为语态的"去中心化"趋势提供了制度条件。

以上为电视综艺节目的语态嬗变,对纯网综艺节目来说,从一开始,就打造出不同于电视综艺节目的新的表达语态。在纯网综艺节目语态转变的过程中,"去电视化"成为其核心。

三、解析纯网综艺节目的新语态:去电视化

针对纯网综艺节目呈现出来的新语态,我们以爱奇艺 2015 年出品的音乐推理节目《偶滴歌神啊》为例进行具体分析,这档节目的点击量和话题热度都很高,在 2015 年的纯网综艺中很有代表性。

(一) 节目语言风格的转变

《偶滴歌神啊》虽然是一档音乐推理类节目,但谈话所占比重非常高,节目的看点除了歌手或音痴一展歌喉的戏剧化瞬间,也在于主持人、嘉宾、鉴音团成员之间的各种交流和冲突。因此,语言风格是一个非常值得探讨的问题。为了研究网络和电视平台播出的节目在语言风格上的不同,我们先来具体比较一下《偶滴歌神啊》和《歌手是谁》在主持人与嘉宾的选择上存在哪些差异。

表 2　《偶滴歌神啊》与《歌手是谁》主持人与嘉宾人选比较

	《偶滴歌神啊》	《歌手是谁》
播出平台	爱奇艺	北京卫视、优酷
节目类型	纯网综艺	台网共制
主持人	谢娜	徐春妮
代表作	《快乐大本营》《百变大咖秀》	《北京卫视春晚》《春妮的周末时光》
特点	擅长搞笑,主持综艺节目为主	主持晚会和谈话类节目为主
微博粉丝数	7866 万	207 万
推理引导师	无	刘谦

续表

微博粉丝数			880 万			
鉴音团代表	张大大、瑶瑶(中国台湾)、徐浩		刘维、孔连顺、孙骁骁			
嘉宾	期数	姓名	微博粉丝(万)	姓名	微博粉丝(万)	姓名	微博粉丝(万)

期数	姓名	微博粉丝(万)	姓名	微博粉丝(万)	姓名	微博粉丝(万)
1	林志炫	436	沙宝亮	131	尚雯婕	754
2	黄丽玲	253	刘晓庆	377	蒋欣	1537
3	任家萱	939	黄子韬	777	孙茜	535
4	薛之谦	452	李湘	2289	曹格	823
5	王子	350	汪明荃	79	张丹峰	399
6	杨丞琳	672	柳岩	2524	蒋欣	1537
7	炎亚纶	1678	玲花	147	曾毅	20
8	钟欣桐	2119	曹格	823	于小彤	196
9	吴克群	1052	张睿	448	黄绮珊	167
10	丁当	56	徐海乔	115	鲍天琦	126
11	至上励合	共561	夏克立	147	大张伟	222
12	何炅	7397	董春辉	71	张雅萌	16

港台艺人占比	75%		14%			

数据统计自新浪微博，统计时间为2016年1月2日。

相比在北京卫视播出的《歌手是谁》，《偶滴歌神啊》选择了主持人谢娜，其微博粉丝数高达7866万，网络人气更高；而《歌手是谁》虽然增加了刘谦"推理引导师"的角色，帮助主持人引导流程，但人气还是相对较弱。两个节目的主持人风格也不一样，谢娜擅长表演，特点是幽默和搞笑；而徐春妮和刘谦的语言风格则更加正式，适合电视晚会。

在"鉴音团"成员中，《偶滴歌神啊》邀请了中国台湾的通告艺人瑶瑶、黄乔歆，被节目组定位为"音痴美女"，她成名于台湾综艺节目《康熙来了》；而《歌手是谁》则加入了中国台湾魔术师刘谦，相当于"副主持"和"评论员"的角色。

两个节目区别最大的是港台嘉宾的比重，《偶滴歌神啊》第1季第12期的嘉宾中有9名港台艺人(包括在台湾发展的歌手丁当)，比例高达75%；而《歌手是谁》邀请的嘉宾则大部分来自中国内地，如果不算推理引导师刘谦，港台艺人比重仅为14%。同时《偶滴歌神啊》嘉宾的平均年龄都很小，而《歌手是谁》则会邀请刘晓庆、汪明荃和黄绮珊这样的中年艺人。

可见，不论是主持人、嘉宾还是"鉴音团"成员的选择，《偶滴歌神啊》明显更加注重人气、年龄和他们的港台艺人身份。总体来说,都是更偏向互联网用户和年轻人的喜好。而这些特征,又会进一步影响节目的语言风格。

1.主持人:从"大方、得体"到"私人化"言说

与纯网自制的综艺节目相比,电视综艺节目也要承担引导舆论导向和价值观的重任,因而语言风格趋于大众化、全民化;而纯网综艺更具私人化和个性化的特点,"语言尺度大,涉及私密与敏感话题,容易引发网友的窥探和热议"①。这一语言风格主要表现在主持人和嘉宾身上。

《偶滴歌神啊》的主持人谢娜因主持湖南卫视《快乐大本营》而家喻户晓,其诙谐幽默、独具个性的主持风格受到许多年轻观众的喜爱。在《偶滴歌神啊》中,导演组给予她充分的自由,除了"走流程"之外,她没有固定写好的台本,因而可以将个性发挥到极致。对比谢娜在电视节目和纯网节目中的表现,可以看出她在《偶滴歌神啊》中完全是处于一种"自由自在"的状态,所聊的话题更加敏感,互动百无禁忌。每一个举动都是"看心情",比如突然命令两个名为"阿拉是神经"的肌肉壮汉把嘉宾抬下舞台,有一次甚至把"怨气"撒在了现场导演身上;或者突然跳起一段"魔性"的舞蹈让全场嘉宾顿时爆笑。

除了主持人和每一期的嘉宾,节目还设置了以张大大为代表的6名"鉴音团"成员负责互动和推理判断。这6名成员采取差异化搭配,每个人承担不同的角色定位,也成为节目的一大看点。其中,同样来自湖南卫视的主持人张大大具有敢说敢做、直率搞笑的个性化风格,他的"高调自恋"和"无底线自黑"为节目制造了许多笑点。其他"鉴音团"成员也各具特色,"美女"瑶瑶是来自台湾的通告艺人,本人就是音痴,经常因分辨不出歌手而被嘲笑;"小鲜肉"徐浩是拥有广大粉丝群的人气偶像,风格理性睿智,负责平衡场上经常"失控"的局面;"歌手"陈俊豪是来自东北的乐队主唱,会用专业视角评价,也会用"东北腔"和"穿女装"等方式活跃气氛。

"鉴音团"与主持人、嘉宾构成了一种三角关系,他们在选手出场后共同推理判断,同时互相质疑,构成矛盾和冲突。从主持人、"鉴音团"到嘉宾,经常聊些相互间比较私人化的、节目下的交往和互动的话题,因此语言风格体现出一种"非官方""不做作"的私密性和真实感,这种自由的话语氛围让每一个参与录制的人都表达出最真实的自我,就像好朋友相约出来聚会聊天,自由畅快,无拘无束。

---

① 万佳:《"互联网+"时代的综艺探索——电视综艺与纯网综艺比较谈》,《南方论坛》2015年第5期。

图4　"鉴音团"是节目的重要组成部分,负责吐槽和互动

2.语汇:网络化与极致化

语言风格的网络化指更多网络流行语的运用和更符合网络思维的语态。比如节目中最常出现的广告语"装bility"就出自网络词汇"Niubility"和"装B"的结合,这是网络上常用的俗语,也是人们在社交网络中的常用语。网络语言的特点是简单易懂,生动形象,有时略带粗俗意味,难登大雅之堂,但正是这种"接地气"的风格让《偶滴歌神啊》更受网友欢迎。

网络语言其实也是相对于电视语言而言的,一方面电视节目需要考虑语言规范问题,比如一些新闻资讯类节目,是坚决不能出现错字或表意不明的词汇,但是网络节目就没有这方面的规定和限制。另一方面,许多主持人,包括综艺节目主持人的语言风格还停留在晚会主持风格层面,以"大气""优雅"为参考标准,这与现在互联网推崇的"简单""极致"思维也格格不入。

网络语言的另一个特征即年轻化,一种更符合"九〇后"甚至"〇〇后"的语言风格。年轻人是网络上最活跃的用户群体,他们的创造力也最强,许多新词汇和短语都是从微博、贴吧、论坛等年轻网友聚集的地方传播开来。《偶滴歌神啊》《奇葩说》等节目中的讨论与冲突都异常激烈,"赞""吐槽""撕B""涨姿势"等网络热词也频繁出现。

3.表达:更直率,更真实

除了词汇,"九〇后"在观看娱乐节目时,更喜欢一种"不装腔作势"的说话方式,"新一代年轻受众对于言说的最低要求是'不装',即想要获得跟他们交流的'资格',就既不能装正经,也不能装世故,既不能装谦虚,也不能装高冷。①"如果这个人不仅

---

① 盖琪:《中国大陆综艺节目新一轮语态转型》,《长江文艺》,2015年10月1日。

"不装酷"还能经常"损人利己",反而更受欢迎。

表面上看这是"九○后"特立独行的标签,但背后却隐藏着中国的特殊国情和代际文化差异问题。这种"不装腔作势"的风格是相对于传统电视媒体而言的,中国特殊的文化环境,对电视节目的语态有着严格的限制,开玩笑不能过头,价值观要正面积极,强调宣传与教化意义,所以大部分国内电视观众都已经习惯了现在相对平和的语态。而伴随着互联网成长起来的"九○后",对美剧、真人秀、港台综艺等广泛涉猎,他们的审美趣味和语言习惯早已与上一辈人拉开了明显的差距,年轻人对晚会式主持人的厌烦情绪,以及对真性情主持人的喜爱和推崇,就是最直观的体现。

鉴音团成员张大大之前在湖南卫视《我是歌手》第3季中是谭维维的经纪人,其活泼张扬的个性就曾引起网友热议。而他这一次在《偶滴歌神啊》中的言语行为则更为大胆,比如喜欢说自己是"丰台 Justin Bieber"(加拿大偶像歌手);经常因为一句话就摔东西准备离场;看到一个美女便说:"她长得很像曾经追我的女生!";看到一个其貌不扬的选手就嫌弃:"长得丑就是要淘汰啊!"

这种"简单又率真"的语态风格,正是"九○后"所喜爱的。看到帅哥就说"好帅啊!"看到美女就说:"她好美啊!"听到实力歌手演唱就说:"唱得好好啊!"好就是好,丑就是丑,一切传统观念中的"客气""礼仪""尊重"都没那么重要了,就像人们和闺中密友聊八卦时的心情一样,情感真实,毫不虚伪,这本质上是一种对生活的回归。也正是因为像张大大这样的角色不断主动挑起矛盾和冲突,才让节目不断出现一个个笑点和"槽点",增强了节目的可看性。

图5 张大大在节目中经常与嘉宾和选手制造矛盾冲突,"笑"果十足

（二）叙事手段分析

叙事,对综艺节目而言,就是把一个事件推进下去,使之成为一个好的故事,有开端、发展、高潮、结尾,有冲突,有悬念,有情节的跌宕起伏。那么,纯网综艺节目和传统电视综艺节目在叙事手段上有何不同?

我们先来比较《偶滴歌神啊》(第 4 季) 与《歌手是谁》(第 2 季) 在节目流程上的异同:

表3　《偶滴歌神啊》与《歌手是谁》节目流程比较

	《偶滴歌神啊》		《歌手是谁》	
	节目流程	时长	节目流程	时长
1	预告小片	1 分钟	预告宣传片,介绍来宾	2 分钟
2	主持人谢娜登场,口播广告	0.5 分钟	刘谦表演魔术	5 分钟
3	主持人介绍来宾,来宾登场,互动	1.5 分钟	辨音团、嘉宾登场,假唱表演	2 分钟
4			主持人春妮登场,口播广告	0.5 分钟
5			主持人介绍来宾	1 分钟
6			主持人介绍辨音团,辨音团短片	0.5 分钟
7			辨音团与嘉宾互动	1 分钟
8			主持人介绍刘谦,刘谦与嘉宾互动	0.5 分钟
9			两嘉宾互动,主持人播报	1.5 分钟
10			流程介绍短片1,选手出场	0.5 分钟
	预热时间	3 分钟	预热时间	15 分钟
11	环节1【选手亮相】 介绍基本信息,播放消音视频,鉴音团和嘉宾开始评论推理	15 分钟	环节1【选手亮相】 所有选手假唱表演曲目	4.5 分钟
12	回顾片段	1 分钟	选手自我介绍	7 分钟
13	嘉宾选择两位选手淘汰	1 分钟	嘉宾60秒提问环节	2.5 分钟
14	选手介绍自己,真唱揭示身份,互动	12 分钟	嘉宾淘汰2名选手	3 分钟
15	小咖秀搞笑视频	1 分钟	选手真唱揭示身份	5 分钟
16			流程介绍短片2	1 分钟
17	环节2【对口型表演唱】	13 分钟	环节2【对口型表演唱】	11 分钟
18	鉴音团讨论,回顾片段 嘉宾淘汰2位选手	3.5 分钟	嘉宾淘汰2位选手	3 分钟

19	选手真唱揭示身份	20 分钟	选手真唱揭示身份	8 分钟
20			嘉宾对口型,观众投票决定嘉宾优先选择权	6.5 分钟
21			X 选手出场,介绍短片	0.5 分钟
22	环节 3【嘉宾合唱】选手揭示身份	5 分钟	环节 3【X 选手对口型表演唱】	2 分钟
23			流程介绍短片 3	0.5 分钟
24			嘉宾判断 X 选手,是否交换选手	3.5 分钟
25			选手真唱揭示身份	9.5 分钟
26	结束,补放嘉宾表演曲目	3 分钟	结束	
	总时长	69 分钟	总时长	85 分钟

从表 2 可以看出,《偶滴歌神啊》的节目流程比《歌手是谁》更加简洁,从节目开始到选手登场的时间只有 3 分钟,而《歌手是谁》同样的流程却占用了 15 分钟,还穿插了与节目不太相关的魔术表演。前者明显更加符合互联网视频的传播方式,尽早进入主题,在前 3 分钟吸引观众看下去。

另一个主要不同点在于嘉宾人数的设置和鉴音团的定位上,由于北京台《歌手是谁》采取"双嘉宾制",导致节目的主要矛盾冲突集中在两个嘉宾之间,大部分特写镜头都给了嘉宾,他们说话所占的时间更长,而"辨音团"的比重明显下降,说话时间和镜头数都很少;《偶滴歌神啊》非常重视鉴音团的角色,给每一个成员都设有特写机位,他们参与互动和讨论的时间也更长,基本上从头到尾都在参与。

除了流程和角色设置,这档纯网综艺节目的叙事手段也值得分析探讨。

1.悬念

《偶滴歌神啊》的核心模式,就是"推理判断一个人会不会唱歌"。节目的高潮往往出现在悬念揭晓的一瞬间:一个看上去其貌不扬的人,宛如天籁般的歌声让所有人震撼甚至感动;一个看上去很会唱歌的人,一张嘴五音不全,让人忍俊不禁,有的甚至异常夸张,十分罕见,充分满足了观众的猎奇心理。从选手上台到谜底揭晓,悬念一直伴随着整个节目的发展,直到节目最后,作为专业歌手的嘉宾需要与自己选出来的人合唱,悬念揭晓的一刻也成为整期节目的最高潮。

节目一共分为三个环节,每个环节都设置悬念,并揭晓部分选手的真实身份。第一环节,选手出场亮相,嘉宾只能通过选手的外貌和消音视频来判断,观众在此时也开始被带入悬念中，并随着节目的进行开始判断；第二环节，假唱对口型，选手通过"假唱"这一形式向嘉宾和观众透露更多信息。此时悬念开始叠加，整个过程也需要嘉宾和观众仔细观察选手的一举一动；第三环节，嘉宾合唱。最后被选中的选手上台与嘉宾合唱，直到最后，节目还一直通过片段回顾等剪辑方式制造悬念。

《偶滴歌神啊》在每一次嘉宾做选择和选手真唱之前，都会做延宕时间处理，即片段回顾或同时段多机位平行剪辑，叠加人物特写镜头。这种做法通过后期编辑增加了节目的悬念效果，类似手法也经常出现在《我是歌手》《中国好声音》等节目中。

2.冲突

作为一档谈话比重大于音乐的节目，主持人、嘉宾和鉴音团三方之间的交流与冲突是节目的另一大看点。纯网平台下，更加无所顾忌的语言风格也让冲突更加激烈，观众看着也更加过瘾。在《偶滴歌神啊》第1季第1期中，1号选手穆雅斓独具个性，她上台之后表现出非常高傲的姿态，不停地"翻白眼"，对主持人、鉴音团成员，甚至嘉宾都出言不逊。作为节目的第1位选手，她一上台就表现出的姿态，引得主持人、嘉宾和鉴音团成员纷纷吐槽，并与她发生矛盾和冲突。这样的设置和安排可以看出导演组是希望把这样的角色放在开场，通过矛盾冲突来吸引观众接着看下去。

纯网综艺的人物冲突因为话语尺度大等原因而变得更加强烈，因为更"敢说"，所以冲突升级，矛盾升级，比电视节目更加辛辣刺激。这种略带表演性质的"吵架""斗嘴"增强了节目的趣味性。

3.情境设置

《偶滴歌神啊》以辨别真假"歌神"为着力点，一改电视音乐真人秀"拼唱功、飙泪点、说故事"的传统，《偶滴歌神啊》不需要故事，只需要"情境"，最后只要加上一种"小感动"或者"小确幸"就够了。这也是一个更符合互联网传播的特点。一名选手上台之后，他的形象完全由现场鉴音团和嘉宾的描述决定，观众也可以被带入情境一起推理和猜测。歌手的真实身份揭晓后，伴随着音乐的渲染，人们能感受到这个"隐藏的歌手"曾经的奋斗和不易，继而触发一阵短暂的"小感动"。这种情境设置更加简短，不需要过多的铺垫和渲染，所用时间更少，更符合视频网站用户直接、简单的接受心理。

（三）镜头语言的转变

镜头语言，"具有叙述故事、传递感情和情绪、起到沟通和交流的作用"①。镜头语

---

① 闵睿：《镜头语言在分镜中的运用》，《艺术科技》，2013 年 3 月 21 日。

言作为主要的叙事手段,其运用上的新特点正体现出纯网综艺节目镜头语言上的新语态。《偶滴歌神啊》在拍摄、剪辑和后期特效上都投入了很多精力,让节目更有可看性,更吸引年轻观众。作为一档纯网综艺节目,如何运用镜头和最新的编辑技术为节目服务,同样值得分析和探讨。

1.剪辑率更高:加快信息传递

"《爱上超模》70 分钟的节目,我们一共用了 6000 个镜头,这种节奏放到电视上,你会晕会吐血,但在手机上,在 Pad 上,太多用户往回拉着看,第一遍看完了,根据弹幕上的吐槽,再拉回来看错过的细节。"①在爱奇艺前任首席内容官马东看来,这已经是全新的视频剪辑逻辑:"节奏太快,这不是一档电视节目。"②可见,由于网络视频独特的播放特性,观众可以随时回看和快进,所以纯网综艺有了提高镜头剪辑率的条件,编导们都希望能制造出让人"目不暇接"的观看体验。镜头本质上是信息,这也可以看作是一种视觉信息传递的提速。

2.特写镜头更多:拉近观众距离

特写镜头指单人近景特写,尤其是以人脸为主。这种镜头在电视节目中已经相当常见,但纯网综艺的导演会更加注重特写镜头的运用。

由于移动设备的屏幕小,大特写镜头有利于观众更有效地捕捉人物面部信息;同时,现在的纯网综艺演播室讲求实用性,舞台面积更小,人与人、人与物的距离更近,特写镜头有时也是出于区分人物关系的需要。

3.后期包装更丰富:强化叙事功能

《偶滴歌神啊》大量使用了当下流行的分屏、动画字幕、模仿与解构等形式进行后期制作,为节目增加了更多趣味性和可看性。例如当嘉宾表示鉴音团的意见都不可信时,节目组为了表达 5 个人同时非常震惊的效果,用特写镜头分屏剪辑,同时加上了 5 道从天劈下的闪电动画。这种手法不仅生动形象,而且节约了时间,提高了镜头剪辑率。

这些手段不是纯网综艺的首创,但却因为网络平台的特点而变得更为重要。由于可以回看和快进,导演不用担心节奏过快等问题,于是更多的后期特效有了施展的空间。

(四)交互手段的突破——弹幕与社交网络

各大视频网站都在交互技术上不断更新,开发了许多属于互联网视频播放的新技

---

① ②　祖薇:《爱奇艺要做"纯网综艺"》,《北京青年报》,2015 年 6 月 11 日。

图6 "分屏剪辑"与"被雷劈"的动画特效,用一个镜头传递更多信息

术。这种交互技术的进步,也在一定程度上影响了纯网综艺节目的发展。

"弹幕"最早源于日本一家名为 Niconico 动画的视频网站,指大量实时评论文字从屏幕飘过,看上去像飞行射击游戏里的子弹,"弹幕"因此得名。其最大特点是"实时互动",每个人都可以参与,在视频的某一个时间节点上输入评论,跟其他观看者分享有趣的观点和感受。这种方式更方便人们交流情感,甚至可以开发出视频以外的段子和笑料,深受年轻网友喜爱。

纯网综艺如今有了更丰富的拓展空间,弹幕不仅给观众提供了更好的沟通渠道,也为制作者了解观众需求和心理提供了方便。这些每一个时间点不同的评论,都可以看作是对节目流程与制作的反馈意见,帮助改进节目的制作。

图7 网友通过弹幕与嘉宾一起猜测选手的身份

另一个重要的交互手段是社交网络的运用。《偶滴歌神啊》相关话题经常登上微博热搜榜,截至 2015 年底,"#偶滴歌神啊#"的微博话题阅读量已达到 18.9 亿次,其他微博话题如"#谢娜高烧主持#""#综艺全能王谢娜#"等都成为热搜主题。这不仅带动了节目点击量的上升,也提高了节目的讨论度和热度。

四、从语态转变看纯网综艺节目的未来发展

在当前国内视频网站的较量中,纯网综艺节目的竞争将逐渐走向白热化。通过打造新语态生产精品节目,逐渐"去电视化",通过独家、原创内容形成差异化竞争,未来的纯网综艺节目将会有更大的发展空间。

(一) 语态转变契合"九〇后"受众的心理和文化背景

纯网综艺节目的语态转变与其目标受众的定位息息相关,当下视频用户与电视观众的年龄差距、审美品位正在呈现出越来越大的差异,《奇葩说》甚至提出:"40 岁以上观众请在九〇后陪同下收看"。爱奇艺 53% 的用户来自于 19—30 岁的年轻群体,[①]为他们量身定做的节目必须符合他们的语言特点和语言方式。这就使得纯网综艺节目的"腔调"和语态与传统电视节目截然不同,它契合了九〇后、〇〇后肆意、随性、直接、高度个体化的表达风格,体现出鲜明的移动互联网时代的文化特征。

这种综艺新语态的浮现,"标志着属于九〇后乃至〇〇后的审美文化趣味正式登场"[②]。在此,这种年龄鸿沟带来的文化差异,不仅仅反映出中国当代社会代际文化之间的巨大分裂,"实际上是中国社会转型期社会共识左右失焦、文化逻辑进退失据的缩影"[③]。语态呈现的背后,是九〇后、〇〇后们渴望被认可、被尊重的身份认同和渴望登上历史舞台的欲望。

(二) 纯网综艺节目与传统电视渐行渐远

打造具备互联网气质的综艺节目,需要突破传统电视综艺节目的思维惯性和规制束缚。"正如电影技术产生了电影艺术,电视技术产生了综艺和电视剧等艺术形式,网络视频技术也一定会产生基于互联网的新的内容逻辑,相对于传统综艺节目,它的

---

① 祖薇:《爱奇艺要做"纯网综艺"》,《北京青年报》,2015 年 6 月 11 日。
②③ 盖琪:《中国大陆综艺节目新一轮语态转型》,《长江文艺》,2015 年 10 月 1 日。

表现形式应该更自由"①,爱奇艺CEO龚宇曾经这么说。

"纯网+综艺"并不是简单的两者相加,而是利用信息通信技术以及互联网平台,让互联网与综艺节目进行深度融合,创造新的发展生态,"其本质是对节目内容生产逻辑的全盘颠覆"。②例如爱奇艺出品的《奇葩说》,就在面向受众、内容制作和传播方式上做到了"去TV化"。③《奇葩说》在策划时就直接面向网络受众,目标定位精准,每一期节目的话题都源自网络,非常有针对性;内容制作上也更多参考了网友喜闻乐见的形式;传播方式上也利用社交网站、微博微信、弹幕评论等多种方式博人眼球,种种方法都在努力营造一种"去TV化"的概念。

《偶滴歌神啊》《奇葩说》等纯网综艺节目呈现出来的新语态,或许正反映出了一种强调创新、专注于植根于互联网的新的节目生产逻辑,可以说,纯网综艺节目未来的发展方向将与电视渐行渐远。

（三）依旧内容为王

虽然纯网综艺在2015年发展迅速,但有些节目点击过亿,有些无人冠名;脱胎于同一节目模式的综艺节目,其播放量和关注度也会出现大相径庭的现象。归根到底,还是节目质量的高低不同。

无论是电视综艺节目,还是纯网综艺节目,依旧内容为王。观众并不在乎节目是由电视台还是网站制作的,他们只关注节目是否好看、有趣。中国目前的综艺节目依然存在版权引进泛滥、原创能力不足等问题,甚至还存在粗制滥造的现象。可见,注重原创节目模式研发、追求制作水准与质量,依然是纯网综艺未来的主要目标。在电视节目"同质化"严重、明星扎堆"假繁荣"的当下,《偶滴歌神啊》总播放量破6亿的背后,其实是爱奇艺生产"精品内容"、开展差异化竞争的发展策略。如爱奇艺首席内容营销官王湘君所说:"爱奇艺内容的优质基因,让我们在这充满竞争的生态环境下不断持续地生产出高质量内容。"④

〔曹晚红,中国传媒大学新闻传播学部副教授;

谷　琛,作者单位:中国传媒大学新闻传播学部〕

①② 新华网:《爱奇艺姜滨:开放型合作模式将催生更多纯网内容》,http://ent.news.cn/2015-06/05/c_127883439.htm。

③ 毕啸南、赵海蕴:《纯网综艺:基于互联生态的"去TV化"运作》。

④ 中国网:《〈偶滴歌神啊〉总播放量突破6亿 爱奇艺纯网综艺走向品牌化》,http://ent.cntv.cn/2015/12/23/ARTI1450840393262182.shtml。

IP 转换的现状、价值与思考

——以《花千骨》为例

◎ 冷 爽 张 昱

摘要：时至今日，当电影、电视剧深度拥抱互联网，影视产业生态圈正在发生着一场深刻的变革，掀起了一股依托互联网平台的革新浪潮，国产 IP 影视剧应运而生，蔚然成为中国影视市场上鲜明的文化景观。随着互联网巨头的强势渗透，影视 IP 的大量开发在激发市场活力的同时，也遭遇了被大众诟病的尴尬，质量堪忧。本文以电视剧《花千骨》为例，对中国目前 IP 转换现状进行分析，探讨 IP 转换的价值所在，并放眼未来发展，对 IP 热进行冷思考，力求对我国未来的网络视频以及影视剧发展提供建议。

关键词：IP 转换；现状；价值；冷思考

2015 年，无论是大银幕还是小荧屏，用"得'IP'者得天下"来形容，可以说是一点也不过分。由网络小说改编而来的电视剧《花千骨》《琅琊榜》《伪装者》火透电视荧屏；根据《鬼吹灯》改编而成的电影《九层妖塔》《寻龙诀》狂揽票房。即便是视频网站也不甘落后，爱奇艺独家播出超级季播网络剧《盗墓笔记》，2015 年 7 月播出时，由于网站上打出了"全集上线"的广告，一下子吸引成千上万的粉丝观众注册会员进行观看，结果视频网站的服务器扛不住粉丝的巨大热情，彻底崩坏。综观 2015 年的影视剧市场，由 IP 转换而来的作品已呈燎原之势，投资者若是想与"成功""火爆""赚钱"沾边，势必得与"IP"转换亲密接触。

何为"IP"？IP，英语"Intellectual Property"的缩写，直译为"知识产权"。IP 的形式可以多种多样，既可以是一个完整的故事，也可以是一个概念、一个形象甚至一句话；IP 可以用在多种领域：音乐、戏剧、电影、电视、动漫、游戏……但不管形式如何，一个具备市场价值的 IP 一定是拥有一定知名度、有潜在变现能力的东西。①

2015 年，无论是《花千骨》《琅琊榜》，抑或是《寻龙诀》《盗墓笔记》，都由网络文学脱胎而来，是名副其实的"IP"转换剧。回顾 2015 年的影视剧市场，其中表现最出色

---

① 张贺：《"IP"热为何如此流行》，《人民日报》，2015 年 5 月 21 日第 017 版。

的当属暑期在湖南卫视与爱奇艺共同播出的 IP 剧《花千骨》。

一、案例回顾:《花千骨》火爆荧屏 一枝独秀

2015 年的暑期荧屏,可以说是电视剧《花千骨》的天下。这部从 2015 年 6 月 9 日起在湖南卫视晚间 10 点档的钻石独播剧场以周播四集形式播出的电视剧从此火遍大江南北,长时间占据网络热搜榜单的前列,成为街头巷尾热议的话题。电视剧里的"长留上仙"白子画更是成为中国万千少女心中的梦中情人,其扮演者霍建华在不温不火多年之后成为火透娱乐圈的"男神",甚至连他的"睫毛长度"都成为粉丝在社交网络上热议的话题。除了稳坐收视冠军的宝座之外,《花千骨》还在网络播出方面表现耀眼,其突破 164 亿的网络总播放量成为当之无愧的 NO.1。而《花千骨》同名游戏在上线之后也取得了月流水超过 2 亿元的不俗战绩。可以说,这部由网络小说改编而来的影视剧业已成为 2015 年的"现象级"作品,其全产业链的开发与运营的成功更是给众多影视编剧、制片人以及投资者提供了借鉴的方向。

(一)《花千骨》的 IP 转换之路

《花千骨》是一部于 2008 年 12 月 31 日独家首发于晋江文学城的网络仙侠言情小说,其作者是网络人气小说作家 Fresh 果果。作为作者的"成名之作",《花千骨》讲述了命格诡异却坚强善良的少女花千骨与长留上仙白子画之间关于责任、成长、取舍的纯爱虐恋故事。该小说一经网络出版,深受广大痴男少女们的欢迎,2009 年即被北方妇女儿童出版社出版发行,时至今日该小说的早期版本已经成为绝版而一书难求,而自 2014 年被翻拍电视剧以来,该书先后又出了 2 个内地新版、1 个海外版,受关注程度飙升。

《花千骨》之所以能够从网络小说走到电视荧屏,要归功于制片人唐丽君。唐丽君曾任东方广播电台记者、编辑、主持人、公关策划,是全国广电媒体中第一批专业公关策划人员,同时她还曾经担任了七年上海电影电视节的"掌门人"。多年媒体从业的经验锻炼了唐丽君敏锐的嗅觉,《花千骨》是她脱离体制担任独立制片人之后策划的第一个项目。而拿下《花千骨》的过程其实源于一个偶然的发现,她在与女儿的聊天中了解到许多年轻人都在看小说《花千骨》,而且看完都感动落泪。在女儿的推荐下,唐丽君自己也去读了小说,并被其中虐心的情感与鲜明的人物形象所打动。在她的推荐下,2012 年 11 月,慈文传媒集团重金购得小说改编电视剧版权。

《花千骨》项目确定后,慈文传媒即成立了以年轻编剧为主的六七人的剧本优化团队,2013 年 3 月启动剧本改编,10 月,导演加入制作团队,参与早期剧本改编;2014 年 1 月,慈文传媒集团申请根据该小说改编为电视剧,5 月 6 日正式开机,9 月 15 日电视剧杀青。从 2015 年 6 月 9 日起每周二、周三晚 10 点在湖南卫视的钻石独播剧场播出。2015 年 7 月 5 日起,该剧播放时间改为每周日、周一晚 10 点。第二天零点在爱奇艺网站同步更新。

(二)《花千骨》的 IP 转换成功之处

《花千骨》的制播之路其实并不平坦,甚至可以说是一波三折。按照广电总局的文件要求,卫视综合频道黄金时段年播出古装剧总集数,不得超过黄金时段所有播出剧目的 15%。"一剧两星"政策出台后,卫视每晚只能播出两集电视剧。也就是说,一线卫视每年恐怕只能播一两部古装剧。因为剧本、资金和不利的政策环境,《花千骨》在拍摄的过程中曾有五六次濒临下马,甚至在开播时,后期制作都没有彻底完成。

然而,自播出以来,《花千骨》电视剧便深得观众的好评与关注,统计数据显示,《花千骨》开播首日便创下全国网 1.18% 的收视率,播出期间一直稳居收视榜榜首,全国网单集最高收视 3.83%,最高收视份额 24.73%。2015 年 9 月 7 日,《花千骨》迎来大结局,尽管由于制作方将原有 54 集的内容抻长至 58 集,但在收视率方面依然交出了不错的答卷,当晚 CMS50 收视率达 2.784%。

排序	名称	频道	收视率%	市场份额%
1	花千骨	湖南卫视	2.784	15.628
2	伪装者	湖南卫视	1.843	5.396
3	黄河在咆哮	中央电视台综合频道	1.295	3.76
4	铁在烧	浙江卫视	1.119	3.247
5	左手劈刀	北京卫视	0.915	2.653
6	毕业歌	江苏卫视	0.838	2.512
7	八路军	中央台八套	0.713	2.336

50城9月7日(周一)1930-2400 含央视电视剧【http://weibo.com/tvthings】

图 1 2015 年 9 月 7 日 CMS50 晚间收视数据(资料来源:网易娱乐)

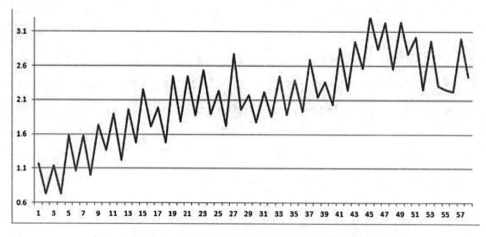

图 2　《花千骨》CMS50 单集收视率曲线（资料来源：网易娱乐）

酷云实时收视数据显示，《花千骨》的关注度一直处于 1 点以上高位，收视份额的峰值竟然一度高达 50%。CMS50 收视率也是一路走高，最后两集收视率分别达到 3.006% 和 2.444%（收视份额 13.073%，22.475%），当晚综合收视率 2.784%（收视份额 15.628%）；单集收视 5 次破 3，平均收视率达到 2.213%，超越《古剑奇谭》，成为中国周播剧收视第一。①

除了收视数据上的一路飘红，《花千骨》IP 转换的成功之处还在于其全产业链的开发与运营，正如制片人唐丽君所认为的那样，"把一个 IP 榨出最大价值"。从策划《花千骨》项目开始，唐丽君在头脑中就开始勾画全盘产业链的布局。她认为因为周期长，有足够的时间让 IP 发酵，电视剧必须是产业链的第一环，要想成就一个完整的 IP 产业链，首要的是制作一部好剧。因此，《花千骨》剧组专门聘请著名服装设计师奚仲文为主角们设计了一整套"水墨画"风格的服装，同时将演员们置身于广西的喀斯特地貌进行拍摄，通过强化视觉识别系统来吸引观众的注意，迎合当下年轻人"看颜值"的心理需求。

《花千骨》的成功与播出平台及档期也有很大的关系。湖南卫视多年来一直坚持走娱乐路线，在影视剧的选择以及投资方面经验颇丰，网聚了一批忠实的年轻观众，而这些观众也恰好与《花千骨》的目标受众高度重合。与此同时，湖南卫视在话题的炒作、现象的创造等方面也驾轻就熟。此次《花千骨》霸占了湖南卫视的整个暑期档，周播两集的方式也吊足了观众的胃口，可以说"平台+档期"的优质组合是助推《花千骨》

---

①　网易娱乐：《〈花千骨〉成为年度收视亚军 网络点击再破纪录》，http://ent.163.com/15/0908/11/B304UGOD0 0031GVS.html。

成功的又一支重要力量。

《花千骨》成功的另一个关键词是营销。在《花千骨》的宣传期里,制作方将与观众互动作为重要的宣推手段,例如,在片花出来之后,就提供高清下载版本,制作方与观众充分互动,一起制作了方言版、韩语版、日语版、泰语版、搞笑版等十几个版本。在尝到了互动的甜头之后,制作方策划了"全球音乐征集大赛",由观众作词作曲,剧中演员演唱。最后,由一位观众创作的《地老天荒》成为《花千骨》电视剧的插曲之一,并由剧中东方彧卿的扮演者张丹峰演唱。不得不说,这种观众和 IP 开发相互陪伴的过程,极大地激发了观众关注、投入的热情,使观众成为该剧的"死忠粉",增强了观众与作品之间的黏性。

谈到《花千骨》的火爆,还有一个不得不说的话题,那便是衍生品的开发。在将《花千骨》电视剧的版权卖给慈文传媒集团之后,制片人唐丽君将电影、舞台剧的版权以及游戏的独家代理权牢牢掌握在自己手里。在她看来,现在很多有着广泛粉丝基础的大 IP 都存在着版权过于分散的问题,而这并不利于全产业链的打造。《花千骨》电视剧 6 月 9 日开播,6 月 25 日同名游戏测试上线,这款由女主角赵丽颖本人代言的游戏,上线不到一个月就上升到排行榜第三,游戏月流水收入达到 2 亿。而《花千骨》电视剧还没有播完,慈文和爱奇艺五五分成合作网剧《花千骨番外》的意向就已达成。继电视剧和游戏方面取得了骄人成绩之后,《花千骨》还将于 2016 年下半年被搬上大银幕,预计投资三至四亿。此外,以《花千骨》为蓝本的舞台剧改编也已经被提上议事日程。

由此可见,2015 年火透半边天的 IP 现象级神剧《花千骨》的成功并不是一个偶然的现象。目前,这部电视剧至少刷新了三个纪录:中国电视剧网络播放量最高纪录(超过 164 亿)、电视周播剧收视最高纪录(全国网最高收视率 3.89)、由影视剧带动衍生相关产业收入的最高纪录(游戏收入每月 2 亿左右),而与之相关的微博也达到了 700 万的讨论量。然而,在大 IP 概念持续火热、IP 版权费屡创新高的情况下,《花千骨》这部作品最值得关注的既不是热门话题榜上霸榜数月的热度,也不是它作为电视剧取得了多么好的成绩,而是在大 IP 产业链转化这条路上,它是目前做得最好的、完成度最高的典型案例,其成功的路径以及 IP 转化的模式与做法值得借鉴与学习。

二、数年积累,一朝井喷:我国 IP 转换的现状

虽然 2015 年是 IP 大放异彩的一年,但对国人来说,IP 的概念其实由来已久。早早被搬上荧屏的《红楼梦》《西游记》等四大名著就是 IP 转换的成功例证。随着网络文化的风靡,互联网公司生态的建立,IP 从游戏界逐步延伸至动漫、影视、衍生品、文学等多个领域。在这一过程中,网络文学无疑成为最大的 IP 源头。从 1991 年起,网络小说逐渐流行,少量精品被改编成游戏和影视剧。2011 年,网络小说掀起改编影视剧热潮。2013 年起,手游进入高速发展期,次年游戏进入 IP 元年。到了 2015 年,互动娱乐进入 IP 元年,至此,IP 转换的热潮已经全面来袭,不可逆转,而 IP 也已经变成了内容的代名词,优质 IP 就可以等同于好的故事和角色。

近年来,网络剧发展呈井喷之势。在 2007—2013 年这七年时间里,我国制作上线网络剧仅 169 部,2345 集;到了 2014 年,一年就制作上线网络剧 205 部,2918 集;2015年截至 9 月份,上线网络剧 247 部,4445 集。2007 年至 2011 年间,一部网络剧的平均制作成本每分钟仅 600 元左右,2014 年这一数字已达平均每分钟 1.5 万元,2015 年随着超级大剧的诞生,制作成本平均值被提高到每分钟 3 万元。据不完全统计,2015 年至少有 5 部投资在 5000 万元至上亿元的"超级网络剧"拍摄。在众多网络剧作品中,IP 剧表现尤为突出。例如,爱奇艺从首推《盗墓笔记》付费观看模式开始,截至 2015年 12 月 1 日,其 VIP 用户已达 1000 万。该剧仅上线 22 小时网络播放量就破亿,点播量累计突破 20 亿次。IP 积累的高人气保障了 IP 剧在网络平台上的高点击率,从而带来广告和付费的丰厚收益。①

在网络自制剧方面,2015 年,全网共有网剧 355 部,其中 IP 改编剧 31 部,占 2015年网剧总量的 8.7%,但在网播量和影响力上却举足轻重,甚至直接影响了行业格局。

2015 年在网络播放量最高的十大网剧之中,来自 IP 改编的就占有 7 部,分别是:《盗墓笔记》《花千骨 2015》《暗黑者 2》《无心法师》《校花的贴身高手》《他来了,请闭眼》《纳妾记》,更生猛的是,十大网剧的前三名均被 IP 改编剧包揽,《盗墓笔记》更是以 27.5 亿的超高网播量独占网剧之巅,不逊色于传统大热电视剧。2015 年的网络剧几乎是 IP 剧的天下。②

对传统媒体来说,2015 年电视剧播出平台由原来的"一剧四星"改为"一剧两星",电视台的购片价格并没有由此提高,严峻的供求现实给积重难返的制作业带来更为严峻的考验。而视频网站凭借自身的延续性和开架式观看方式成为电视剧播出的一股新势力,充当起缓解资本压力的"第三颗星"。IP 剧《琅琊榜》电视端的平均收视率不到 1,而网络播出量超过 82 亿,最多一天播放量突破 4 亿,视频网站平台的影

① 赵晖:《从 IP"热"反思原创力的衰竭与重建》,《光明日报》,2015 年 12 月 14 日。
② 骨朵传媒:《盘点 2015 年 IP 改编网络剧,跻身"十大"的有哪些?》,http://www.guduomedia.com/4756.html。

响力可见一斑。作为视频网站的主力受众,网生代对 IP 情有独钟,为 IP 影视剧贡献了高点击量。比如,排在点击率头三名的《琅琊榜》《花千骨》《云中歌》均是来自 IP 改编的作品。这一数据成为影视投资人决策的关键依据,对视频网站购剧资金的流向产生决定性影响。影视制作公司为迎合这一趋势,纷纷投入 IP 影视剧的购买制作之中。2016 年,乐视、爱奇艺、腾讯、合一集团四大视频平台将推出《翻译官》《锦衣夜行》《毕业季》《小别离》《诛仙青云志》《幻城》《锦绣未央》《秦时明月》《微微一笑很倾城》等大制作的 IP 剧,《幻城》投资甚至超过 3 亿元。换言之,IP 之争与视频平台的崛起、网络剧的盛行、大数据的应用息息相关。这早已不是单纯的创作行为,而是"互联网+"时代一场有关影视产业运作的商业营销行为。①

数据显示,自 2014 年开始,一年内有 114 部网络小说被购买影视版权,价值在千万级的版权作品不在少数。其中,90 部计划拍成电视剧,24 部计划拍成电影,电视剧单集制作成本最高可达 500 万元人民币。热门 IP 遭哄抢,网文作者大涨薪,一个"互联网+"的影视剧时代似乎正在到来。

中国电影产业的飞速发展所带来的"吸金效应"和网络视频的强势崛起是"IP"热出现的首要动力。票房收入从 100 亿元升到近 300 亿元,中国电影仅用时 4 年。2015年第一季度,仅仅 94 天票房就突破了百亿元大关。②随着网络一代的成长,中国网络视频产业正蓬勃发展,自制剧作为网络视频的一部分重要内容而备受推崇,而自制剧的内容则多是在网络小说身上汲取灵感。

同时,资本的嗅觉是敏锐的,大批投资者蜂拥而入影视和网络视频市场。百度、阿里巴巴、腾讯、优酷、乐视等互联网巨头也纷纷成立影视部门,进军影视行业。

电影投资者不差钱,差的是能拍成电影的创意。"好电影需要好题材,好题材下手就得快"已经成为行业共识。在这种情况下,那些具备一定知名度、拥有较多粉丝的作家作品便成为影视公司紧盯的对象,而亚洲首位获得雨果奖(世界科幻文学界的诺贝尔奖)的科幻作家刘慈欣就是其中之一。

刘慈欣说,2006 年《三体》在《科幻世界》上连载的时候,只有科幻读者知道他;《三体》第二部出版时,社会影响也依然局限在科幻这个小圈子里;但第三部在 2010年出版后,"不知怎么回事,突然就火了"。刘慈欣分析,可能当时微博特别兴旺,一些微博"大 V"对《三体》赞誉有加,扩大了宣传范围。迄今,《三体》三部曲大约销售了50 万套、100 多万册。2014 年《三体》的英文版在美国上市。所有这一切都意味着《三

---

① 赵晖:《从 IP"热"反思原创力的衰竭与重建》,《光明日报》,2015 年 12 月 14 日。
② 张贺:《"IP"热为何如此流行》,《人民日报》,2015 年 5 月 21 日第 017 版。

体》具备成为热门 IP 的条件了,而与 2006 年《三体》第一部出版时相比,今天科幻小说的影视改编权价格则上涨了 10 倍。[①]

三、激进与冷静:中美 IP 开发与运营的两重天

尽管 2015 年是"IP"剧大行其道的一年,但即便是火爆如《花千骨》,若比照好莱坞"1(电影票房）:4(周边产品收入)"的 IP 价值实现率,其实都算不上成功。对中国的影视剧行业来说,距离成功的 IP 转换以及产业链开发仍然是"路漫漫其修远兮"。若要呼唤一个商业模式成熟、投资回报率高、衍生品开发得当的影视市场,还需要进一步学习和借鉴更加先进的经验。

(一)全产业链开发 V.S.IP 电影开发:好莱坞 IP 转换模式

美国好莱坞 IP 开发最早可以追溯到上世纪二三十年代。派拉蒙投拍《白雪公主》(1916 年)和《小飞侠》(1924 年)两部动画电影,取得不错的成绩,引发市场关注。但 1935 年,华纳兄弟改编自莎士比亚作品的《仲夏夜之梦》上映,票房惨败。从此美国的影视 IP 的开发之路开始向战争、科幻及经典动漫的电影倾斜。

2000 年后,随着电影拍摄与制作技术的突飞猛进,以前只能存在于幻想中的场景可以通过电脑特效实现,加之优质原创剧本人才的凋零,电影巨头不得不把重心放在改编已有 IP 上,美国电影 IP 市场开始进入黄金时期。一大批超级 IP 被翻拍成电影,其中最具代表性的作品有《指环王》《哈利·波特》《蝙蝠侠》等。2014 年美国电影市场共生产 707 部电影,其中由 IP 改编而来的电影作品占比达到 60% 以上。美国的影视 IP 市场也随之形成了两种截然不同的运作方式。

1.迪士尼引领多面向全产业链 IP 开发

作为世界知名的娱乐集团,迪士尼拥有海量 IP 储备,从最初由沃尔特·迪士尼本人创作出的米老鼠、唐老鸭等经典卡通人物到 21 世纪风靡全球的《冰雪奇缘》等作品,迪士尼电影永远走在 IP 开发与运营的最前线。

同时,迪士尼是美国六大电影集团中 IP 运营最成熟,最早布局全产业链 IP 运营的公司。迪士尼认为 IP 不该只是一部电影或者电视剧,真正的 IP 运营应该着眼全产业链,并布局一个完整的生态圈。以《玩具总动员3》为例,电影为迪士尼带来了 11 亿

---

① 张贺:《"IP"热为何如此流行》,《人民日报》,2015 年 5 月 21 日第 017 版。

美元的票房,但游戏、图书、DVD、版权和授权等领域为迪士尼带来了 87 亿美元的收入。截至 2012 年,迪士尼已有超过 400 个动画和电影形象,为其打造超长的产业链提供了坚实的基础。如今迪士尼已经成为一个典型的"品牌乘数型"企业,即为已有 IP 品牌打造电影完成第一轮盈利,再通过电影的成功进行周边产品开发,形成第二轮利润,打造一个"电影+衍生品+娱乐地产"的 IP 生态圈。①

2.五大电影集团专注 IP 电影开发

派拉蒙、环球、20 世纪福克斯、华纳与索尼作为好莱坞影视巨头,也同样在 IP 开发运营上取得了巨大的成功。不同于迪士尼泛娱乐全产业链的战略,上述五家电影制作公司更注重电影本身,追求纯票房收入。

在迪士尼收购漫威之前,漫威旗下的超级英雄 IP 早已被这些影业巨头搬上荧幕。20 世纪福克斯投资拍摄了《超胆侠》《X 战警》《神奇四侠》;索尼投资拍摄了《惩罚者》《蜘蛛侠》;环球投资拍摄了《绿巨人》;华纳兄弟投资拍摄了《刀锋战士》;派拉蒙投资拍摄了《美国队长 1》《钢铁侠》。这些由超级英雄形象改编而来的电影获得了大量影迷的青睐,在票房上取得了巨大的成功。

除了漫威帝国最出名的超级英雄 IP 之外,五大影视巨头积极从各方渠道收集 IP,缔造了一个又一个票房传奇。华纳兄弟在 1969 年就收购了 DC 漫画公司,并创造了美国超级英雄历史上最著名的《超人》和《蝙蝠侠》系列。而后,华纳兄弟又在 2000 年拿到了小说《哈利·波特》的电影版权,并在 2011 年完成了系列电影的最后一部,系列票房累计全球第一。派拉蒙作为电影巨头中的巨头,取得了变形金刚的 IP,已打造出四部系列电影,取得了超高票房;此外,派拉蒙在短篇小说 IP 领域也有不错收获,包括《僵尸世界大战》《禁闭岛》等。20 世纪福克斯拥有《少年派的奇幻漂流》《波西杰克逊》系列的版权。环球影视夺得了畅销小说《五十度灰》的 IP,改编而成的电影以小投资取得了超高回报。索尼电影公司则取得了《饥饿游戏》的版权,该系列电影在全球引起强烈反响,拥有居高不下的人气和惊人的票房收入。

(二)虚火旺盛与稳扎稳打:中美 IP 开发的对比

美国的 IP 开发与运营不仅历史悠久,而且已经形成了相对固定的模式与样本。在美国,有相当大比例的好莱坞电影都来自漫威漫画的改编,其中包括《蜘蛛侠》《复仇者联盟》等广为人知,在全球范围内叫好又叫座的影片。根据 Box Office Mojo 的数

---

① 资料来源:《2014 影视 IP 报告》。

据统计，自 2008 年起至今，漫威已经推出 10 部电影，累计全球总票房超过 72 亿美元。漫威不仅把电影当电视剧一样在拍，还提出了漫威电影宇宙的概念，它仗着手中在握的多个英雄角色，用自己的理念与方式在全球范围内销售他们的电影产品，而该公司的拍片计划则已经安排到了 2028 年。

与美国好莱坞几十年 IP 开发与运营的成熟经验相比，中国当下的 IP 转化还显得并不那么理智、冷静和有序，颇有一些虚火高炽的意味。

首先，中国影视市场的 IP 热，有相当一部分原因是资本追逐热门在推波助澜。投资者们看到了 IP 带来的希望，这就导致制作方为了求得投资方的关注而频频用 IP 来吸引眼球。由于近两年 IP 被疯抢得厉害，许多知名 IP 甚至被卖出了天价，这就使得许多并没有强大实力可以购买优质 IP 的人们动起了歪脑筋，业内甚至出现了人为刷榜、打造热门 IP 的不良现象。很多影视公司都在忙于"孵化"IP，即把之前写完的剧本再改编成小说，然后再出版或网络上连载，制造出"火爆"的样子，以此来博得投资方的青睐。尽管如此，仍然有很多上榜的所谓"优质"内容不能成功转手，毕竟一部好的 IP 作品，需要较长时间的积累，粉丝的口碑不是在短时间内就能养成的。在这样的情况下，如何拆掉裹在 IP 外的绚丽包装，判断一部 IP 的真正质量，就更加考量投资方的眼光。

其次，中国在开发 IP 的过程中，并非内容为王，而将更多的关注点投放在了宣传营销上。诚然，一部作品的成功，离不开高质量的宣传推广，但其核心仍然还是好的故事、成功的人物塑造以及精良的制作。在美国，以《冰与火之歌》这部剧为例，从 HBO 预订该剧集到正式开播历时两年半的时间。该剧首季基本预算在 5000 万到 6000 万美元左右，平均每集 500 万到 600 万美元的制作经费，而这还不包括大约 1500 万美元左右的宣传费用。在影片的制作过程中，HBO 聘请语言创作协会（Language Creation Society）的语言专家大卫·J.彼得森（David J. Peterson）为电视剧创造拥有"独特的发音、超过 1800 的词汇量和复杂的语法结构"的多斯拉克语。而在中国，以大获成功的《花千骨》为例，其拍摄周期连半年的时间都不到，其中的特效制作更是遭到万千观众的强烈"吐槽"，尽管剧集播出之后火爆荧屏，但受人关注的却并不是故事内容本身，而更多的是明星的绯闻以及相关话题的炒作。由此可以看出，中国当前的 IP 转换还处在一个原始积累与粗暴开掘的阶段，而这无疑是对原有优质 IP 资源的巨大伤害。

最后，中国影视受众与产业链发展还处在相对"低龄"的阶段。2013 年年底，电视真人秀节目《爸爸去哪儿》大获成功，制作方趁热打铁，在 2014 年的大年初一推出《爸爸去哪儿》大电影，并收获了 7 亿票房。说白了，这部所谓的"电影"其实就是一档为期 5 天的加长版电视节目,连基本的电影创作规律都难以遵循。至此,中国出现了在其他国家电影屏幕上从未出现过的新类型:综艺大电影,综艺节目这个 IP 被众人玩得愈发得心应手并且被搬上了大银幕。之所以说这是电影的新类型,是因为无论在韩国这样综艺节目发达的国家,还是在美国这样电影产业成熟的市场,都绝对没有出现过类似的内容产品。依托于综艺节目的明星和设定,用粗糙的概念和不严谨的流程来制作的所谓"大"电影,能够收获高票房,其背后映射出的是观众的不成熟,以及整个产业的急功近利。尽管综艺大电影已经在降温,《爸爸去哪儿 2》的票房就比第一部跌掉一半还多,但是这类电影的出现以及票房大卖就不得不使人警惕,我们离成熟的、理性的电影市场还有很长的路要走。

通过与美国 IP 开发的对比,不难看出,当下中国的 IP 转换还存在前期评估不够科学、投融资主体相对单一、忽视内容创作、产业链发展不成熟等问题。如果不能很好地破解这些问题,将很难真正激发出 IP 的生命力,并使其创造出更多的价值与收益。

四、创造与融合:IP 转换的价值

(一) 创作层面:百家争鸣 百花齐放

近年来,在影视剧产量和影视制作公司飞速发展的同时,也产生了内容同质、题材扎堆、桥段雷同的问题,国产影视剧呈现出严重的原创能力不足、趣味陈旧、脱离年轻观众的态势,导致年轻观众和高端观众追看境外剧和网络剧。而网络文学、游戏、歌曲等优质内容正好成为弥补这一断层的内容来源之一。与此同时,由于 IP 转换热潮的出现,《琅琊榜》《花千骨》等影视剧在收视、口碑方面均取得了不俗的成绩,在更大程度上激发了网络文学创作者的热情。从现有的情况可以看出,成功的 IP 转换内容大部分来源于网络,而手中握有众多网络小说版权的文学网站则备受瞩目,价值凸显。2015 年 1 月,中文在线在深交所上市后连续 23 个涨停,资本市场的反应充分说明了文学网站的价值相较于 10 年前已经呈现几何级增长。众多互联网公司也看中了网络文学的市场潜力与价值,纷纷加大投入,如,百度正式成立百度文学,签约影视、游戏等多家合作伙伴;腾讯收购盛大文学成立阅文集团,统一管理和运营原本属于盛大文学和腾讯文学旗下的起点中文网、创世中文网、潇湘书院、红袖添香、小说阅读网、云起书院、QQ 阅读、中智博文、华文天下等网文品牌。

与此同时,网络小说的作家也身价倍增,切切实实体验了一把平民也可以成为"意见领袖"的快感。网络为我们每一个人都提供了一个可以自由出入、畅所欲言的平台,只要会使用网络,"话语权"就成为人人可得的东西,再也不是稀罕物件。而网络小说的出现则使得普通人也可以圆自己一个"作家梦",真实体验到现实生活中著名作家"一人写书万人读"的感受。网络写作摆脱了水平与内容的限制,它所提供的隐秘空间使得每个人都可以无拘束地轻松开始自己的写作。每个网络写手都会体验到"被回应"的"存在感",此时现实中寂寂无声的平凡人也有可能在网络上得到大家的赞美、肯定,受到无数忠实"粉丝"的追捧。网络的开放性使得平民话语权在网络小说的创作过程中得到了最大的施展。近年来的 IP 热,激励了更多有才华的人加入到创作的队伍中来,创作主体的多元化也势必将催生出更多优质的作品。

除此之外,网络小说题材的多元丰富性、内容的高度生活化极大地迎合了受众的审美需求。多年以来,无论是传统文学还是影视作品,都承担着"文以载道"的使命,在人物塑造上都难免落入"高大全"的窠臼,人物的扁平化现象严重。随着互联网的发展,伴随着网络成长起来的年轻一代更加标榜个性与彰显自我,他们希望看到更多生动活泼,能够满足内心需要的作品。传播学中的"使用与满足"理论认为:把受众成员看作是有特定"需求"的个人,把他们的媒介接触活动看作是给予特定的需求动机来"使用"媒介,从而使这些需求得到"满足"的过程。①这个理论强调了受众的能动性,突出了受众的地位,指出使用媒介是基于受众个人的需求和愿望。与其他的传统媒介相比,网络最大的特点与优势就是开放与互动,网络写手们根据受众的需求将内容生产不断进行细分,网络文学的内容五花八门,包罗万象,只有你想不到,没有你看不到,这在客观上扩大了小说的叙事视野,也使得文学类型变得更加丰富多样。海量的网络文学作品满足了不同读者的要求,无论是何种审美趣味的读者都能在其中淘到自己的心水之作。

(二)产业层面:升级换代 多点开花

长久以来,中国影视剧产业盈利模式非常单一,电视剧靠向电视台、网站售卖播映权获得收益,而且集中于首轮销售,多轮销售收入很少。电影主要靠票房收益,外加少量电视和网站的播映权销售收入。音像版权和海外销售基本可以忽略不计。在此情况下,影视剧行业的投资风险非常大,常常一部戏失败就垮了一家公司。因此,基于 IP 的多产业链经营、将项目公司转变为平台公司和品牌公司,成为化解风险的重要手段。

---

① 郭庆光:《传播学教程》,中国人民大学出版社 1999 年版。

基于一个 IP 的全产业链经营,一般包括电视剧、电影、动漫、舞台剧、综艺节目、游戏、版权商品、主题公园等业态。以《花千骨》为例,电视剧播出的同时推出了手游,同名页游斩获 5000 万元月流水,同名手游月收入接近 2 亿元;电视剧播完之后推出了网剧《花千骨 2015》,慈文和爱奇艺五五分成,随后将推出舞台剧、电影。再如《蜀山战纪》,这是 2015 年 9 月在爱奇艺以会员付费模式播出的网络剧,作为原创内容,它却刻意遵循了网络 IP 的开发经营方式,最早发布的是原声专辑,同时推出网络小说,在网络上打榜,然后是爱奇艺会员付费观看。同时,《蜀山战纪》还实现了由网络向电视的反向输出,该剧 2016 年寒假将在安徽卫视播出。此外,该剧在网站会员独播与电视台播出的交叉点上将上线网游和手游,端游、真人电影、CG 电影、漫画书和其他衍生产品也在不断开发中。目前,这样的 IP 经营流程已被广泛运用。

由此,中国影视公司的并购也从几年前以扩大体量为唯一目的的同类小公司(工作室)的横向并购,转变为今天以打通产业链为主要目的的整合多种资源和业态的纵向并购,其目的就是基于一个 IP 的全产业链经营,打造泛娱乐化产业航母。然而,这并不新鲜,迪士尼几十年来一直是这么做的,涵盖剧场版动画片、动画电影、舞台演出、主题公园、形象授权、图书、礼品等各类经营。[①]

(三)跨界融合层面:互联网+激发活力

首先,IP 转换为媒体产业融合发展提供了条件。IP 在互联网时代最大的特点在于它的市场产业属性,也就是它的可"传递性"。投资者可以充分利用一个好的 IP 跨文化产业类型进行市场开发,而各个产业之间的市场开发还可以形成合力,互动生存。例如,《爸爸去哪儿》在湖南卫视播出后获得良好效果,话题阅读量超过了 180 亿元大关,保持了节目超高的关注度和讨论量,第三季的冠名权达到了 4 亿。与此同时,湖南卫视充分开掘《爸爸去哪儿》这一超级 IP 的潜在价值,电影《爸爸去哪儿》票房收入 7 亿;《爸爸去哪儿》手机游戏推出后,当日下载量达到 100 万,注册用户 1.5 亿,日活跃用户超过 300 万;同时还开发了《爸爸去哪儿》亲子教育 APP 等一系列线上线下产品。

其次,IP 转换提供了一种新型的媒体生产关系。马化腾在多个场合曾公开强调,"'互联网+'是个趋势,加的是传统的各行各业"。在新媒体公司的"互联网+"战略中,有一个很重要的文化产业发展要素就是 IP。新兴媒体的代表之一——腾讯,在 2014 年的收入预计能达到 800 亿,这其中广告收入只占到了 10%,而长期以来在传统

---

① 高玉珏:《IP 剧:在断裂中绽放》,《视听界》2015 年第 11 期,第 31 页。

广电媒体收入中广告占到了90%左右。央视的《舌尖上的中国》第2季在热播过程中,由于对IP的重视程度不够,并没有进行相应的线下开发。而与此同时,天猫商城却同步首发每期节目中的食材和美食菜谱,赚取了巨大的浏览量和成交额。在新媒体时代,IP提供了一种新型的生产关系,它不仅可以理顺传统媒体内部融合发展的路径,而且还可以找到吸纳新媒体资源的切入点。

(四)受众层面:粉丝经济 稳定盈利

IP经济也称粉丝经济,其核心是通过粉丝来进行商业变现。IP转换的流程一般是先从火热文学作品当中挖掘出具有巨大粉丝量的IP,然后通过对文学作品改编,进入影视游戏等领域范畴,通过粉丝产生购买,继而获利。以国外较为成功的电影为例,《指环王》《哈利·波特》《暮光之城》等系列产品都是在开拍之前已经是爆红作品,粉丝量巨大,因此收获高票房便容易得多。而从目前来看,电影和游戏两项是IP转换运用最多的模式,变现容易,收益较高。

依当前的IP经济收益来看,一般情况下,IP经济所能带来的经济收益都比较稳定,很少出现失败的案例,而能否取得良好的IP收益,很重要的一个因素是IP改编能不能吸引到原有的粉丝,继而影响到无关的人群也参与到消费群体当中。因此,无论是改编影视还是游戏或者电商变现,改编成功与否是IP经济能否成功的前提。

与此同时,IP经济对于创业者来说也是一个很好的机会。具备一个拥有稳定粉丝量的成熟IP,更能吸引到众多投资人的目光,投资风险则相对较小。同时当前IP可以借助于互联网平台边融资边创业,以电影《十万个冷笑话》和《滚蛋吧肿瘤君》为例,两者都是缺乏拍摄资金,然后在众筹平台通过粉丝集资拍摄的电影。因此从某种意义上来说,众筹和IP经济有相似之处。另一种模式是最近出现的网红模式。顾名思义,通过网红自身作为IP运营,然后通过电商创业等手段收获经济利益,相比传统创业方式,难度更低也更容易成功。最后,IP经济可以帮助创业者通过互联网融资平台进行融资,以投融界为例,最近的凤姐创业项目通过投融界平台进行融资就是一个很好的例子,另外,通过IP融资的创业者能更容易在互联网融资平台上融到资金,因为其有相对可靠的收益,会给投资人更多信心。①

---

① 投资界:《投融界:IP经济是什么? 为何能大行其道?》,http://news.trjcn.com/detail_145547.html。

五、原创乏力 后劲不足:IP 热的冷思考

(一) 原创精神的削弱

时下,互联网公司纷纷进军影视行业进行资本运作,其重要原因是看重了影视 IP 开发背后所潜藏的经济价值和发展空间。具体来说,一方面,市场和大众对 IP 作品的狂热消费,不仅是粉丝文化想象的满足,也是观众集体情感黏性的爆发;另一方面,IP 本身具有资本高转换率,它一方面大大降低投资风险,另一方面可以短时间内完成资本套现,因此受到大多数金融投资者的青睐。由此可见,"IP"作为影视市场的"香饽饽",已经成为影视与资本之间有效的"转换器"。作为两者之间对话、交流、融合的一种重要形式,国产 IP 影视作品正是凭借它本身所具有的粉丝、人气、知名度优势,在市场力量的助力下,完成了资本层面的增值效应,屡屡创票房新高自在情理之中。

然而不容忽视的是,IP 电影投资热的背后实则遮掩了"原创力匮乏""市场后劲不足"的创作尴尬,《新华字典》、"俄罗斯方块"被注册改编的消息让观众大跌眼镜,颇有以 IP 开发之名行资本之实的味道。可以说,这种过度迎合观众的噱头式宣传,往往会导致创作者对产品内容和质量的忽视,而使电影本体沦为"在场的缺席者"。这种"重资本轻艺术"的创作理念,也就意味着无法从根本上激发市场的活力,更难讲可持续的发展,遑论成为经典。除却《狼图腾》《西游记之大圣归来》等少数可圈可点的良心之作,时下国内流行的总裁文、玛丽苏文、小妞版、小鲜肉版等都并非真正意义上的"IP",充其量为"空壳开发"式的概念炒作,与好莱坞电影中的美国队长、蜘蛛侠、蝙蝠侠等具有生命力的超级 IP 相去甚远。部分国产影视作品对资本的趋附性偏离了艺术本质属性的轨迹,抛弃了艺术品质和文化品格的诉求旨归,因此我们必须警惕这种想象,不要被当下的 IP 热遮蔽双眼,从而忽略了对于优质原创内容和高艺术品质的追求。

现阶段,虽然各大影视企业都在抢夺影视 IP 资源,但目前我国的 IP 影视作品还是停留在"新瓶装旧酒"的初级阶段,没有形成良好的产业链,对 IP 资源的开发更多地是一种"掠夺式"的开采。尽管走上银幕的 IP 影视作品数不胜数,但是大多数都只是借着粉丝经济这股热潮,赚一笔就走,做一锤子买卖。IP 转换的影视作品虽然很多,但票房优秀、口碑也不错的却少之又少。中国 IP 影视的市场短视化现象十分严重,缺乏精品意识。随着受众对 IP 电影、电视剧接触的更加深入,IP 电影、电视剧如果依旧是走量不走质,那么长久下去必将导致受众的审美疲劳与流逝。在国外,《超

人》《钢铁侠》《金刚狼》《魔戒》等强 IP 之所以在银幕上长盛不衰，与国外 IP 电影十年磨一剑的精品意识息息相关。比如电影《魔戒》导演杰克逊和其他编剧光剧本改编就花了整整三年时间。所以对于 IP 影视作品，中国的影视企业也更应该树立精品意识，兼顾商业性与艺术性，在电影的思想与内容上下功夫，回归电影内容为王的本质，多拍精品 IP 影视作品。

（二）意识形态的偏移

2016 年初，五部火爆网剧因举报被管理部门同时责令下线，引发广泛热议。这其中就包括由 IP 改编而来的《太子妃升职记》《盗墓笔记》。下线的理由是这些作品存在血腥暴力、色情粗俗、封建迷信等问题，其中两部将永久停播。

当下正值中国互联网发展的高速增长期，网剧呈井喷之势。数据显示，仅 2015 年前 9 个月，上线网剧就有 247 部，共计 3334 集，网剧点播量也持续攀升，热门网剧的点播量动辄上亿次。有人气，就有资本追捧，各视频网站和影视公司正在加大对网剧的布局；有资本，就不愁没人跟风，这也难怪有知名编剧放言"电视剧不好玩了，跟网剧玩耍去也"。[①]

由 IP 转换而来的剧目，内容多元化、有想象力、接地气，播出方式灵活、互动性强，契合年轻网友的观剧心态。但不得不承认，短期内爆发式增长的网剧中能称得上质量上乘的只是少数。与此对应，很多网剧吸引观众的一大"法宝"就是打擦边球、秀"下限"。从创作层面说，创作者放低姿态，去了解观众的所想所喜所乐，并没有错，但如果将放低姿态等同于迎合低俗、阴暗，则失去了文化产品应该坚守的核心品质。影视剧的"低俗化"倾向在传统媒体也屡见不鲜，但在更加"自由"的网剧中被进一步放大了：打着"草根"旗号粗制滥造，人物胡乱"穿越"，造型越"雷"越好，似乎不如此就不具"颠覆"意义；一切以娱乐、刺激为上，自贬自嘲也好，硬胳肢别人也好，以槽点换笑点，以"毒性"换点播量；尺度越来越大，暴力深度"挖潜"，恐怖悬疑到令人匪夷所思。这些都突破了人性和道德的下限。[②]

由此可见，在网剧中，意识形态偏移的情况令人担忧。无论是电视、电影还是互联网媒体，作为媒介都承担着弘扬核心价值观、传递正能量的历史使命。特别是互联网媒体，一味追求高点击量和高收入而陷入低俗化境地，无下限地迎合受众，将对青少年受众的成长产生极为不良的影响，甚至成为麻痹受众的"精神鸦片"。鉴于此，网剧更

---

①② 刘振：《秀"下限"，难免被"下线"》，《安徽日报》，2016 年 1 月 26 日。

加需要加强监管与审查。其实,欧美、日韩等文化娱乐发达国家都有一套管理审核制度。宽松、自由的创作环境是影视产业繁荣的基础,立法立规对内容和价值导向把关则是产业健康良性发展的保障。从国内网剧审查的现状来看,目前对网剧的管理恰恰不是太严太死,而是太宽松。眼下网剧主要由平台自查自审,既当运动员又当裁判员,网络平台的纠结可想而知。与其几部剧被下线就条件反射似的抱怨管理,不如反思网剧本身是否因为过度娱乐化、商业化而淡化了内容质量和文化价值。

(三)IP 产品的重复开发

IP 热引发了购买版权热,但单纯的购买囤积、贩售版权是无法将利益最大化,也无法满足市场需求的行为。对此现象阅文集团版权营销授权总监谢正瑛表示根据近两年 IP 改编风向来看,大量资金的涌入降低了 IP 开发商的准入门槛,无法很好地保障版权质量,因此应该构建一个良好的 IP 产业生态圈来改变这一现象。现在这个市场需要的是在购买版权之后能够合理地整合和配置资源,将版权拓展利益增值。正如阅文集团版权拓展高级总监王芸所说:"新的合作模式就是进行各方的联动合作,实现一个全产业链的开发。通过调动和合理分配资源,不但提高了 IP 价值,同时也全面提高了 IP 的价值服务。"①

为了追求利益最大化,对同一 IP 进行重复开发成为很多传媒公司的选择。例如《何以笙箫默》在拍成电视剧后,又很快拍成了电影。2016 年,《微微一笑很倾城》《翻译官》等热门 IP 同样采取影、剧同时开发的模式。

快速开发 IP 虽然可以自带话题,却也有可能造成透支性消费。而很多重复开发的 IP 也并没有得到观众的喜爱。比如电影版《何以笙箫默》因为有了电视剧版的比较和先入为主,被评为"2015 年度最失望电影",口碑和票房都远远没有达到预期。而在此情况下,在重复开发中投入的人力物力,可谓是极大的资源浪费。因此,同一 IP 的开发需兼顾其新产品的适度性与创新性,而非简单的本体或前例复制。

(四)优质 IP 的滥用

现阶段,很多电影人都乐观地认为,IP 电影自带粉丝,投资不大,规避风险,只要手中握有强 IP,便如拿了一手好牌,定能在电影市场中赚得盆满钵满。比如曾出版《诛仙》《盗墓笔记》《后宫甄嬛传》等小说的磨铁图书 CEO 沈浩波有段特别出名的语

---

① 泡泡网原创:《IP 乱象中的版权开发是否真的蓬勃发展》,http://www.pcpop.com/doc/JSU/18/184163.shtml。

录，"我跟别人谈判时，别人说，他有好导演好演员，我说我有好 IP；别人说，他有大数据，我说我有好 IP；别人说，他有互联网营销，我说我有好 IP。"①诚然，强 IP 是影视资源变现的良好筹码，但是因为影片市场定位不明或是市场调研不足等原因导致失败的 IP 电影也数不胜数。比如电影《中国好声音之为你转身》的惨败就是典型的例子。2013 年电视节目《中国好声音》可谓是风靡全国，电影《中国好声音之为你转身》也借着节目的火爆势头顺势而出，《中国好声音》总导演金磊曾经夸下海口：《中国好声音之为你转身》的票房能达到 20 亿元，超过《泰囧》。他单纯地认为，《中国好声音》的电视观众超 2 亿，如果每个看节目的人都去看这部电影，按电影票仅 10 块钱算，票房都将超过《泰囧》。然而，理想很丰满，现实却是异常骨感，这部本该在中国电影票房上大有作为的强 IP 电影，最终仅仅收获了约 175 万的票房。该片失败的原因是多方面的，无论是影片的受众定位，还是影片的内容安排抑或是影片的拍摄质量，《中国好声音之为你转身》都显得极不成熟，票房惨败在所难免。此外还有以《快乐男声》为 IP 的电影《我就是我》也同样遭遇了票房的滑铁卢。

同是以《鬼吹灯》为 IP 转换的电影，《九层妖塔》和《寻龙诀》所取得的成绩却大相径庭。《九层妖塔》虽然取得了 6 亿元的票房成绩，但是电影却几乎遭到了《鬼吹灯》粉丝的一致差评。IP 转换没有逻辑、故事情节雷人、看不懂、结局仓促等评论不绝于耳。而与之不同的是，《寻龙诀》上映之后，因精良的制作和合理的设计口碑一致看好，最终收获了 16 亿票房，不仅成为 2015 年度中国华语电影的票房亚军，还获得了一片叫好之声。

所以，我们应该清楚地认识到，尽管 IP 电影带有一定的粉丝资源优势，但 IP 并不是保证票房的灵丹妙药，影片定位不明，拍摄质量不佳，不合粉丝胃口，再强的 IP 也无济于事。在拥有优势 IP 的同时，投资方与制作方更应该认真思考如何将优质的 IP 转化为优质的作品，而不是将好的 IP 一味滥用。

结　语

2015 年，"IP"成为中国影视圈最热的名词。这个早已有之的概念，在媒体融合时代，焕发了新的生机和活力，成为产业高度关注，资本疯狂追逐的对象。不可否认，IP 转换给中国的影视及互联网行业带来了巨大深远的影响，催生出一系列高收视、好口碑的作品，探索并建立了 IP 转换的模式与产业链条。与此同时，IP 转换热的背后，也

---

① 　网易娱乐：《IP 电影热背后的冷思考》，http://ent.163.com/special/ipre/。

折射出了原创力不足、意识形态偏移、产品重复开发以及优质 IP 滥用等问题。无论是投资方还是制作方,必须正确认识并解决这些问题,努力打造一批思想精深、艺术精湛、制作精良的 IP 产品,弘扬核心价值观,传播正能量,推动我国文化事业更加繁荣发展。

〔冷　爽,中国传媒大学新闻传播学部讲师;

张　昱,作者单位:中国传媒大学新闻传播学部〕

媒体融合发展的新趋势

——以"双十一"晚会为例

◎ 孟　素

摘要：随着互联网和网络视频的发展，台网融合已经成为对全世界来说都非常重大的课题，同时也是个难题。如何发展好新媒体，顺利进入互联网新时代，是每个传统媒体，包括电视媒体，不得不去思考的问题。2015 年末的两台电商晚会，让人们发现电视媒体深度玩跨境的各种可能。本文从这两台颇具话题性的电商晚会说起，解析电视如何借互联网的东风玩好台网融合，并探讨未来的电视媒体如何在深入互动与社交、平台化与产品化、商业化以及整个产业整合上打造好电视媒体的新生态。

关键词："双十一"晚会；媒体融合；新趋势

现在提到"双十一"，你的第一反应会是什么？本身以"光棍节"打出名号的"双十一"，已经成为电商鏖战的天下。在各大电商的包围式营销下，在全民剁手的风潮中，似乎这一天不买点儿什么，人们总觉得心里不太踏实。

2009 年 11 月 11 日，当时阿里巴巴集团旗下仅 27 个商家以"光棍节"之名推出商品打折的活动，希望在销售淡季刺激出一些商机。转眼七年过去，没有迎来所谓的"七年之痒"，反而马云背后的女人们不惜剁手，又一次创造了消费的奇迹。让我们来看一组数据：18 秒 1 亿，72 秒 10 亿，开场仅 12 分 28 秒交易额突破 100 亿元……2015 年 11 月 11 日 24 时，北京水立方媒体大厅的大屏幕上最终把数字定格在了 92,217,017,615，迈过了 900 亿大关。据中国电子商务研究中心的监测数据显示，2015 年"双十一"全网总销售额首度超过千亿元人民币，除了天猫商城收获得盆满钵满以外，京东商城交易额也超百亿元。而这两家电商巨头也都在 2015 年"双十一"的战场上出了同样一张牌——与电视台合办晚会。

一、案例回顾："双十一"晚会深度玩跨境

2015 年 11 月 10 日，京东和阿里巴巴不约而同地推出了"双十一"晚会，这在之前的台网融合中可以说是绝无仅有的。深入玩跨境，这还是第一次。

(一)案例回顾:"双十一"晚会跨屏互动出新意

2015年11月10日晚8时30分,"天猫2015双十一狂欢夜"牵手湖南卫视,并与冯小刚导演合作,在北京奥体中心水立方上演。大牌导演加上实力平台,本身就赚足了眼球。晚会的规格堪比春晚,并被称为史上"最互联网的晚会"。出彩之处不仅是有众明星加入,而且芒果TV和湖南卫视同步直播,还联动起手机屏幕玩了一个内容参与度很高的跨屏互动。晚会把综艺内容、明星游戏和移动购物融合在一起,观众一边看电视一边参与互动,同时参与购买。

晚会的主体部分由两组明星带队进行分组游戏,观众可以通过手机淘宝和天猫APP"摇一摇"进入竞猜界面,并押宝游戏获胜方,如果押宝成功,就有机会通过"摇一摇"来获得"1元购"的商品和优惠商品信息,"1元购"商品从牛奶到汽车价值不断递增。此外,当观众欣赏明星的歌舞表演时,也可以根据屏幕提示摇一摇手机,购买明星同款服装或表演道具,同时获得天猫商家的折扣信息。整台晚会都围绕着"购物"的主题来展开,不仅奖品丰富,更重要的是,将"双十一"的购物概念和大量的商品信息呈现给观众,膨胀人们的消费欲望。

"天猫2015双十一狂欢夜"的大胆和可贵之处在于,第一次在大型晚会中把"互动"从一个伴随式的状态延伸到一个不可或缺的参与式状态,实时互动的竞猜方式把观众转变成直接消费者和利益既得者,观众能真正从互动中感受到乐趣。从收视率上看,第三方收视率监测公司酷云公布的湖南卫视"天猫双十一狂欢夜"市场占有率达28.3866%,占据全国同时段播出节目的榜首。

(二)京东:携央视抗衡

京东为了抗衡阿里,联合中央电视台打造出了"京东11·11'京'喜夜"大型竞歌晚会,并早于阿里"双十一"晚会半小时播出。晚会由灿星操刀,所以不管是从播出平台,还是从制作方来看,两家都拿出了实力。京东的晚会以"蒙面"竞歌的方式展开,互动上也出现了"摇一摇"。据说晚会现场还通过微信"摇一摇"的方式向观众派发红包和各大品牌送出的奖励。可以看出,京东在晚会上的互动还是背靠了腾讯这棵大树,新意上也差了一截。

对比这两台晚会,"天猫2015双十一狂欢夜"明显占据上风。一方面是从播出平台来看,央视虽然是实力平台,但湖南卫视的娱乐性本身比较强,打造这样的晚会更加得心应手。各个环节的设置,尤其是在广告植入的部分,更加接地气和平民化。另一方面，天猫晚会的多屏互动更为极致，更具有定制化的特点。看了天猫晚会的观众会发现，这台晚会设计的游戏环节，会把用户不断拉回手机淘宝或者天猫 APP。而电视机往往代表着家庭场景，家庭用户参与互动，在讨论中容易形成购买力。基于这种场景的定制化晚会，虽然互动的操作方式没有太大的变化，但整个直播现场的布置、主持人的引导、综艺化的游戏和中间穿插的小环节，都与天猫"双十一"的购物主题紧密相关。观众即是用户，真正做到了边看边买。

虽然京东"双十一"晚会造势上逊色，但基于这台晚会还是能一窥央视的动向。与电商联手推出消费类晚会，对中央电视台来说是第一次，也是个大胆的尝试。这背后反映了在新的经济社会环境和媒介环境下，作为国家级电视台的中央电视台，其发展理念和创新模式都更加值得期待。虽说"船大难掉头"，央视面临的传媒产业结构变革的任务艰巨，但在台网融合的进程上，央视还是让观众看到了惊喜。在 2016 年央视广告招标节目资源推介会上，央视首先"展示了一个以电视为核心，包括网站、客户端、手机 APP、跨屏互动、社交媒体在内的'传播生态圈'，宣告自己已成为全国最大的互动传播平台"①。央视国际网络有限公司董事长汪文斌介绍："'开放和互动'将成为 2016 年央视新媒体升级的主题；其次，央视新媒体模式将大力创新，2016 年央视要加大台网融合力度，举全台之力办网，建设开放平台，为央视所有频道、节目提供公共平台服务；再次，合作方式将升级，央视新媒体将和微博微信合作，建立两微平台，两微矩阵，同时跟移动、电信运营商进行合作，进行 4G、智能电视方面的传播，把央视最好的节目通过最强的渠道传播出去。"②

(三) "双十一"晚会，该如何评价

对于电商牵手电视办晚会，业界事实上是褒贬不一的。有人不看好，认为电视台如此大动干戈地打造"电视购物"晚会，是在放低身段，消耗情怀。也有人评价其更像是一台普通的跨年晚会，熟悉的主持人和熟悉的表演嘉宾，内容没有新意，互动创意也不足，只不过是把跨年晚会和春晚上的抽奖变成了"双十一"晚会的购物折扣而已，最多只能算是"新瓶装旧酒"。

而此前冯小刚导演在接受采访的时候曾透露马云靠"四个不"打动他操刀"双十一"晚会：传统经济对互联网的态度经过了"四个不"的历程——看不见，看不起，看不懂，跟不上。冯小刚说，他也有这种担心，如果老导演看不见新锐导演，领到面前又看

① 《双十一晚会背后，有一个怎样的央视？》，《广电独家》，2015 年 11 月 12 日。
② 李慧：《从"双十一"晚会看新环境下的央视转型》，《光明日报》，2015 年 11 月 11 日。

不起,结果新锐导演的片子卖了几十亿票房,又看不懂,然后就跟不上了。冯小刚最终执导天猫"双十一"晚会,称:"所以我要接这个创新的'双十一'晚会,互联网、手机、电视屏幕融合的晚会,拿着手机看的晚会,前所未见。"

电视的发展也是如此,在互联网的冲击下,"电视媒体何去何从"已是老生常谈的话题,台网融合的路子怎么走没有标准答案,在符合党和国家的大方针政策的前提下,任何尝试都难能可贵。更何况,电商跟综艺和视频融合的时代,正在汹涌到来。拿天猫"双十一"晚会来说,从1元一箱的牛奶到1元抢购的汽车,虽然只是把抽奖这种玩法用娱乐形式包装了一番,但产生的流量效应是巨大的。对阿里来说,布局电视入口,激活电视机前的用户资源,完善自身生态体系的目标将会促使它加强与电视台的合作;对电视台来说,则是学习互联网思维,提高观众黏度,运用强互动、自身技术平台和运营手段真正把"观众"变为"用户"。这将是对各方最有利的双赢甚至多赢。更通俗点来说,阿里搭了一个平台,搞了个大party,自己赚到了交易额,连带着来站台的人也都赚了,电视台赚了收视率,视频网站赚了关注度,赞助商也赚了品牌曝光度。更有趣的是,这样的两台晚会给电视带来了新玩法。从这个势头可以看出,从此互联网将会和电视文化娱乐领域联系得更加紧密。电商、电视合力打通小屏与大屏,将会进一步推动内容产业的创新式发展。

二、互联网牵手电视,到底怎么玩

除了两台"双十一"晚会,互联网巨头在2015年也有许多动作纷纷指向与电视台的合作,传统电视媒体已经成为互联网公司的兵家必争之地。2015年底,阿里巴巴集团董事局主席马云现身湖南卫视和芒果TV参观并洽谈合作。不久后湖南电视台主持人何炅又出任阿里音乐集团COO(首席内容官),据业内人士分析,何炅加盟阿里音乐之后,湖南卫视和阿里巴巴的战略合作会更加顺理成章。2015年12月,腾讯公司与浙江广电集团达成战略合作,称未来双方将在平台、广告宣传以及内容资源三个方面展开合作。"在平台方面,双方将分别依托自身在人才、技术和设备等方面的优势,在互联网运营以及网络平台建设等领域开展合作;在广告宣传方面,双方建立优先合作伙伴关系,依托各自的平台优势和宣传推广资源,共同提升双方在节目、品牌、营销等方面的影响力和竞争力,实现互惠共赢。"[1]马化腾还表示会继续大力推广"微信摇一摇"。可以看出,互联网公司正在加速从技术向内容靠拢,这对于以内容见长的传

---

[1] 《腾讯与浙江广电达成战略合作》,《腾讯新闻·事实派》,http://ent.qq.com/a/20151215/062565.htm。

统电视台来说，既是机遇，又是挑战。

（一）跨屏互动时代正在到来

说起"互动"，相较于互联网来说，互动一直是传统电视的短板。自媒介融合以来，不管是开通微博微信账号，还是自建新媒体平台，都是在补这个短板。在移动互联时代，人们开始习惯在手机上看电视、在手机上玩电视，手机对于视频传播的重要性已经不言而喻。而"摇电视"等应用产品的出现，赋予了传统电视可交互、可移动的功能，改变了观众收看电视的方式。目前，跨屏互动已经能够渗透到所有的节目类型。"我国电视媒体正在开启跨屏互动场景时代。"[1]中国传媒大学互联网信息研究院院长赵树清称："跨屏互动弥补了电视单向传播的短板，让电视具有可交互的双向传播功能。"

1.**"摇电视"兴起与发展**

提到跨屏互动，有一个绕不开的技术，就是"摇电视"。2015年的两台"双十一"晚会，都是依靠"摇一摇"这个技术达到互动的目的和效果的。"摇电视"打破了电视互动的技术壁垒，并区别于传统的前置和后置性的互动，改变了电视互动的单向循环系统。来自腾讯的数据显示：到2015年5月，摇电视上线的电视台超过60个，上线节目数超过110个，累计覆盖用户超过一亿（不含春晚当天），参与过摇电视互动的用户达1.8亿，相当于十个人当中就有一个人参与过。

腾讯旗下的微信"摇电视"功能扬名于2015年的央视春节晚会，"摇电视"让2015年春晚摇身一变，成为"最有钱""最年轻""参与度最高"的春晚。观众在观看春晚的同时，打开手机微信"摇一摇"，就可以抢红包、了解实时节目单、与节目互动。根据微信官方数据显示，羊年央视春晚期间，微信"摇一摇"抢红包环节的互动总量达110亿次，其峰值达到每分钟8.1亿次，红包总金额高达5亿。此后3月，微信团队宣布，微信"摇电视"平台开放注册，电视台和节目方可通过yao.weixin.qq.com提交接入申请。电视台和节目在上述网页提交资质、接入信号以及签订协议后，即可开通"摇电视"功能，从而与观众展开互动。其后只经过了短短一年的时间，微信"摇电视"就已经常态化，接入"摇电视"的上线节目越来越多，现在再看到哪个节目可以通过"摇一摇"来互动，早已不是什么新鲜事。2015年几乎所有收视居前列的综艺节目都运用了"摇电视"的功能来与观众互动，浙江卫视的《中国好声音4》和湖南卫视的《我是歌手4》都

---

[1] 中国传媒大学互联网信息研究院：《中国电视媒体跨屏互动融合创新趋势研究报告》。

携手途牛亿元旅游红包让用户参与互动,东方卫视的《女神新装》也可以通过"摇电视"参与抢礼包的活动。江苏卫视还专门开展"福荔到家"的活动,观众只要打开微信摇电视界面,预约两档江苏卫视的节目,参与摇奖,就有机会获得江苏卫视从产地寄出的一份新鲜荔枝大礼包。"摇一摇"让观众在观看节目的同时,玩得不亦乐乎,由"摇电视"带来的伴随式乐趣正在普及开来。

摇电视还不仅运用于娱乐综艺节目和电视剧,在2015全国"两会"的报道中,央视再次与微信合作。全国"两会"期间,观众通过手机微信"摇一摇",可以参与央视新闻频道的"两会"节目互动,《两会解码·群策群力》的互动页面可以第一时间为用户提供"两会"的最新信息,包括代表们、委员们的议案与提案,可以发表自己对国家大事的看法和意见,为自己所关注的热点话题点赞,还能与新闻评论员、主持人互动。央视的主持人曾在节目中称:"虽然在这儿摇不出红包,但是我们有很大的机会摇出共识,而共识是未来社会最大的红包,这是首次在'两会'报道中应用微信'摇一摇'功能,实现电视与手机端的24小时绑定与跨屏实时互动。"今天,"摇电视"带来的早已不仅仅是娱乐,还在更广泛的领域发挥着互动的作用。

2."摇电视"到底改变了什么

"摇电视"的发展时间虽然短暂,但从浅层次的技术互动到内容互动,其深入程度在不断增加。早在2014年6月,湖北卫视就在一档明星恋爱真人秀节目中使用微信"摇一摇"与观众互动,观众"摇一摇"进入互动页面回答问题,可以获得抽奖的机会。这种方式虽然通过跨屏互动来激发观众的参与意识,但从本质上来说,与早期的现场连线没有根本的区别。

长期以来,电视节目的单向播出习惯已经深深印刻在传统媒体人尤其是电视制作人的血液里,虽然媒体融合和台网联动的大旗已经摇了多年,但从实际情况上看,尤其是从很多城市台的经验来看,新媒体不管是从操作方式上,还是从体制上,都往往与传统媒体的运作是分割开来的。中国传媒大学新闻与传播学部学部长高晓虹教授在2015年第三届网络视听大会中曾指出传统媒体在面对媒体融合过程中的难点:从观念层面,不少传统媒体还无法真正贯彻互联网思维,在生产、传播、管理层面的想法仍然是单向的、闭合的;从制度层面,传统媒体旧有的管理制度难以与深化融合相适配,传统的分工和架构中,媒体资源难以整合,各渠道各平台之间各自为战,而传统的管理和考核体系也很难激活从业者的热情和动力。

在这样的困难面前,或许"摇电视"可以成为一个不错的催化剂。"摇电视"上线的电视台越来越多,涉及的节目数量和节目种类也都在增加。对很多城市台来说,跨屏互动的技术壁垒被打破,互动成本也比自己开发技术平台来说降低了不少。这种互动方式操作起来简单,而且普及度越来越高,或许可以拉近传统媒体与新媒体的距离,帮助传统媒体人加速形成互联网思维,加速部门小格局的突破,从而打造一体化的媒体生产队伍。当然,"摇电视"也必将改变电视节目的制作内容,从湖南卫视的"双十一"晚会已经能看到这个趋势,随着跨屏互动程度的深入,观众在手机屏幕上的操作也会成为节目内容的一部分,要纳入到电视导演编排节目的考虑范围。让用户参与节目,变"看电视"为"玩电视",增强用户的家庭互动和客厅体验,或许可以把观众重新拉回到电视屏幕前。除了改变电视节目内容和传统电视人的节目思维,"摇电视"也在影响着电视节目的推广和营销。从节目主体看,微信朋友圈的分享拓宽了电视节目的推广渠道,社交渠道的二次传播可以鼓励更多的人了解节目甚至收看节目;从广告商家来看,微信作为载体也可以使得广告商直接接触用户,甚至可以通过大数据的方法进行精准营销,从而更加精确地触达目标用户,最大化广告投放的效果。"摇电视"的出现应该能够启发更多的电视媒体以及与电视媒体有合作关系的各方来共同思考:如何把跨屏互动玩得深入,玩得有趣、有效又有价值。在未来,不仅仅基于微信平台,可能还会出现更多的社交电视应用和工具,来共同促进电视互动的发展。

(二)优质内容仍是核心竞争力

中国传媒大学互联网信息研究院赵树清院长在 2015 年"TV+电视融合发展新生态高峰论坛"中,有一段关于优质视频产品的看法:"优质的内容加上好的玩法等于优质产品。我们光有好内容,但是跟用户距离太远,你的内容传播价值只会去贡献给互联网。"

优质的视频内容,配合优质的互动法则,才是最核心的竞争力。其实互联网早就明白了这个道理,或者说,互联网一直在实践这样一个法则。直到今天,互联网视频网站仍在购买节目版权上不惜投入越来越多的资金,并在玩法和推广上不遗余力。根据《2015 腾讯娱乐白皮书》发布的数据来看,电视剧《武媚娘传奇》《花千骨》《伪装者》《琅琊榜》《芈月传》等,不断创造收视与点击的新纪录,为腾讯视频贡献了大量点击和流量。① 优质内容始终是用户追随的对象,不同于电视收看的是,视频网站为这些优质内容打造了多种多样的玩法,让用户能够深度卷入所追随的节目内容中:聊弹幕、深

---

① 《2015 腾讯娱乐白皮书》,《腾讯娱乐》,http://ent.qq.com/zt2015/guiquan/2015bpsindex.htm。

度解读、精华短评,甚至能够方便地进入相应内容的社区频道,观看衍生内容并参与网友间的互动。正是尝到了优质内容的甜头,视频网站也开始花大力气做自制节目,与以往的小成本小制作不同,网站自制内容越来越向着大制作的方向发展。2015年6月,腾讯视频联合东方卫视推出的生活实验真人秀节目《我们15个》正是一个基于互联网基因打造的节目。《我们15个》在互联网上进行24小时直播,每天30分钟的日播版则在东方卫视播出。在玩法上,观众可以自行操作360度全景镜头观看节目,给喜欢的选手加油,能部分决定选手的去留,还有节目专属APP提供多样化的互动玩法。

而电视台向来以内容见长,互联网视频的介入使得原本就激烈的竞争更加白热化。东方卫视2015年在综艺娱乐方面持续发力,综艺节目《极限挑战》《笑傲江湖第2季》《欢乐喜剧人》等节目收获很好的收视和口碑,央视《了不起的挑战》也能顺应潮流接了一把地气,在B站刷出了人气。浙江卫视的《中国好声音第4季》也凭借其强冲突、强话题和独特的互联网营销再次取得成功。所以无论是网络视频还是传统电视,要想获得核心竞争力,都必须以独有的好内容为基础,有过硬的内容,才能在媒体竞争和合作中有谈判的资本。具有优质资源的传统电视媒体已经不能满足其内容提供方的身份,开始自建新媒体平台并打造自己的媒体生态,探索出独有的媒体融合模式。

(三)城市台的媒体融合之路

之前提到优质内容加好的玩法才能形成好的产品。在台网融合的时代,必须要用产品的观念去评价一个媒体的优势和价值。不同于中央级电视媒体和实力省级卫视的是,很多城市台不管是从资源、财力,还是人才上,都无法把大量的人力物力财力投入到互动产品中去。很多节目通过嫁接摇一摇、扫一扫来提升所谓的节目互动价值。

近年来,一些城市台的媒体单位避开了大制作、大成本和成立相应的视频网站的路子,转而建立自主的技术平台,并与本身的城市台内容有机整合,开发媒体衍生产品——以城市服务为主的服务性产品。其中最具代表性的就是"无线苏州"的区域性全媒体创新,由苏州广播电视台研发并运营的"无线苏州"APP,立足服务定位,深度整合电视新闻和城市资讯,围绕交通、医疗、教育、快递、公共服务、消费等领域展开各种便民利民的城市服务业务。"无线苏州"本着"六〇后做战略,七〇后做规划,八〇后做创新,九〇后做产品"的用人原则使得苏州广电成功升级为"新型城市公共服务传播体"。

青岛市广播电视台也打造了具有传播创新产品特色的"爱青岛"融媒体平台,囊括了青岛旅游、青岛美食、青岛生活、青岛车友和青岛购物等各方面的城市资讯和服务,在当地广受好评。此外,"爱青岛"推出的新媒体电视除了提供传统的高标清电视节目,还提供丰富的正版影视剧、综艺、体育、教育等互联网资源,并开发多样家居生活服务和教育、医疗、通信等在线便民应用服务。福建省厦门广播电视集团也立足于新型城市公共服务,推出了"看厦门"APP 移动客户端。"看厦门"以厦门本地新闻资讯和服务信息为基础,致力于打造厦门新闻资讯平台和市民生活服务平台。不仅如此,厦门广播电视集团还立足于全媒体汇聚融合生产平台全局,进行有针对性的广播电视媒体融合技术平台建设,大力支持新媒体内容集成播控和运营平台的建设。

从近年来成功的城市台台网融合经验来看,城市台的新媒体发展需要也必然区别于中央级媒体和实力省级卫视。城市媒体自建平台,走城市资讯和公共服务相融合的道路,可复制性较强,成功的几率较大,而且能够帮助传统媒体尽快地树立平台思维和用户思维。在这两种思维的引导下,电视媒体从单一的资讯供给转变为创意、生产、传播、营销和消费的媒体循环生态,媒体的价值也会在这个过程中不断放大。

三、台网融合未来趋势

台网融合是全国乃至全世界传统媒体都在探索的命题。从中央级媒体到城市台,不同的媒体境况需要结合自身的媒体条件和地域适应性探索因地制宜的台网融合之路。但总体来说,传统媒体发展自己的互联网媒体生态,一定绕不开互动和社交的深入、建立平台化和产品化的思维、正确面对商业化,并积极促进产业整合,打造好电视媒体的新生态。

（一）深入互动与社交

在未来,跨屏互动会持续深入,并结合社交平台聚拢用户资源。

2015 年,北京电视台生活频道开通全频道、全时段的双屏互动平台,观众通过微信跟生活频道实现多层次的全面互动,这也是北京地区首个推出全时段双屏互动的电视频道。[①] 除了北京台扩大了互动节目的范围,近年来在互动方式上,还出现了其他的电视互动应用,比如"媒体桥"。它可以在电视直播节目中将观众和手机用户通过微信公众平台服务号聚集到某个栏目或者频道的微信账户上,用户可以通过微信边看直播节目边聊天吐槽,或者围观该专有朋友圈的各种互动交流。"媒体桥"通过集成

---

① 金力维:《BTV 生活频道全天摇奖 100 次》,《北京晚报》,2015 年 7 月 22 日。

第三方微博微信入口连接平台完成电视跨屏互动,避免了观众和广告等资源流失的问题,从传统媒体本身的角度来达到互动的增值。在场景交互方面,2015 年央视的3·15晚会提供虚拟坐席供观众互动,把虚拟的观众请到晚会现场,虚拟观众通过向"CCTV3·15"晚会公众微信号回复"发言",可以获得互动链接地址,参与现场互动,现场投诉或者发表维权观点。其实早在世界杯的时候,央视体育频道就采用了这种互动方式。在未来,这样的应用和互动方式会更多,并且会有更大的空间。

电视屏幕的操作空间有限,但观众观看节目的同时需要参与节目,与亲朋好友交流、与网友交流,甚至需要和电视节目的内容产生某种交流,这就需要电视节目不断开拓更加便捷的途径来满足用户的这种需求。随着社交媒体和公众平台的发展,电视媒体搭着互联网的顺风车不断探索与用户互动的新途径。在跨屏互动环境的影响下,聪明的传统媒体会通过各种互动载体将用户聚拢起来,甚至推动用户在社交媒体进行节目的二次推广。CSM 媒介研究 2014 年十二城市①基础研究数据描摹了社交电视受众的概况及其媒介行为特征。根据十二城市数据,在所有受众中,通过社交平台对收看过的电视节目发表看法的受众比例不足 7%。这恰恰说明,电视节目在互动的深入性和社交话题的打造上仍有巨大的空间。未来,电视媒体的方向不仅是要普及电视节目的跨屏互动,更要通过强互动、强代入,联合互联网打造社交媒体的适配性。用互动吸引用户,用社会化媒体聚拢用户,打造电视媒体的用户运营体系。

(二)平台化与产品化

原来,电视媒体最本职的工作就是做好节目,这意味着好节目就是好产品,播出平台就是最大的平台核心和首位。而湖南卫视宣布从 2014 年 5 月份开始正式推出芒果TV 独播战略,并将致力于打造属于自己的互联网视频播放平台——芒果 TV 全平台,不再将频道制作的节目转播权售卖给其他新媒体视频网站。"独播"策略一出,众说纷纭。有人看好,但更多是唱衰。而经历了短短一年多的时间,在 2015 年第三届中国网络视听大会上,湖南广播电视台党委书记、台长吕焕斌在演讲中介绍,目前芒果 TV已启动了 B 轮融资,有超过 60 家机构申报,总计超过 200 亿资金认购,预计投前估值将超 120 亿。独播一年多来,包括 PC 端、移动端和 OTT 在内,芒果 TV 已实现全平台日均活跃用户超过 3500 万,日点击量峰值突破 1.37 亿;移动端以每月 10%、日均新增30.3 万人的增速,累计下载量突破了 2 亿次。吕焕斌称,芒果 TV 的成长速度比较快,

① 十二城市:沈阳、北京、天津、南京、上海、广州、深圳、武汉、长沙、西安、成都、重庆。

比如累积 1 亿用户的时间，比微信少用了 103 天。

湖南的台网融合取得这样的好成绩，一直离不开新产品与新平台的建设和维护。根据 2016 年初召开的湖南省委全面深化改革领导小组第十五次会议内容，2016 年湖南将继续推动传统媒体和新兴媒体融合发展，大力发展"时刻"新闻、"新湖南"、芒果TV 和各文化企业特色多样的"两微一端"（"新湖南"和"时刻"是在 2015 年上线的新媒体平台）。湖南广电凭着"平台化""引擎化"和"资本化"的战略走到了传统媒体发展的前列。现在对电视来说，如果想实现盈利模式，实现品牌的长足发展，再也不是做好节目就万事大吉了，还需要自主的技术平台建立和内容的有机融合，形成百姓真正需要的媒体产品和媒体衍生产品。

如果没有建立独立的平台，没有拿得出手的产品，观众就永远是观众，无法跟传播主体直接发生关系。而台网融合的思维是要把观众变成用户，想要跟用户对话，与他们沟通，就必须搭建能够直接对话的平台。现在几乎所有进行互联网媒体改革的电视媒体都在做的事情，就是围绕加强内容生产、拓展渠道、提升产品和服务，来推进电视媒体的互联网化转型。从目前一些成功转型的案例来看，唯有做出好产品，建立有口碑的平台，才真正有机会赢得用户。

（三）商业化

2015 年两台"双十一"晚会遭到部分行业人士的诟病，有一个重要原因是担心电视媒体过度牵手电商是在为他人做嫁衣，不管是从品牌曝光度，还是从经济利益的角度看，电商都是最大的获益者。在晚会前，T2O（TV to Online）模式其实已经引发大量用户关注，但实际上发展有限。2015 年电视剧《何以笙箫默》试水 T2O 模式，观众只要用天猫商城 APP 扫描电视屏幕上的东方卫视台标就能购买剧中商品，实现"边看边买"。这是我国电视剧首次尝试 T2O 模式，后来电视剧《虎妈猫爸》等也效仿。这类电视剧因为和电商平台紧密联系、深度融合，被业内称为"电商剧"，颇受关注。

但从实际情况来看，T2O 模式并没有产生规模效应，本来尝试打"粉丝经济"的概念似乎也没能让粉丝买账。可以说，随着电视互动的深入，T2O 是无法避开的模式。但目前，我国 T2O 模式的发展却也实实在在地碰到很多问题。我国观众消费"正版"商品的习惯尚未建立，很多电视互动只要涉及商业产品还是停留在赠送购物券的初级阶段。此外，我国电视 T2O 模式的利益分成尚无惯例参考，电视台、节目制作方、电商平台和品牌商家在这个模式中的地位往往是不对等的，难以激发各方的合作积极性。

尽管这种模式目前还存在很多问题，但可以肯定的是，随着台网融合的发展和互联网思维的影响,电视媒体的商业化进程不会被打破。CTR 副总裁田涛曾预测,虽然电视媒体依然有广告体量的优势,但互联网广告的发展会更为强势,并且移动端会成为增长的主力军。这意味着电视媒体要在互动广告上更加下功夫。以前,商家为了争夺电视用户,费尽心思在电视广告上做文章。现在,随着互联网阵地的拓展,品牌商家会有更大的用武之地,像电商晚会这样的大众化营销和垂直领域精准化营销的发展必将提高我国 T2O 模式的消费转化率。未来,电视台的角色不仅仅要作为播出平台,还要承担更多的角色,还要积极去掌握 O 端的变现端。例如旅游卫视推出的年假 APP,建设自己的年假旅游产品的网络销售平台,目前销量不俗。未来电视媒体还可以主导实践多种形式的 T2O 模式,打造 T2O 新的生态圈,从增加频道黏性的单一诉求转向内容运营、融合机制和产业经营等方面的生态布局。

(四) 产业整合,打造电视媒体新生态

产业整合是未来视频行业发展的方向。电视台、制作公司、互联网联合成立新的内容生产企业,才可能有未来的市场。① 电视行业要想在未来取得更多的主动性,就必须通过加速产业整合,塑造品牌群落,打造电视媒体新生态。而互联网生态媒体是电视媒体融合发展的未来大趋势。中国传媒大学互联网信息研究院赵树清院长对互联网生态传媒作出这样的解读:互联网生态传媒就是以互联网为基础架构,强化用户体验为王的互联网思维,强化跨屏互动、多屏互动的融合发展逻辑,形成超级 IP,就是知识产权加超级粉丝加全产业链可持续发展的平台。还特别强调超级 IP 中间是超级粉丝、全产业链,未来就是得用户得天下,掌握手机掌握未来。

而从生态环境的角度看,广电媒体的大环境其实是落后的。客观上,电视的开机率在下降,很多电视从业者感受到危机并纷纷跳槽网络媒体寻求更好的发展。从产业上来说,电视媒体的产业链单一,无法形成闭合的生态圈。多年来的体制形成传统媒体和新媒体"身在一处,心不在一处"的状态,有人用"高傲的电视,沉睡的巨人"来形容电视的媒体生态,要想唤醒沉睡的巨人,就必须要勇敢地改革。电视原来所依靠的品牌和情怀、陪伴和寄托,需要通过新的方式来呈现。然而在很长一段时间里,电视人走向了一个误区。首先,人为割裂了电视和新媒体,广电新媒体能做的似乎只有网络电视台、OTT、手机电视。其次,陷入视频网站模式,去做另一个优酷、乐视或者是 Facebook。这种做法无非是做传统媒体的搬运工,不仅没有做到媒体内容的升值,反

① 尹鸿:《互联网+时代,需要什么样的电视?》,《收视中国》,2015 年 11 月 23 日。

而有浪费人力物力的嫌疑。

广电媒体要做的,是通过产业改革来塑造新的媒体生态。这种改革,在未来可能要从更大的范围去看,而不只是局限于某一个地区、某一家媒体。有人提出可以让一千家县级台成为一张网,打造专业联盟生态。不管这个愿景能不能实现,可以肯定的是,想要让用户留存下来,通过产业整合来让用户享有更好的媒体服务和社区服务,是电视进化的重要出路。电视的未来不仅仅在客厅,而在更广阔的地方,台网融合最终要达到的是台网一体、台网共存。广电媒体的产业整合,要把电脑屏幕、手机屏幕和电视屏幕以及用户的眼睛所到之处,都考虑进来。如何将电视的通道和其他渠道打通,建立起智能化的交互场景,使得电视不仅仅具有观看和陪伴的功能,更重要的是拥有沉淀用户和留住粉丝的能力,这是未来我们产业整合的发力所在。智慧广电、数字广电、泛广电和大广电集团将是我们的目标。

而产业整合,离不开体制创新。有人曾这样形象地比喻互联网的新媒体企业:光脚的不怕穿鞋的。电视台长期处于体制内的发展,就是穿了这么多年的鞋子,改变起来当然会有更多的顾虑。要想做到体制创新,就必须改革组织结构。在成立大传媒集团的前提下,节目的内容制作、审查和播出,以及版权营销、广告业务公司化运营,要在人才队伍和经营管理上互联网化。在这样的发展背景下,再去看电视台的 IPTV 业务、网络电视台业务,以及某些拥有互联网电视牌照的电视台如何发展 OTT 业务,就会有更清晰的认识。即:所有这些所谓的新媒体业务,都要服务于整个电视台的改造与升级。① 我们相信,所有的电视媒体人,都期待看到我们的台网融合真正达到平台融合、用户融合、品牌融合、观念融合,甚至机构融合、资本融合。

〔孟　素,作者单位:中国传媒大学新闻传播学部〕

---

① 曾会明:《台网融合,跟谁融合,怎么融合?》,《中广互联》,2014 年 8 月 5 日,见 http://www.tvoao.com/a/168682.aspx。

网络视频商业模式的新变革

——以网剧《盗墓笔记》《蜀山战纪》为例

◎ 马　铨

摘要: 从 UGC(User Generated Content,用户生产内容) 时代自娱自乐的草根文化到 PGC(Professionally Generated Content,专业生产内容) 时代市场追捧的大众文化,从粗糙低俗的短剧到高端大气的长剧,网络剧经过十年的发展,终于完成华丽的蜕变。2015 年是"超级"网剧元年,"超级"网剧成为网络视频行业火爆的文化现象。作为年度现象级的"超级"网剧,《盗墓笔记》与《蜀山战纪》无论是开启付费模式,还是反哺传统电视,都标志性地改变了网络剧市场的传统商业模式。尽管赚钱还不是网络剧的"新常态",但网络剧在产业链的布局上,已经走在了传统电视剧之前。影视公司亏钱也要拍,其实是瞄准了其对青年文化的"圈地"效应。①一年 355 部作品上线,单集成本普遍超过百万,点击量最高达 30 亿次。作为互联网生态圈中的重要一环,各大视频网站纷纷瞄准一个共同的目标——付费模式。广告早已不能负担持续增长的各项成本,视频网站终于借助版权和自制的十足底气,打响了网络剧付费模式的第一枪,正式开启了付费时代。本文力求以《盗墓笔记》和《蜀山战纪》这两部年度经典超级网剧作为具体案例,在深入分析《盗墓笔记》和《蜀山战纪》这两种成功模式的基础上,较为全面地回顾了中国网络剧的发展历程,网络剧商业模式的变革,以及诱发这场变革的政策、经济、社会、技术等各种综合因素。

关键词: 网络剧;超级网剧;商业模式;《盗墓笔记》;《蜀山战纪》;VIP 付费;先网后台

2015 年,网络剧在成本和数量上呈现出井喷式增长,全年产量约 355 部,且制作费高企的精品剧逐渐取代了以《万万没想到》《屌丝男士》为代表的昔日网剧宠儿段子剧。爱奇艺的超级网剧《盗墓笔记》单集成本已达 500 万元,成为行业标杆。与此同时,各大视频网站也纷纷做出战略调整。播放量的 10 亿俱乐部也在迅速扩容,10 亿

---

① 张祯希:《网络剧步入"大剧时代"?》,《文汇报》,2016 年 1 月 7 日 第 1 版。

的播放量,无论是对纯网剧还是台网融合剧来说,都是一个里程碑式的标志。纯网剧《盗墓笔记》打破了曾经段子剧统治网剧圈的局面,丰富了网络剧的类型,开启了付费模式;台网融合剧《蜀山战纪》创造了台网融合的新模式"先网后台"。可以预计,2016年还会有更多不同的播出模式出现。超级网剧井喷的背后,是更多的传统型资深专业影视公司加入了网络剧制作的行列。同时,视频网站也加大了投入力度,在未来,单集投入成本依然会有所上升。

不仅仅是《盗墓笔记》和《蜀山战纪》,2015 年,各大视频网站也涌现出了《心理罪》《暗黑者》《无心法师》等一批成功的网络剧,其中不乏《盗墓笔记》这样由超级 IP 转化的超级网剧。正是在这种类型拓展和流量暴增的双重刺激下,大投资、多类型的网剧在 2015 年呈爆发式增长,据骨朵数据显示,10 亿级超级网剧来自 3 家平台公司:爱奇艺(《盗墓笔记》)、搜狐视频(《无心法师》)、腾讯视频(《暗黑者》)。相比较而言,三家平台各有优势,但爱奇艺的剧集品质优势更为明显,话题性更强,可谓流量和话题齐飞。仅仅两三年前还不入流的网络剧缘何能在 2015 年突飞猛进,并且大有反哺电视台之势?我们有必要对网络剧的发展及其商业模式的变化加以重新梳理和分析。

一、案例回顾:超级网剧《盗墓笔记》《蜀山战纪》创新商业模式

(一)《盗墓笔记》成为超级网剧时代的里程碑

在 2015 年网络剧点击量"10 亿俱乐部"里,《盗墓笔记》30 亿的播放量令人惊叹不已,其他网络剧均难以望其项背。站在时代的关口,我们在赞叹《盗墓笔记》选角之大手笔、投资之巨,感慨其场景之拙劣、拍摄水准之低端的同时,也有必要重新回顾其登峰之路。

1.选择暑期档

关于档期选择,我们首先要准确定位网络剧的主要受众人群——年轻人。无疑,网络剧在当下就是拍给年轻人看的,他们就喜欢时尚、帅气的李易峰与杨洋,而年轻人又主要是由学生构成,即"中学生+大学生"的受众组合,暑期是他们最空闲的时段,选择在这个时间进场,自然再好不过。而且,网络平台无须考虑这一目标受众群体的暑期流动性——即便在世界各地,只要有网络,就能看网剧,在这一点上,网剧选择暑期档要比电影、演出、电视等文化形态更具针对性。

2.付费优先看

从 2015 年 7 月 3 日起,《盗墓笔记》采取差异化收看模式,付费用户可以提前看到全集内容,而普通用户每周仅可观看一集。此举让爱奇艺 VIP 会员增速环比增长了100%,也让互联网视频付费这个冷门话题再次进入公众视野,网络剧付费模式正式开启。

3.投资大手笔

互联网企业经常讲"战略性亏损",《盗墓笔记》之于爱奇艺,大概就是这么一个逻辑。单纯从买剧的成本支出上来看,商业成本的确难以平衡。但凭借一部投资高达6000 万的《盗墓笔记》,爱奇艺就彻底颠覆了优酷土豆和搜狐苦心经营两年多的段子剧优势,并且将自己的付费用户基数扩大了数倍,其手段之独到,不可谓不高明。

4.品质遭诟病

与商业上的巨大成功相对应的是,《盗墓笔记》在网络上掀起了堪比春晚的吐槽狂欢,对剧情改编、"五毛"特效以及人物设定等的吐槽声已然溢出屏幕:"我要把编剧交给国家""原著迷还真剧透不了""这明明是《护宝日记》"。"粗制滥造"是不少业内人士和网友对于《盗墓笔记》的评价。实现了商业模式上的成功,但内容制作方面却是失败的,商业模式试水成功后应该怎么办?在吐槽以外,我们或许还能从对《盗墓笔记》的剖析中看到更多的价值。

(二)《蜀山战纪》成为台网关系剧变的分水岭

2015 年爱奇艺独播的超级网剧《蜀山战纪》,于 2016 年 1 月 16 日在安徽卫视上星播出,这不算什么新闻,但引人关注的是《蜀山战纪》会更名为《剑侠传奇》。那么,《蜀山战纪》的电视剧版和网络版会有很大的区别吗?该剧制片人刘小枫介绍,其实该剧最早开机时就叫《蜀山战纪之剑侠传奇》,爱奇艺提出网络先播的建议之后,嫌名字太长,网络版就改为《蜀山战纪》,而卫视版则称《蜀山战纪之剑侠传奇》以示区别。卫视版将通过剪辑节奏的变化、色彩的调配、故事走向和结局的不同,努力让观众回到电视机前看卫视的版本。由此看来,改名是为了吸引一部分电视观众的回归,从剧集整体的内容来看,并不会有太大的区别和改变。但是《蜀山战纪》先于卫视 4 个月在爱奇艺 VIP 频道网络首播,创造的"先网后台"模式,却成为 2015 年影视圈热议的一件大事,被认为是台网关系发生剧变的标志性事件。

1.成就先网后台

《蜀山战纪》于 2015 年 9 月 22 日分成六季在爱奇艺全网独播,每月 22 日一次性上线一季。2016 年 1 月 16 日安徽卫视寒假黄金档日播,2016 年 1 月 26 日江西卫视 1.5 轮跟播,此举打破了长久以来的台网联动和视频网站的跟播模式。

2.拉动付费会员

爱奇艺把《蜀山战纪》分成六季,从 2015 年 9 月起每月上线一季,2016 年 2 月全部上线。这意味着,若想在爱奇艺上看完《蜀山战纪》,至少要购买半年会员,费用 108 元。截至目前,《蜀山战纪》平均每集点击量 1800 多万,假使每 5 次点击使用一个爱奇艺会员账号,也有 365 万会员观看了此剧。爱奇艺会员数破 1000 万,《蜀山战纪》起到了明显的拉动作用。

3.模式创新成功

2016 年 2 月 14 日,仙侠 IP 巨制《蜀山战纪之剑侠传奇》在安徽卫视完美收官。该剧在春节期间,收视表现依旧亮眼,持续霸屏,安徽卫视收视率频频跻身三甲。截至大结局,安徽卫视《蜀山战纪之剑侠传奇》CSM35 城平均收视率达 1.053%,CSM52 城平均收视率达到 0.976%,实现口碑与收视的大满贯。值得一提的是,作为一部开启网台联动新模式的大剧,《蜀山战纪》在爱奇艺全网播放量已累计突破 20 亿,网络、电视双双走高,印证了此次网台联动模式创新的成功。

4.品牌管理变难

《蜀山战纪》的"先网后台"模式也给版权方的品牌管理和运营增加了难度。据介绍,原创 IP《蜀山战纪》最早做了三部的规划,《剑侠传奇》是第一部。而"先网后台"的模式是在第一部拍摄过半的时候由爱奇艺提出的。最早是希望通过类似《蜀山战纪之剑侠传奇》这样的系列作品给大众形成一定的品牌认知,并用 5—6 年的时间通过三部剧集来强化"蜀山"的 IP 品牌。而"先网后台"方式客观上对原计划造成一定的影响,为了凸显网络版本和卫视版本的区别,网络版叫《蜀山战纪》,卫视版叫《剑侠传奇》,有时也被叫做《蜀山战纪之剑侠传奇》,这也是为了两者之间既有融合又有区别,但是客观上观众还是对二者的区别和联系分辨不清。如果想再通过第二部、第三部的推出和运营,让观众在心目中逐步强化"蜀山"的 IP 品牌,尚需要时间的积累。

不管目前还存在哪些问题和争议,《盗墓笔记》和《蜀山战纪》都毋庸置疑地为中国网络剧的发展探索出了新的模式和方向,爱奇艺及业内人士已经把 2015 年的超级网剧分为"盗墓模式"和"蜀山模式",我们也将通过对这两种模式的分析,回顾中国网络剧的兴起、沿革和发展,认识超级网剧付费时代到来的大势所趋和商业模式的变革,并对网络剧行业的未来发展做出展望。

二、2015 年度超级网剧经典案例模式分析

(一)《盗墓笔记》模式

《盗墓笔记》是 2014 年由欢瑞世纪影视传媒股份有限公司、南京大道行知文化传媒有限公司、杭州南派投资管理有限公司、光线传媒有限公司、尚众影视传播(北京)有限公司、爱奇艺共同出品的一部季播网络剧,改编自南派三叔所著的同名小说,由郑保瑞和罗永昌联合导演,李易峰、唐嫣、杨洋、刘天佐、张智尧、魏巍等主演。该剧主要讲述了五个主要角色进入古墓探险的故事。

1.超级 IP 打造超级网剧

(1)史无前例的巨制季播剧

《盗墓笔记》采用的是季播形式,单季投资 6000 万,第一季拍摄 12 集。《盗墓笔记》已经成为 2015 年度最受关注的超级网剧。每集投入达 500 万元,于 2015 年 6 月 12 日爱奇艺独家纯网首播。无论是其投资力度还是播出方式,都是一次颠覆国内网络剧产业链生态的创新之举。

(2)万众期盼的超级 IP 转化

南派三叔创作的小说《盗墓笔记》系列自 2006 年开始网络连载,2007 年 1 月首部正式出版以来,已经连续出版了 8 部(共计 9 本)图书,积累了超高人气。百度贴吧里关于原著的各种探讨帖及分析帖多达 5500 万条,长期位于小说类贴吧的首位,在国内拥有千万拥趸。在类型上,盗墓相关题材、悬疑探险类型的影视和小说作品一直受到网民的喜爱,而南派三叔本人的号召力也可谓一呼百应。以上种种因素叠加,使得《盗墓笔记》成为中国首部超级网剧,在很长一段时间内都无法被超越。超高的网络人气和万众期盼的受众心理已经为其成功奠定了坚实的基础。

(3)引爆热议的超强话题性

《盗墓笔记》一经上线就因"5 毛钱特技"和"悬疑变喜剧"而备受网友诟病。先导集中槽点最为密集的"将牛头献给国家",虽然只是为了通过审查而对原著进行改编的必要手段,但也迅速成为热门网络用语。而这些争议却丝毫没有降低优质 IP 的变

现能力。

出品方欢瑞世纪董事长陈援表示，《盗墓笔记》力图最真实地展现原著小说中气势恢宏的场景，带给观众前所未有的视觉盛宴。《盗墓笔记》全部采用电影制作班底，第一季由执导过 3D 版《大闹天宫》并取得超过 10 亿票房的香港导演郑保瑞担当监制兼导演，而另一位联合导演由香港新锐导演罗永昌担当。场景还原、特技特效、道具制作、剧本创作，制片方都力求贴合原著，打造华语顶级制作班底。尽管特效依旧成为本剧最大的诟病，但这却是目前国内特效制作实力的实际水平所限。

从另一个角度来说，在国内影视版权价格越来越贵、卫视独播战略大行其道的局面下，大力发展自制内容成为各家视频网站的必然选择。而《盗墓笔记》为网络剧市场的形成奠定了坚实的基础。截至 2015 年底，《盗墓笔记》不仅为播放平台带来了 30 亿次的点击量，以及超高的社会讨论度，而且在本剧播出之后，淘宝关于《盗墓笔记》小说的搜索，增量达 266%，剧播之后有很大一部分受众回流到原著上，将整个 IP 的价值扩大化。

2.强势开启网络剧付费模式

《盗墓笔记》对于付费的尝试显然达到了意想不到的效果，在会员付费模式的探索中取得了里程碑式的进步，发展速度和规模远远超出人们的预期，甚至也超出了爱奇艺自己的预估，在短暂的措手不及和欣喜若狂之后，所有视频网站、整个视频行业都更加坚信付费时代已经来临了。

《盗墓笔记》是由爱奇艺独播的纯网剧，自 2015 年 6 月 12 日首播开始，每周五晚20:00 更新一集，爱奇艺会员 7 月 3 日可在线观看全集，并且只有付费开通爱奇艺会员才能一口气看完全集。

6 月 12 日正式开播至 6 月 15 日期间，爱奇艺付费用户数量达 501.7 万，同比增长765%。甚至由于申请开通会员的人数过多，一度导致服务器宕机。爱奇艺相关负责人透露，从 7 月 3 日晚《盗墓笔记》全集上线开始，爱奇艺会员便呈现井喷式增长，截至 7 月 10 日，爱奇艺新增付费会员始终在高速增长。优质 IP 内容对视频会员业务的推动甚至对全行业发展模式的积极意义已经得到初步验证。

《盗墓笔记》掀起的付费狂潮同时宣告着视频内容正版时代的正式到来。尽管《盗墓笔记》的内容质量并没有达到粉丝的预期，在豆瓣的评分也仅有 3.3 分（满分为10 分），但粉丝对于正版内容的获取诉求以及对于正版内容的购买意愿，却大大超出了市场预期。依靠 VIP 会员模式拉动，爱奇艺的 APP 冲上畅销榜第二位。付费会员制是在线视频健康良好生态体系建立的基础,《盗墓笔记》所取得的成功,致使国内视频网站对付费用户的圈地更为迫切,对优质内容的争夺也将更为激烈。对于吸引用户付费购买会员的方法,就是优先观看的权利,"不必等待"再也不是电视时代的天方夜谭,而是动动手指便可以用一个不算心疼的价格买到的"专属特权",相对于剧情的诱惑,这种心理上的优越与满足也推动了 VIP 的销量。紧随其后,吴奇隆出品的《蜀山战纪》将先于电视台在爱奇艺优先播放,会员仍可优先观看。这一模式在给爱奇艺会员数量带来迅速提升的同时,也引发了其他视频网站的效仿。

对出品方来讲,因为向用户收费了,所以跟之前单纯的广告模式大为不同,但这个商业模式显然更加公平,付出越多,作品越好,收益越高,向用户收费更能体现作品本身的价值。

对视频网站来讲,"付费+免费"模式能让网络视频生态系统更平衡、更健康。视频付费的时代已经到来,而接下来需要关注的则是如何将付费观看的商业模式做得更好。

(二)《蜀山战纪》模式

《蜀山战纪》是 2015 年由江苏稻草熊影业有限公司投资出品的古装仙侠网络剧。吴奇隆担任投资出品人,黄伟杰执导,赵丽颖、陈伟霆、吴奇隆、叶祖新等领衔主演。该剧主要讲述明末期间,武林以蜀山剑派为天下正道之首,正邪两派展开江湖纷争的故事。

1.创造"先网后台"播出模式

2015 年 8 月 24 日,爱奇艺正式宣布,《蜀山战纪》将于 9 月 22 日以付费模式在爱奇艺独家首播,播出时间从 2015 年 9 月到 2016 年 2 月。此剧首创了视频网站的"VIP独享"模式,全剧 54 集将分为六季上线,不仅可以保证制作的周期和质量,也将给明星以及电视剧本身带来超长的宣传周期。

爱奇艺为 VIP 会员进行了台网融合剧播出模式上的重要探索,先是向制片方提出了"网络先播"的大胆设想,然后经过与电视台的沟通和协商,最终确定了开创性的"先网后台"播出模式,即爱奇艺先行针对 VIP 会员每月播出一季,电视台寒假档以日播方式播出,爱奇艺再按照卫视的播出进度开放免费跟播权限。具体为 2015 年 9 月22 日爱奇艺将全剧分成六季,以付费 VIP 独播模式在全网独播,每月 22 日一次性上线一季。2016 年 1 月 16 日开始在安徽卫视寒假黄金档日播,2016 年 1 月 26 日在江西卫视 1.5 轮跟播,打破了长久以来的"台网联动"和视频网站的跟播模式,这是国内剧播模式的巨大突破。

"先网后台"模式在带来网络平台巨大的会员数量提升的同时,并未影响电视平台的收视率。2016 年 1 月 16 日,《蜀山战纪之剑侠传奇》登陆安徽卫视黄金档热播,首播收视率达 0.977,超越安徽卫视 2015 全年电视剧收视最高值,第二天破 1,创下近年来安徽卫视收视新纪录。由于充分考虑到播出平台和受众的不同,虽然制作费已经超过 1.4 亿元,制片方仍制作了网络版与卫视版两个不同的版本。2016 年 1 月在安徽卫视播出的卫视版本不仅修复了观众反映的网络版瑕疵,而且剪辑顺序、节奏以及大结局亦有更改。实际上,"先网后台"的档期安排也让学生党和粉丝们乐于坐等寒假安心观剧,不同的观看体验和剧情模式让网络版为卫视版的播出做足了预热,从另一个角度上说,网络版成了卫视版的超长预告片。

两个版本在两个平台取得的成功无疑证明了该剧的超强吸粉能力,舆情监测也显示,无论是微博、微信公共平台还是贴吧等都有大量学生党留言,热门话题居高不下。可以说,《蜀山战纪》既满足了蜀山武侠游戏迷的"瘾",同时"先网后台"霸屏寒假档的新鲜播出模式也收获了"网生代"的关注与支持。

2.拓展"蜀山"概念 IP 产业链

虽然《蜀山战纪》是中国第一部先在网络上线再上卫视播出的案例,但它的点击率、收视率双双走高的成绩,无疑证明了"先网后台"这种商业模式的成功。不仅如此,《蜀山战纪》的图书也在"亚洲好书榜"的排名中占据榜首地位 3 个月,游戏也已正式亮相,实现了超级 IP 全产业链的共赢。

出品人吴奇隆表示,他从小就有武侠梦,一直通过武侠作品去了解中国传统文化和传统狭义精神,进入娱乐圈后也参演了多部武侠作品,而此次以出品人身份拍摄《蜀山战纪》,也是希望把中国传统文化的内容和精神融进戏剧,让更多的人能够看到。对于"蜀山"概念 IP,吴奇隆分别从电影、电视剧、网剧、动漫、手游、电商这六个维度立体拓展产业链,可谓做到了极致。而要将网剧做到极致,就是要把各个维度的要素都做到最强。首先,IP 的选取,一定要有非常准确的受众定位;其次,内容的制作,一定要有非常专业的视觉体验;最后,演员的选择,一定要有非常贴合的形象气质。好的 IP 可以为网剧带来更多的期盼,而好的制作能使观看习惯得以延续并形成好的口碑,引发第二轮观看热潮,只有这样,才能打造一部有广泛影响力的超级网剧。而拥有了一部超级网剧,意味着将会拥有电影、动漫、手游、电商等其他维度上的优质变现能力和超级"洗地"能力。

网络文学是热门 IP 的重要来源之一。《蜀山战纪》是改编自旧派武侠小说家还珠楼主的作品,是对武侠文化的传承,而剧中也会展现大量的传统文化和传说。据阅文集团高级副总裁、榕树下董事长汪海英介绍,"2015 年网络文学 IP 价值评估报告中有一个数据:网络文学的口碑作品,开发成游戏的转化率,比没有口碑的作品的转化率高 2.4 倍。在这些成名作者的背后,是大量粉丝常年对其作品的肯定与喜欢。"在华策集团剧芯文化总经理杨钒看来,热门 IP 为影视内容提供了两个重要因素。第一是超级的受众,"所有的超级 IP,千万级的点击量对应的是百万个读者,百万级的点击量对应的是十万个读者,这庞大的受众为影视转化提供了最基础的受众规模。"第二是超值的故事,"我们永远不要忽视故事,我们不是为了一部作品的名字以及这个名字所带来的数据而去买它,真正的核心还是故事本身,这个故事是否真的打动人,是否真的精彩,是非常重要的。"杨钒说,"而且故事为影视化提供了几个核心价值,如改编的价值、制作的价值,这都决定了这个故事能否被成功改编。"

3.提升 VIP 用户忠诚度

2015 年 9 月 22 日晚 8 点《蜀山战纪》在爱奇艺 VIP 首播。据爱奇艺数据显示,《蜀山战纪》上线后 1 小时,已播放 352 万次,273 万 VIP 会员观看,播放量和会员观看人数都是《盗墓笔记》开播首日同时段会员数据的 1.5 倍以上。上线不到 4 小时播放量破千万,上线 12 小时总共有 380 万 VIP 会员观看。其中,23 日零时后仍有 210 万人在线观剧,23 日凌晨 3 点还有 70 多万人在线观剧,截至 9 月 23 日早 6 时已经有超过 20 万人刷完全季,上线 8 天会员播放量破亿。爱奇艺 APP 从 9 月 22 日起,也在IOS 免费榜上连续占据第一的位置。10 月 22 日第二季上线 1 个小时,点击量突破1500 万,11 月 22 日第三季上线 1 个小时,点击量突破 2000 万,11 月 29 日单季 7 天破亿,成为会员超级网剧服务领域的高峰。11 月 28 日积累会员播放量破 5 亿。12 月 28日第四季播放量 6 天破亿,积累会员播放量 7.5 亿。

据爱奇艺官方统计,通过《蜀山战纪》的播放,爱奇艺长期会员数量出现了大幅度的增长,《蜀山战纪》上线第一个小时,会员就增长了 79 万。2015 年 6 月爱奇艺的会员人数超 500 万,截至 2015 年 12 月爱奇艺会员数已突破 1000 万。爱奇艺作为唯一的中国区 APP 进入了 10 月 IOS 全球付费 APP 的收入排行榜,排名第 7。

基于以上数据,可以看出《蜀山战纪》不仅因其每月一季的播放周期有效吸引了大量长期 VIP 用户,更是极大地增强了用户对于平台和品牌的忠诚度。不同于 PC 时代,用户基本使用搜索引擎寻找内容,是跟着内容走,对内容本身来自于哪个网站或者播放渠道并不敏感,而现在,这种情况发生了很大的变化。

VIP 会员制引发的变化主要在于三个方面:一是在移动时代,用户需要下载安装 APP,VIP 会员更是需要登录才可以确认身份,这直接导致用户切换成本大大提高;二是品牌发展到了中期阶段,从内容到平台均已度过了品牌区分度不明显的初级阶段,而 VIP 的身份确认也增强了用户的品牌归属感;三是会员收费使得服务和内容的忠诚度变得更高。

三、网络剧的定义及特征

(一) 网络剧的定义

网络剧是指专门为视频网站制作的,通过互联网平台播放的一类网络连续剧。与电视剧一样,网络剧一般分系列剧和连续剧。

与电视剧不同的是播放媒介和终端设备。电视剧的播放媒介和终端设备是电视,而网络剧的主要播放媒介是互联网,终端设备集中于电脑、手机、平板电脑、互联网电视等网络设备。

随着媒介的融合发展,网络剧和电视台联播的现象也越来越多,用户可以自由且便捷地通过电视及互联网设备观看到最新的剧情。

1.纯网剧

指没有进入或者不进入传统电视渠道,而以互联网作为唯一传播媒介的剧集。在国内,不进入传统电视渠道的最大原因在于内容审查。如爱奇艺的《盗墓笔记》、优酷的《万万没想到》等。

2.台网融合剧

指分别登陆了电视和网络两个渠道,但受众定位较为年轻,迎合了网络剧观众审美偏好的电视剧。如《古剑奇谭》《花千骨》《蜀山战纪之剑侠传奇》等。

(二) 网络剧的特征

有别于传统电视剧,网络剧具备三大特征:受众年轻化、内容尺度大、IP 强拓展。网络剧的发展趋势也呈现出内容共创、超级制作、台网联动、媒体融合等新特点。

1.受众年轻化

网络剧拥有更加年轻的受众,呈现出与传统电视剧完全不同的受众画像。

传统电视剧受众以女性为主,以 40 岁以上人群为主,以高中及以下学历为主。

网络剧的受众男女均衡,以 30 岁以下人群为主,以本科及以上学历为主(见图 1)。

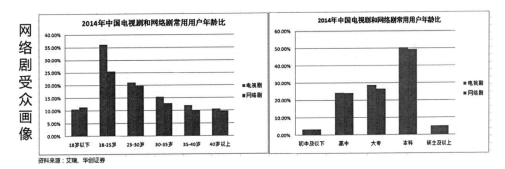

图 1

2.内容尺度大

网络剧在内容的尺度上,往往可以有较大的突破。

国内电视剧内容审查由新广总局负责,具有严格的内容及播出审查机制。而网络剧内容监管由工信部负责,目前为"自审自查,边播边审"机制,在尺度上有所放宽。内容上的"大尺度",有时也不仅仅是审查因素。由于网络剧的观看场景更加私密,受众更加年轻,在内容创作上,也突破传统电视剧的剧情模式。

3.IP 强拓展

网络剧的 IP 拓展性,远远胜过传统电视剧(见图 2)。目前国内的内容市场中,最为成熟的是游戏和电影市场。但传统电视剧受限于受众特性,其 IP 难以转化为电影和游戏内容,尤其是游戏内容。而网络剧更为年轻的受众定位,具备强劲的 IP 转换价值。

如网络剧《花千骨》,在腾讯的渠道就进行了同名手游的推广。在畅销榜曾高达第二名,预期单月流水超过 2 亿。

如利用网络剧《屌丝男士》IP 制作的电影《煎饼侠》,投资 3000 万狂卷 11 亿票房,创下了网络剧"墙内开花墙外香"的典型。

当然,强大的 IP 拓展性并不意味着成功的必然性。《煎饼侠》不论是口碑还是票房,均远远超出半年之后的《万万没想到》。在制作上,笑中带泪的温情喜剧路线是《煎饼侠》成功的基础,相比较而言,《万万没想到》在内容上作出了妥协,但既要粉丝,又要观众的做法显然令其得不偿失。

煎饼侠和花千骨都体现了网剧 IP 的拓展性

| 《煎饼侠》大电影：《屌丝男士》热门 IP | 花千骨手游：与电视剧同时推出 |

资料来源：华创证券

图 2

四、网络剧的进化历程

网络剧一度曾是"低成本、粗制作、边缘题材"的代名词，不被市场看好。但是随着视频网站竞争日趋激烈，互联网资本强势推动，纷纷开启"烧钱模式"，网络剧的发展迎来了爆发期，短短一年就从"网剧元年"进入"超级网剧元年"，整体制作水准朝着"高成本、大制作、现象级"的方向发展。回顾网络剧的进化历程，基本可以分为四个阶段。

（一）网络剧的萌芽期

网络剧始自 2006—2007 年的 UGC 时代，多以自娱自乐的恶搞内容为主，代表作是《一个馒头引发的血案》，其特点是篇幅短小、品质粗糙，但受众反响强烈。2008—2010 年，网络自制剧开始有了专业化的萌芽，特别是当时网络微电影昙花一现般的成功，让很多人看到了网络视频带来的惊人效应。一大批模仿《老男孩》的原创视频开始涌现，其中就有人放弃微电影，改做微电视剧。那时候的微电视剧统称为"自制剧"。大家纷纷开始尝试，所以算是摸索期，这个时期的代表作是《欢迎爱光临》。

（二）网络剧的成长期

2011—2013 年，在版权大战的倒逼下，各大视频网站开始纷纷试水"自制剧"，如优酷土豆的《侣行》、搜狐的《泡芙小姐》以及后来口碑甚好的《东北往事之黑道风云20 年》。这些自制内容打开了市场的缺口，各大视频网站纷纷跟进，网络剧开始迅速进入网民视野。在这个时期瞬间涌现出了多部到现在还非常风靡的自制剧，如大鹏的

《屌丝男士》、叫兽易小星的《万万没想到》等。值得关注的是,这些自制剧开始进行了大量的商业植入,并且逐渐形成了品牌。

(三) 网络剧的成熟期(2014 网络剧元年)

2014 年,在美剧《纸牌屋》的刺激下,腾讯、爱奇艺等视频网站纷纷提出"自制剧元年"的口号,推出大规模的自制剧计划。这一年,各大视频网站推出近百部网络自制剧,总量超过 1400 集,涌现出一批现象级的网络剧,如《灵魂摆渡》《废柴兄弟》《匆匆那年》《暗黑者》等等。可以说,2014 年是真正意义上的网络自制剧元年,投入加大,内容升级,题材上进行了多元化的尝试。同时,各大视频网站纷纷蓄力抢占网络剧市场。

(四) 网络剧的爆发期(2015 超级网剧元年)

2015 年更是网络剧发展的黄金时期,一大批传统电视制作人和互联网资本涌向网络剧市场,财大气粗的视频网站也想借此机会改变与电视台的不对等局面,纷纷大力投入网络剧。网络剧也由此进入"超级网剧元年"。网络自制剧在整个影视行业起到了引领的作用,内容在社会化和戏剧化上进行了有机的融合,《盗墓笔记》开启了话题性传播,更开启了网剧付费的新时代,在口碑和市场上实现了双丰收。最为重要的是,这个时候自制内容开始进行生态化运营,并且不断地成为强 IP,在发展周边衍生物的同时,为其他业务线蓄力。各大视频网站也将目光盯向超级网剧的变现模式上。

尽管网络剧目前如火如荼地发展,但是可以看出,各大视频网站都对网络剧的开发采取了精细化运作,在投入巨大成本的同时也赌上了全部尊严。大剧时代和付费时代的同时开启,既考验着商业模式也拷问着业界良心。如果说下一阶段的网剧会呈现什么状态,恐怕还会有太多的可能,但我们有理由相信现在的自制剧还远非其最终状态,未来它一定可以为我们带来足够多的惊喜。

五、超级网剧爆发的主要原因

在网络剧圈里一度有着"看美剧的看不上韩剧,看韩剧的看不上国产剧"的固定成见。自从以《纸牌屋》为代表的美国网络剧出现后,国产网络剧就打出了向美剧看齐的口号,尽管作品从质量到口碑还是不尽如人意,但从爆棚的播放量这一绝对指数来看,2015 年这种"看得上"与"看不上"之间的审美差距正在悄然弥合。

超级网剧在不吝砸钱、精雕细刻的指导方针下推动网络剧品质不断跃升,国产网络剧幡然醒悟与奋起直追,已经可以与美剧一较高下了。然而,国产网络剧的超级战略和超级市场,绝不仅仅是靠钱砸出的简单模式。

2015年网络剧呈现爆发态势并非偶然,随着网络视频用户基数的稳步增长,国家相关管理部门对盗版、盗链打击力度的加大,在线支付尤其是移动支付的普及,再加上中国影视市场的繁荣、超级IP大剧的市场热度、视频网站的积极采买布局,在众多因素的共同发酵下,网络视频用户付费市场从以前的量变积累转化到质变的阶段。在中国网络视听节目服务协会的调查中显示,4.61亿网络视频用户中,17%的用户有过付费观看视频的经历,比2014年增长了5.3%。在付费用户中,包月模式的使用率为47.6%,超过单次点播模式,成为最常用的付费模式,这也从另一方面表明用户的付费习惯正在逐渐成熟。未来,包含用户付费的视频增值服务预计会成为视频网站的重要收入来源。

网络剧的迅猛发展已经成为行业中最重要的业态之一,网络剧商业模式的开拓变革与网络剧市场的不断成熟规范,离不开政策、经济、社会、技术等方面原因的共同作用。

(一)政策环境

随着网络视频内容的传播力不断增强,国家相关部门对网络视频行业的监管也日益严格,陆续出台的政策净化了网络环境,规范了行业发展,提升了行业竞争力。盗版封锁和九〇后消费习惯的变化,促使正版视频时代到来,优质内容价值爆发式提升。

1.强化了对网络视频内容生产与播出的监管力度

2014年初,国家新闻出版广电总局下发《关于进一步完善网络剧、微电影等网络视听节目管理的补充通知》,《通知》要求,从事生产制作网络剧、微电影等网络视听节目的机构,应依法取得广播影视行政部门颁发的《广播电视节目制作经营许可证》,个人制作并上传的网络剧、微电影等网络视听节目,由转发该节目的互联网视听节目服务单位履行生产制作机构的责任;互联网视听节目服务单位只能转发已经核实真实身份信息并符合管理规定的个人上传的网络剧、微电影等网络视听节目。

2.净化行业环境,保护视频网站的合法权益

为了规范网盘服务秩序,打击盗版、盗链,2015年10月20日,国家版权局印发《关于规范网盘服务版权秩序的通知》。《通知》明确,网盘服务商应制止用户违法上传、存储并分享未经授权的作品。其中包括:正在热播、热卖的作品;出版、影视、音乐

等专业机构出版或者制作的作品。《通知》还要求,网盘服务商不得擅自组织上传未经授权的他人作品,不得对用户上传、存储的作品进行编辑、推荐、排名等加工,不得以各种方式指引、诱导、鼓励用户违法分享他人作品,不得为用户利用其他网络服务形式违法分享他人作品提供便利。

3.对互联网电视进行严格管理

2014 年 6 月 30 日,国家新闻出版广电总局网络司针对互联网电视牌照商下发立即关闭互联网电视终端产品中违规视频软件下载通道函,主要涉及部分集成牌照商;2014 年 7 月,国家新闻出版广电总局网络司发文,要求部分互联网电视集成平台取消平台里直接提供的电视台节目时移和回看功能。这两个互联网电视相关政策,均是基于 2011 年下发的《持有互联网电视牌照机构运营管理要求》(即 181 号文)所出台的细化政策,有利于理顺行业参与各方的职责,维护行业竞争秩序,引导互联网电视行业健康发展。

4.对境外影视剧的引进进行规范管理

2014 年 9 月,《国家新闻出版广电总局关于进一步落实网上境外影视剧管理有关规定通知》(即 204 号文)正式下发,《通知》规定,在视频网站引进境外影视剧应遵循"规范引进、总量调控、审核发证、统一登记"的总体要求。短期来看,这一政策对网络引进剧的点击率和流量有一定的影响;长远来看,则有利于引导视频网站的引进节目费用投入合理化,提升网站的竞争力。对于引进剧的数量限制也促使视频网站加大了自制剧的发展力度。

(二)经济环境

近几年,虽然国际国内经济环境复杂严峻,但我国经济社会发展总体平稳,稳中有进。2014 年,国内生产总值达到 63.6 万亿元,比 2013 年同比增长 7.4%,保持着良好稳定的增长速度。在这样的经济大环境下,中国互联网行业保持着快速增长的态势,传统的电视、报纸、广播、杂志广告的市场份额均被网络广告不同程度地挤占,网络广告在整体市场中的份额不断上升。

1.市场看好网络剧未来发展

据投资机构测算,目前网络剧市场处于指数级发展的前期。2014 年,市场规模约40 亿至 50 亿,其中版权市场约 30 亿至 40 亿,衍生市场约 10 亿。2017 年市场预期规模可达 425 亿,其中版权市场 138 亿,衍生市场 287 亿。主要爆发原因在于游戏电影等衍生市场成熟。通过在电影和游戏市场发挥 IP 价值,网剧的市场空间得到成倍的放大。未来 IP 价值可能还会体现在衍生品销售中。而网络剧的制作方,在产业链中上承 IP、下接渠道,是产业链的核心环节。

2.成熟市场倒逼海量 IP 影视化

因审核问题,大量优质 IP 无法通过电视台完成影视化,网剧盈利模式的逐渐成熟,将催生海量 IP 影视化。2015 年以前,由于网络版权价格过低,市场难以支撑纯网剧内容,导致一部分无法通过电视端审查的优质 IP 无法转化为影视内容。但随着网络版权价格的提升,将会有海量优质 IP 转化为超级网剧。例如《盗墓笔记》在面世 7年之后,这一超级 IP 才进行了影视化。不仅因为《盗墓笔记》在电视端存在审核障碍,而且此前网络端版权价值过低,也无法进入网络剧市场。

(三)社会环境

据 CNNIC 调查数据显示,截至 2015 年 6 月,我国网民规模达 6.68 亿,互联网普及率达 48.8%,手机网民规模达 5.94 亿,庞大的网民规模为网络视频的接入奠定了良好基础。

1.网络视频设备已呈现普及态势

视频接入设备不断普及、多样化的趋势扩展了网民的使用场景,提升了网民的使用意愿。2013 年以来,众多互联网公司陆续推出自己的互联网电视机、网络盒子等产品,加速布局客厅生态,电视这一大屏幕在家庭内部社交中发挥越来越重要的作用,网络视频行业呈现多屏幕发展趋势。

2."网生代"已具备付费习惯和消费能力

开始具备消费能力的九〇后、九五后属于网生一代,在 10 岁时即普遍开始使用互联网,而相对优越的生活条件,也培养了九〇后良好的付费习惯。有数据显示,网络剧观众的平均收视年龄为 20—29 岁,"网生代"已经成为网络剧的受众主体,网络剧也成为"网生代"的娱乐陪伴。

(四)技术环境

网络剧发展到今天,以 IP(Intellectual Property,知识产权)为纽带,与传统影视行业、网络游戏、电商、金融业务等众多娱乐、家庭服务领域合作,形成了一个泛娱乐化、泛生活消费的产业链布局,这其中涉及众多的技术问题。随着网络技术的不断研发和迅猛升级,网络带宽的持续增容,视频作为流量敏感性应用,将在4G以及可以预期的5G时代享受大量增量需求(见图3)。

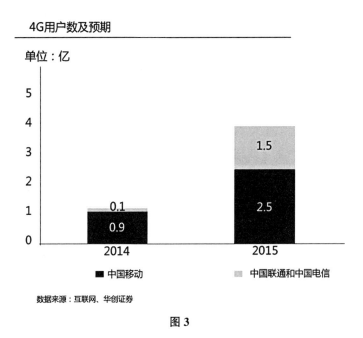

4G用户数及预期

单位:亿

（柱状图：2014年 中国移动0.9，中国联通和中国电信0.1；2015年 中国移动2.5，中国联通和中国电信1.5）

■ 中国移动　　　　■ 中国联通和中国电信

数据来源:互联网、华创证券

图3

六、网络剧商业模式的变革

(一) 传统商业模式之殇

网络视频虽然成为互联网生态中的重要环节,但受困于重度广告依赖的商业模式,行业整体依然无法实现盈利。

其主要原因包括:

1.流量庞大导致盈利无期

在线视频的流量价值远大于广告收入,BAT等巨头对流量的争夺将行业拖入长期亏损。在线视频的流量庞大,与之相比,广告收入则显得非常的微小。

2.用户重内容而轻平台

在视频领域,用户相对更在意内容本身,而不是平台。一旦优质内容向其他平台转移,流量与收入也将随之转移。所以在线视频只能将自己的收入增量反复投入到内容采购环节。因此,视频网站虽因受广告商向新媒体迁徙的影响,广告费收入逐年增长,但由于内容成本的持续抬高,依然无法盈利。

(二)网络剧产业快速成型

网络剧产业包括版权产业和衍生产业。版权产业主要指版权售卖形成的市场,衍生产业主要指 IP 授权形成的市场。

1.传统的在线视频模式

版权产业链包括制作方、视频网站和广告商三个主要部分(见图4)。

制作方将网络剧出售给视频网站,这是主要收入来源,通常模式为买断,但对于部分内容制作团队,也有广告分成模式。制作方在内容中做植入广告,是次要收入来源。制作方的主要成本与普通电视剧制作成本类似,包括演员成本、IP 成本等。

视频网站的主要收入来源为广告收入,包括贴片广告和暂停广告等。但是对视频网站来说,即便是优质网络剧,广告收入能达到版权价格的50%,就算较好的结果了。视频网站的主要成本包括版权成本和带宽成本。

广告商是版权产业的最终变现对象,目前视频网站广告以快消品、汽车、IT 类产品为主。

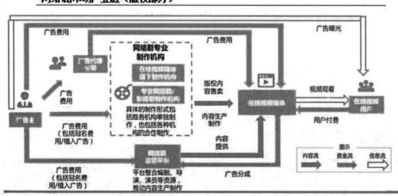

图4

目前市场上,并没有对网络剧市场规模的详细统计,但根据华创证券对产业链的调研,2014 年网络剧的市场规模应该在 30 亿至 40 亿之间,约占内容采购量的40%。而根据艺恩咨询的数据,2014 年网络自制剧的市场规模约为 15 亿。随着行业的快速发展,2017 年网络剧市场规模预计可达 138 亿(见图5)。

网络剧版权市场规模				
	2014	2015	2016	2017
版权市场规模（亿元）	30	54	86	138
同比增速（预估）		80%	60%	60%

资料来源：华创证券

图5

2.衍生产业

从 IP 授权的角度来看,网络剧通常处于产业链的中游,获取文学 IP 进行创作,而后自身 IP 可以改编为游戏、电影、周边等衍生品(见图 6)。关于 IP 授权模式,目前游戏是以分成为主,其余以买断为主。

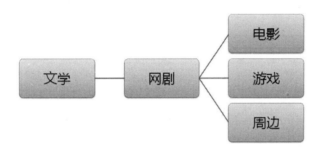

图6

IP 产业链具体可以细分为诞生期、培育期和变现期三个阶段。诞生期的主要形式为文学、漫画等,制作成本、利润和风险都相对较低,这个阶段容易获取最优质的剧情,诞生最有影响力的 IP。培育期的主要形式为电视剧、动画等,制作成本、利润和风险相对适中,可以持续且广泛地影响受众。变现期的主要形式为游戏、电影等,制作成本、利润和风险都相对较高,但可以最大化地将 IP 的价值变现。网络剧目前处于培育期的核心位置,上接文学,下接电影与游戏,具备 IP 的发现与放大功能,价值极高。目前网络剧主要的衍生产业是游戏与电影市场,未来还可能开发玩具、服饰等文创市场(见图 7)。

网络剧衍生市场规模						
			2014	2015	2016	2017
游戏市场	市场规模		1108亿元	1325亿元	1535亿元	1758亿元
	网络剧IP占比			3%	7%	12%
	网剧改编游戏			40亿元	107亿元	211亿元
电影市场	市场规模（票房）		296亿元	402亿元	510亿元	632亿元
	网络剧IP占比			4%	8%	12%
	网剧改编电影			16亿元	41亿元	76亿元
网剧衍生市场规模				69亿元	154亿元	287亿元

资料来源：艾瑞、易观、华创证券

图7

(三)网络剧开启付费模式

自互联网进入中国 20 多年以来,中国互联网用户就一直享用着免费内容,这也成为网络视频前向付费的最大阻碍。在理想的网络视频商业模式中,广告所代表的后向付费和会员所代表的前向付费是最重要的两种货币化途径,但在中国网络视频的发展历史中,会员收费是长期缺失和未能激活的。而各大视频网站对付费模式长久以来虎视眈眈,其最直接的原因就是亏损,广告作为视频网站收入的主要来源已不足以支持持续增长的各项成本。另一方面,用户为内容付费的习惯在迅速强化,正版时代的到来,使得优质内容的价值得到进一步提升,强势内容价值凸显,视频收费已是大势所趋。

1.平台黏性提升,商业模式质变

业界翘首以盼的正版时代已经到来。由《盗墓笔记》带动的爱奇艺 VIP 销量大增事件,更可以印证这一判断。而用户一旦付费购买会员,则会对平台形成非常强的忠诚度,引起商业模式的巨变。当前视频网站付费模式以会员付费包月、包季、包年为主,与付费相关联的会员业务也已具备成熟的市场环境、用户习惯和支付渠道。

2.付费份额较低,发展空间巨大

与巨大的市场前景相比,目前视频网站的付费业务还处于萌芽阶段,会员收费等增值服务收费在网络视频收入中仅占 5.1%,用户的付费意愿还在进一步培养。用户付费意愿的培养必须从两个方面入手:一是优质内容,二是用户体验。

七、网络剧发展的未来展望

2015 年,网络剧跨入了"超级网剧元年",据不完全统计,投资在 2000 万元以上的网络剧有近 20 部,其中 5 部超级网剧的投资更高达 5000 万元以上。据投资机构预测,今后两年,将出现单集投资超千万的网络剧,如此疯狂的资本投入,不输于大部分上星卫视电视剧的规模。面对庞大的粉丝群和强 IP,面对业已成熟的付费+广告模式,没有人能抵得住诱惑,而未来网络剧的发展也将会出现以下三个趋势。

(一)反向输出电视台

2015 年网络剧发展已经呈现出反向输出电视台的趋势,这种趋势超越了网络版权视频和传统的台网联播或者说网络跟播模式,改变了视频网站与电视台不平等的对话局面,开创了网络剧自制的新局面。

尽管此前已有爱奇艺的《奇异家庭》和搜狐视频热门 IP 网络剧《他来了,请闭眼》成功向电视台反向输出的尝试,但《蜀山战纪》的"先网后台"模式意味着网络剧在和传统电视台的竞争中取得了重大的胜利,说明网络剧的选题、制作水准已经可以达到一线省级卫视的要求,以前的"游走在边缘"的网络剧时代已经一去不复返了。

未来的超级网剧时代,在动辄上亿的巨资投入下,在传统电视人的专业操盘中,一定会有更高品质的内容呈现,反向输出的网络剧也会渐趋普及。毕竟,互联网资本运作下的网络剧,已经开始在资金实力、制作体制及团队组建上逐渐反超上星卫视。

网络剧正在逐渐抢夺用户和观众,传统电视台的优势竞争力也在逐渐消减,在可预见的未来将是网络剧发展的最好时机,"超级网剧"将会成为业界主流,或者说"不超级,不网剧"。

(二) 第三方原创团队将受到追捧

在超级网剧时代,各大视频网站必然继续将原创内容作为业务重点。爱奇艺表示会投入更多精力、财力继续做大精品原创内容,重心会放在 PPC 的内容上,希望在内容产业链中拿到更多的话语权。而宣布更名为合一集团的优酷土豆,也表示将扶持更多 PGC、UGC 的内容。也就是说,合一集团把推动个人或团队的自制内容放在了更重要的位置。

虽然发力方向和目标市场不同,但合一集团与爱奇艺同样需要优秀的第三方原创团队。无论是精品化的 PPC 路线,还是规模化的 PGC、UGC 路线,不可否认的是,永远是少数的精品内容带来了大部分的影响力与流量,任何时候优秀的内容都是视频网站的生命线。在 PPC 内容获取上通常只有两个途径:出品与采购。超级网剧时代将改变原有的卖方市场主导地位,自主出品将成为压缩成本、提高品质、增强用户黏性、吸引付费用户、提升品牌价值的有效途径与必然出路。令爱奇艺值得骄傲的不仅仅是2015 年在市场占有率上的优势,更是超级网剧为其引来了领先的付费用户量。在优质 IP 早已炙手可热的情况下,具有专业制作能力的、优秀的第三方内容制作团队将成为新的追逐热点。继昂贵的版权费用之后,第三方团队的费用支出也将变得可观。

实际上,随着网络视频行业的迅速发展,已经有越来越多的传媒公司高管和专业化制作人才离开传统媒体行业,选择在网络视频内容领域创业,而有专业制作能力的、优秀的第三方视频内容团队将成为视频网站竞逐的资源。与之相应的问题是,视频网站又将如何留住传统传媒公司的人才。虽然目前来看,各大视频网站在寻求差异化发展的过程中,不会产生直接而激烈的对于第三方团队的争夺,不过,足够优秀的团队始终会引来各大视频网站的追逐。2016年,各大视频网站对于内容的渴求将迫使他们竞相走向产业链的上游,而这场团队竞逐游戏会拆散和重组多少团队,又会给行业格局带来多大的变化,让我们拭目以待。

(三)从现象级到产业化发展

爱奇艺在2015年中国网络剧发展高峰论坛上公开了2016年超级网剧计划,同时宣布成立文学版权库,2016年将推出超过30部网络剧,其中7部超级网剧现场签约。而搜狐视频也在2015"青春+"自制巡礼上就已推出"4+2+2"的自制剧战略,分别为四大国剧、两大韩剧,以及大鹏工作室的两大品牌喜剧。视频网站的超级网剧已呈规模化发展态势。

未来超级网剧的发展,将会从现在的现象级跨越至产业化。在品质吸引受众的市场环境下,需要坚持"内容为王"理念,大力挖掘培育优质IP。作为内容出品方,必须坚持精品化战略。《蜀山战纪》的成功模式证明,必须多元布局,提升IP价值,实现内容传播和IP价值的最大化。IP塑造与运营同样重要,作为网络剧发行方,必须坚持全媒体发行、复合式营销、多渠道覆盖,线上与线下联动,通过多层次、多维度、多回合、多载体的交叉推广合作,增强话题性,增大曝光量,提升影响力。超级网剧作为产业链的中游,要想实现真正的产业化,还需要继续整合上下游产业链资源,实现整体布局、协同发展。作为视频网站,应在经营模式上进一步探索,并努力打造完整的产业链条和适应未来的门户模式。

在视频网站的未来形态上,爱奇艺将着力打造"连接人与服务的门户",这个门户服务中包含电影票、电商、游戏、秀场等等。爱奇艺提供了专业视频内容之外的其他服务,内容IP将这些服务与视频串联。合一集团则致力于打造"自频道"概念,将内容开放给第三方,是一个内容分发平台式的门户。尽管在未来产业链的布局和经营上,两大视频网站已经选择了不同的路径,但毋庸置疑的是,他们同时进行着打造完整产业链的探索和设计。

对于未来视频网站理想的收入模式,龚宇认为是前向与后向各占一半,即收费业务如会员业务、游戏业务与广告业务及其他衍生业务的收入达到平衡。可以看出,爱奇艺的付费会员数增长迅速,但在付费比例以及财务贡献上未来还有很长的路要走。而对于整个视频行业,在龚宇看来现在只是刚刚迈开了差异化的脚步。他觉得,视频网站的收支形成动态平衡至少要到 2017 年。到了那时,视频网站的盈利点也就不远了。

2015 年,《盗墓笔记》开启了超级网剧的付费时代,《蜀山战纪》又催生出"先网后台"的网台关系新模式,而后超级网剧时代需要我们站在 2015 年的关口,审视 2016 年各大视频网站的内容战略。我们发现,在有计划地推出既有 IP 的续集之外,基本上还是按照每两个月一部的频率在推出精品大剧。在投放思路上,各大视频网站普遍遵守轮番领跑的规则,争取独领风骚的档期,只不过随着投放量的进一步加大,空窗期也会越来越短,甚至难以出现。2015 年末的《灵魂摆渡 2》独占 11 月、《太子妃升职记》雄霸 12 月、《上瘾》横扫春节档的情况,在 2016 年的 3 月以后恐难再现,但在中国网络剧发展的道路上,必然还会涌现出更多具有代表性和典型意义的现象级作品,他们将推动网络剧商业化、市场化和产业化的良性发展,值得我们去持续关注和研究。

〔马　铨,中国传媒大学新闻传播学部讲师〕

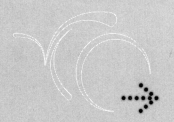

产业篇

乐视：创建完整的生态系统

◎覃　思

摘要：本文以乐视作为研究对象，主要剖析乐视与其他视频网站全然不同的发展模式——打造"平台+内容+终端+应用"的完整生态系统。当前，几乎所有的视频网站仍然处于亏损状态。而凭借这一发展模式，乐视突出重围，成为国内视频网站中首个盈利的企业，且在过去的一年中有着十分不俗的市场表现，为业界和学界所瞩目。本文从2015年乐视亮眼的市场表现切入，首先回溯乐视的整个发展历程，再分析乐视现有整个生态系统的搭建过程、当前已经形成的格局以及这一发展模式现存的利与弊，接着探索乐视当前直面的困局与破解之道，并展现其未来的发展策略与方向，最后在此前分析讨论的基础之上，总结乐视经验，尝试得出一些对于整个中国视频网站行业发展的思考。

关键词：乐视；发展模式；垂直整合；完整生态系统

2015年，中国视频网站发展进入第十一个年头。在这个"新十年"的开端，视频网站发展呈现出较多新态势：视频网站着力于争夺超级IP剧和独家资源，付费会员数量高速增长，自制综艺节目和网剧收效不凡等。然而，几乎所有的视频网站仍然处于亏损状态，难以摆脱收入增长、亏损扩大的局面，无法实现盈利。在这样的行业大背景下，乐视独辟蹊径，凭借着"平台+内容+终端+应用"的完整生态系统这一发展模式突出重围，成为国内视频网站中首个盈利的企业，为业界和学界所瞩目。

乐视着力打造的这个以用户为中心的"平台+内容+终端+应用"的完整生态系统，具体而言就是一个由垂直整合的闭环生态链和横向扩展的开放生态圈所共同构成的开放闭环生态系统，其下共包括七个具体的"子生态"和其他的垂直业务。七个"子生态"分别为：互联网技术生态、内容生态、大屏生态、手机生态、汽车生态、体育生态和互联网金融生态。凭借这一独特的、完整的生态系统，乐视走出了一条完全不同于国内其他视频网站的发展道路。在取得不俗的市场成绩的同时，乐视也由最初单一的视频网站，成功地发展成为一家集视频产业、内容产业与智能终端为一体的互联网公司，并且其业务板块仍在不断地增加，范围也在不断地扩张。

接下来，本文将先呈现乐视在过去的一年中所取得的重要成绩，特别是与视频网站业务相关的部分;再梳理乐视的整个发展历程,回顾乐视如何由成立之初的一个视频网站逐步发展成为今天集视频、内容和智能终端等众多产业为一体的互联网公司;之后具体分析其"平台+内容+终端+应用"的垂直整合的完整生态系统,并且评述这一生态系统的优势与不足,寻找其现有的困惑及破局之道,呈现其未来的发展策略与目标,最终对乐视的发展模式进行总结与思考。

一、案例回顾:乐视 2015 年的发展综述

对乐视选为本年度视频行业的成功案例之一进行研究,很重要的一个原因在于,乐视在 2015 年交出了一份十分漂亮的成绩单,为业界与学界所瞩目。

根据艾瑞数据,2015 年,乐视网人均一周有效浏览时间在所有视频网站中排名第一。[1] 这一成绩得益于乐视所拥有的全球最大的正版影视内容库,能够为用户提供海量的影视内容与巨量的体育赛事资源。当然,提到乐视过去一年的优秀业绩,不得不提的还有两部乐视的"自制剧":一部是新的"十年剧王"《芈月传》,另一部是被网民称为"第一网剧"的《太子妃升职记》。这两部剧的播出,契合了不同年龄层次用户的需求,引发了全民追剧的热潮,不仅给乐视网带来了总数超过百亿的 CV,还在短时间内给乐视网带来了超过千万的付费会员,更助推乐视网的手机 APP 的下载量成为行业第一。除了在电视剧与网络自制剧上的优异表现,《蒙面歌王》《全员加速中》《最强大脑》等综艺节目在乐视网上的热播,乐视大量独家的、精品的体育赛事独播以及乐视对现场音乐会进行的网络直播等实践,也为乐视过去一年的表现增添不少亮色。可以认为,在过去的一年中,乐视在视频网站中的地位得到了极大的巩固和进一步的提升。

而由于一整年的时间跨度较大,且限于篇幅,本文不能将乐视在过去一年中的所有成绩一一呈现。在此仅挑选出乐视在 2015 年的成绩单里影响力相对较大的几个事件予以呈现,与大家一同回顾乐视的 2015 年。

具体如下:

1."新十年剧王"《芈月传》

如果问 2015 年最令人期待的电视剧是什么,《芈月传》无疑是呼声最高之一。这部电视剧由《甄嬛传》导演郑晓龙执导,制片方起用《甄嬛传》制作团队的原班人马参与制作,孙俪、刘涛、方中信、黄轩等实力派演员出演,使得这部电视剧在开播前就备受

---

[1] ITBEAR 科技资讯网:《人均一周有效浏览排名第一! 乐视网稳居视频行业第二》,2016 年 1 月 7 日,http://e-conomy.gmw.cn/2016-01/07/content_18403052.htm。

瞩目。2015年11月30日开播后,尽管观众对于此剧的评价褒贬不一,但不可否认的是,这部电视剧在市场表现上是相当成功的:《芈月传》的电视收视率在首播期间一直位列同时段前两名且屡创新高,全网播放量超过200亿①,并且在百度、微博等电视剧的热搜榜单中长期高居榜首。

而《芈月传》背后最大的赢家,当属乐视。首先,最直观的就是,乐视网是《芈月传》的"全网首播"平台,《芈月传》的热播直接为乐视网带来了巨大的视频流量与丰厚的广告收益,也带动了乐视网手机APP的下载量与付费会员数量的快速增长。而很多人可能并不了解的是,这部电视剧的最主要的出品公司"花儿影视"在2013年已被乐视收购。换句话说,《芈月传》几乎可以算得上一部乐视"自产自播"的电视剧,即乐视在几乎免去了购买网络播出版权成本的同时,还通过这部电视剧网络播出版权的分销与电视播出版权的售卖获得丰厚的收入。而《芈月传》给乐视带来的收益,还远远不止版权交易这一项。但是仅凭这一部《芈月传》,乐视在2015年的营收就已经超过了很多视频网站。

2."第一网剧"《太子妃升职记》

由于过硬的制作班底与前作《甄嬛传》的口碑保障,《芈月传》这部正剧的走红及其给乐视带来的丰厚收益,其实是意料之中的。而乐视网在2015年年底推出的一部自制的小成本网剧《太子妃升职记》的爆红则完全是意料之外的,是连乐视自身都没有预想到的"惊喜"。

这是一部由乐视自制的古装穿越网络剧,改编自鲜橙的同名小说,导演为侣皓吉吉(海岩的儿子),演员都是一群初出茅庐、名不见经传的新人,讲述了一个男儿心女儿身的太子妃在皇宫闯荡、顺利升职的故事。2015年12月13日起在乐视网播出,采用付费会员优先观看的模式,即该剧每周更新几集,付费会员可以一次性看完所有更新,而非会员每周只能观看一集。除了"狗血"的剧情之外,由于制作经费极其有限,剧中的道具、服饰都十分"简陋",甚至有些"粗糙",场景布置也极其有限。按照正常的逻辑来看,既无过硬的制作、充足的经费,也无大牌明星的出演,应该没有人会对这样的一部网剧抱有太多的期待。

然而就是这么一部有些"雷人"的网剧,在播出一周之后爆红,乐视网的点播量突

① 凤凰娱乐:《不想说再见!〈芈月传〉澎湃收官 千古传奇尘埃终定》,2016年1月11日,http://ent.ifeng.com/a/20160111/42559943_0.shtml。

破30亿次①，引发了时下年轻人的追剧热潮，成为当时各大社交网络平台最受关注的一部影视作品，广受热议，被称为一部"准现象级"的神剧、"第一网剧"、"中国网剧新标杆"。并且，在这一个月的时间里，乐视网的付费会员数量激增，手机APP的下载量也迅速增长。根据乐视网公司数据，2015年12月付费会员人数达1220万，比当时会员数量最多的爱奇艺还多了220多万。②而这超过千万的付费会员数量，很难具体去量化《太子妃升职记》这部网剧究竟贡献了多少。但不可否认的是，这部剧大大增加了乐视网年轻付费会员的数量，为乐视网吸引了一大批年轻受众。

3."综艺黑马"《蒙面歌王》

除了电视剧与网剧之外，在过去一年里乐视网在综艺市场中的表现也十分不俗。这一成绩绝大部分应当归功于乐视对《蒙面歌王》这个全新的综艺节目的全网独播。

众所周知，爱奇艺、优酷土豆和芒果TV等都是传统的播放综艺节目的强势平台，而乐视网由于此前一直没有拿到国内热门综艺节目的播出版权，所以在这一板块稍显弱势。2015年，乐视网提出了"综艺看乐视"的战略，大量引进热门综艺节目，包括《最强大脑》《一站到底》《全员加速中》等，致力于打造中国综艺节目的第一平台。

其中，尤其值得一提的是，乐视在2015年暑假与灿星、江苏卫视展开"跨业合作"，于7月19日起推出一部全新的综艺节目《蒙面歌王》。乐视网凭借着对这一综艺节目的全网独播，迅速地冲破了列强林立的综艺市场，在综艺市场占据了一席之地。自开播以来，《蒙面歌王》在乐视网上的播放量一路高歌猛进，首播18小时播放量破2000万，8天播放破亿，成为去年暑期综艺市场的最大变量之一。③ 最终，凭借着超过10亿的网络播放量，《蒙面歌王》刷新了行业首季独播综艺节目的网播最高纪录，成为去年当之无愧的"综艺黑马"。《蒙面歌王》的成功给乐视2015年的成绩单画上了精彩的一笔，也极大地增强和坚定了乐视网继续打造"第一综艺平台"的信心。

4.乐视影业票房超过60亿

同样可以列入乐视"2015大事记"的还有：在过去一年中，乐视影业的累积票房突破了60亿大关。

---

① 张祯希：《〈太子妃升职记〉点播量突破30亿次 网络剧如何面对"升值"？》，2016年2月16日，http://www.cssn.cn/wh/wh/whzx/201602/t20160216_2867499.shtml。

② Eastland：《迟到两月注入 乐视影业能否"因祸得福"》，2016年2月23日，http://tech.ifeng.com/a/20160223/41554039_0.shtml。

③ 北青网：《〈蒙面歌王〉点击破2.5亿 李泉：遗憾没唱够》，2015年8月12日，http://ent.people.com.cn/n/2015/0812/c1012-27450984.html。

乐视影业是乐视于 2011 年成立的一个电影公司,定位为"电影互联网公司",现在已经发展成为中国电影互联网产业中的领军企业,也是行业内最具有影响力与发展前景的电影公司之一。此前,乐视影业推出了《小时代》系列影片、《熊出没》系列动画电影以及张艺谋导演的《归来》等超过 30 部电影,迅速成长为中国电影市场中一家强有力的公司,2014 年其市场份额甚至超过了老牌的华谊,仅次于光线传媒与博纳影业集团。

而在过去的一年中,乐视影业发行的包括《何以笙箫默》《鬼吹灯之九层妖塔》《熊出没之雪岭熊风》《太平轮:彼岸》《消失的子弹》等在内的数十部叫好又叫座的电影,年度总票房超过 20 亿,最终也使得乐视影业自成立以来的累积总票房突破 60 个亿。不菲的票房收入极大地增加了乐视的营收,使得乐视在与其他视频网站的竞争中更具优势。

从以上列出的几件事情看来,乐视确实在 2015 年有着较为突出的表现。但要知道,以上提到的在过去一年中乐视所取得的各种成绩,无论是电视剧、网剧、综艺还是电影,实际上仅仅是乐视当前正着力打造的"平台+内容+终端+应用"的垂直整合的完整生态系统中"内容生态"的一个部分,是乐视最终实现盈利的众多渠道之一。除了内容生态,还有包括互联网技术生态、大屏生态、手机生态等在内的其他的六个"子生态"与其他垂直业务,这七个"子生态"与一众垂直业务共同构成了乐视当下完整的生态系统,推动了整个乐视的发展进步。

接下来,本文将从发展历程说起,一步步呈现与探析乐视的发展模式。

二、发展历程:完整生态系统的形成之路

2004 年 11 月,在北京中关村高科技产业园区内,一个来自山西的、刚刚三十出头的男子创办了乐视网,即乐视网信息技术(北京)股份有限公司。

这名男子就是贾跃亭,现任乐视控股集团董事长兼 CEO。在创办乐视网之前,他已于 1996 年在山西省垣曲县开办过卓越实业公司,于 2002 年在山西创建过西贝尔通信科技有限公司,于 2003 年在北京创建了西伯尔通信科技有限公司。这几段创业经验,为他最终创办乐视网打下了良好的基础。2004 年,脱胎于西伯尔通信科技有限公司移动业务部的乐视网正式成立。①

---

① 百度百科:贾跃亭,http://baike.baidu.com/link? url = fJbeQR3aSBzad4SyDDd2Cy1oeiRgVy2z4yxIBa7aEgwgNQA
　　-LS0pqlXLT_CkNTFgQXZKWPmGzHGaqvQKXXMeLK,2015 年 12 月 23 日访问。

就在乐视网创办的第二年，即 2005 年，中国的视频网站开始真正逐步发展起来。土豆网、56 网、优酷网等视频网站纷纷创立，新浪、腾讯、搜狐等各大门户网站看到其中蕴含的无限商机，也纷纷创立了各自的视频网站。一时间，视频网站如雨后春笋般出现。当时创建的包括土豆、优酷和 56 网在内的大多数视频网站，一开始都是采用 UGC（User Generated Content）模式，即以用户自己制作或分享的视频内容为主，这些视频网站本身主要是作为一个免费的分享平台，这一模式也为当时的这些视频网站聚集了大量的人气。以土豆网为例，在其创立初期就拥有了 8000 多万的注册用户。[①]

不同于同一时期的大多数视频网站，乐视网没有选择 UGC 模式，而是以提供正版影视内容为主，采用"正版高清+用户付费"和"正版免费+广告"的模式，从创立之初就坚持对用户进行收费，注重对付费用户的培养。但由于当时无论是用户还是业界，对于版权的认识都十分不足，因此成立初期的乐视网规模较小，知名度较低，发展也较为缓慢。但也正是因为当时业界对于版权的认识不足，乐视网得以在最初的几年以很低的价格购入大量影视作品的正版版权，能够以低成本开始并且持续运营。即便是在 2005、2006 年其他视频网站大混战、版权问题开始浮现并且变得十分严重的时候，乐视网也仍然坚持着用户付费观看的模式。

乐视网的情况得到极大的好转是在 2009 年，这一年也被称为网络视频行业的"版权元年"。就在其他视频网站开始大规模、高价格地竞争影视作品版权的时候，乐视凭借着自身从一开始就坚持正版版权、大量购买影视作品版权的积累，在版权的竞争中占据了极大的优势。积累下的数量庞大、质量较优的正版资源，在帮助乐视网吸引大量用户的同时，也吸引了大量的同行，版权分销成为当时乐视网的一大盈利点。

经过 2010 年之前的"广积粮"买版权、2011 年的"拼眼光"挑剧目、2012 年的"攒人气"树品牌，到 2013 的"大剧"营销战略和多屏运营，再到 2014 年的热门版权全覆盖策略，当前，乐视网拥有了全行业品类最全、数量最大、质量最精的影视资源库。截至 2015 年底，乐视网拥有超过 6000 部电影和 130,000 集电视剧版权，热片覆盖率超过 80%。并且，乐视网也正在加速向自制、体育、综艺、音乐、动漫等领域发力。

除了大量购买影视作品的正版版权之外，乐视还于 2011 年成立了乐视电影公司——乐视影业，并于 2013 年收购了知名导演郑晓龙控股的花儿影视，为乐视的影视资源库增添了更加丰富的精品资源。同时，乐视也致力于推出自制剧，打造"乐视自制"这一品牌。自制剧每天一集不间断推出，极大地丰富了乐视网的内容。通过创立

---

① 姜丽媛：《国内视频网站的发展研究——以乐视网为例》，西南政法大学硕士论文，2014 年。

电影公司、收购影视公司以及加快推出自制剧等方式,乐视网成功地巩固了自身在正版版权数量和品类上"行业第一"的地位。

上市是一家企业发展到一定规模的必然选择,乐视网也不例外。2010 年 8 月 12 日,乐视网在中国创业板上市,成为行业内全球首家 IPO(Initial Public Offerings)的视频公司,也是中国 A 股唯一上市的视频公司。

随着乐视网的不断发展,贾跃亭不再满足于单纯做一个"视频网站",不再只把目光和发展脚步局限于视频或内容。从 2009 年乐视推出第一款乐视 TV·云视频超清机 Letv-818 起,乐视开始大举进军智能终端行业。随后,乐视推出了两款乐视 TV,并于 2012 年 8 月创建了乐视互联网电视终端业务公司——乐视致新电子科技(天津)有限公司。同年 9 月,乐视宣布推出自有品牌的智能电视"乐视 TV·超级电视"。除了不断地推出系列"超级电视",乐视还推出了包括超级手机、乐视盒子、EUI 及 LeMe 等在内的智能配件,并迅速成长为中国智能终端行业的一大品牌。

在智能终端行业获得成功后,贾跃亭或者说乐视的步伐并没有因此停下。2012 年 12 月,乐视创建了国内首家定位于高端葡萄酒消费的电子商务网站"网酒网";2014 年 1 月,乐视网与乐视控股双方共同投资,正式成立"乐视云计算有限公司";2014 年 12 月,乐视宣布打造超级汽车的"SEE 计划";2015 年 4 月 14 日,乐视推出了全球首个生态手机品牌乐视超级手机等等,乐视在逐步涉足电子商务、应用市场、互联网智能电动汽车等各个领域。[①] 至此,我们可以看到,乐视致力于打造的基于视频产业、内容产业和智能终端的"平台+内容+终端+应用"的垂直整合的完整生态系统,正在逐步成型。

最新的消息显示,2016 年 1 月 12 日,乐视以全新面孔亮相。在当日举办的生态世界发布会上,乐视正式宣布更换全新四色 Logo,并启用了 www.le.com 新域名与全新品牌 LeEco,"乐视网"也正式更名为"乐视视频"。这一举措是为了很好地整合完整的生态系统,并且加快全球化的发展步伐。

经过十一年的发展,乐视目前是中国创业板市值第一、海内外上市市值排名前五的中国互联网企业中唯一的纯内资互联网企业。并且,乐视的垂直产业链整合业务涵盖了互联网视频、影视制作与发行、智能终端、大屏应用市场、电子商务、互联网智能电动汽车等;旗下公司包括乐视网、乐视致新、乐视影业、网酒网、乐视控股、乐视投资管

---

① 百度百科:乐视,http://baike.baidu.com/link? url＝PsEnN-hHcrAFxWq45Zn2X_jrp0N0_SvKDlikETPf5qIgcD48kra Zu-du5_TONblTDTf2NN9kWgkEeI1FwATWK7sbTnqSlpH2XD-oQs1c2kxYzp5L9pHUJPL-28eA-vcfWO6PDId9D_o1qJAw4UPS5nOfXhtKxnHX4K4vdCwGOhTNEn49SsUZYD_oz9w6y_U,2015 年 12 月 28 日访问。

理、乐视移动智能等。显然,乐视已经由当初单一的视频网站,逐步发展壮大,成为当今集视频产业、内容产业和智能终端为一体的大型互联网公司。

三、乐视的完整生态系统及其利弊

乐视的"平台+内容+应用+终端"的完整生态系统包括互联网技术生态、内容生态、大屏生态、手机生态、汽车生态、体育生态及互联网金融生态七个子生态,以及一些正在孵化的垂直业务。接下来,本文将对乐视控股的全球七大生态与垂直业务进行一一呈现,并且对乐视的这一发展模式的利弊进行简单的评析。

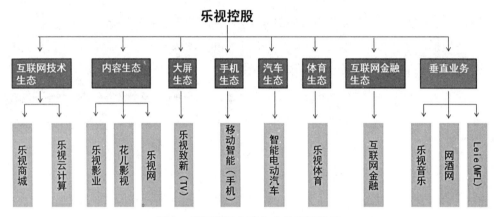

图1　乐视控股全球七大生态结构图

(一) 互联网技术生态

互联网技术生态是乐视完整生态系统中最早成熟且最关键的生态之一。这一生态为其他生态提供了强大的技术支撑。

乐视的互联网生态所包含的业务主要分为两大部分:平台与应用。在平台方面,共有四个具体的平台,分别是:云视频开放平台、电商平台、广告平台和大数据平台;而应用则分为应用市场与应用服务。而图1中第三层级显示的"乐视商城""乐视云计算"则是乐视控股之下,两个具体去完成以上业务的旗下公司。

云视频开放平台强调的是"一云多屏",主要集纳了乐视所有的视频资源,运用于乐视现正着力打造的包括手机、iPad、电脑、电视、大荧幕和汽车在内的"六屏"及其他智能终端。并且,乐视开放云平台致力于构建免费的商业模式,提供专业视频服务与稳定高质 IDC(Internet Data Center)带宽。目前,该平台已经拥有超过15Tbps 带宽,超过 650 个 CDN(Content Delivery Network)节点,遍布全球各个角落。

电商平台,则是乐视打造的主要进行乐视 TV、手机和其他智能硬件销售的平台,即乐视商城。凭借着乐视商城创造的电商行业电视单日单品牌的销量、销售额等纪录,乐视商城作为生态型电商正在快速地崛起。目前,乐视商城已经位列中国十大 B2C 电商的第三名,仅次于天猫与京东商城。

广告平台是乐视进行广告运作的平台,无论在超频比例数据控制还是整体技术故障率控制上,乐视的广告平台均拥有行业的先进水平。大数据平台则可以说是整个乐视生态的基石。通过乐视云计算,大数据已经辅助了运营决策、产品决策、广告销售决策、视频制作等各个重要的领域。

(二)内容生态

内容生态也是乐视网成熟较早的生态。如果说乐视网没有技术就不能称之为"网",互联网技术生态起到技术支撑的作用的话,那么乐视网没有内容就不能成为"视",内容生态为其他生态提供了内容上的支撑。对于内容生态的注重与大力发展,也是如今乐视在很大程度上依然可以被视为一家视频网站公司的原因所在。

内容生态主要包括内容的生产制作、线上与线下发行、应用和云平台四个部分。内容生态下具体参与运作的旗下公司分别为乐视影业、花儿影视与乐视网。

首先是内容的生产制作和内容库。乐视既注重内容版权的买进,也注重内容的自制。买进是大量地购买独家、热门的影视作品的版权,自制则依托于花儿影视与乐视影业两个旗下公司,分别去进行电视剧与电影的生产。并且,张艺谋、郑晓龙、郭敬明、陆川等国内知名导演纷纷加盟乐视,也为乐视的内容生产提供了极大的助力。当前,乐视已经拥有全行业品类最全、数量最大、质量最精的正版视频版权库,旗下的乐视影业也已经成为中国票房收入前三的电影公司。

其次是线上与线下(O2O)发行,包括全屏影视会员、乐影客、移动影视会员和超级影视会员。总结来说,就是各个内容平台的会员销售,让用户愿意为乐视的内容付费购买会员。注重对于付费用户的培养,让用户为内容付费,是乐视自创立之初就一直坚持的做法。

应用是指用户获得乐视内容的两个应用平台,包括乐视网与乐视体育的网页版应用、电脑客户端与移动客户端,用户可以通过这些应用平台观看乐视的精品内容。云平台即覆盖全球的乐视云视频开放平台,让全球的用户可以无障碍、随时随地获得极致的视频生活体验。当前,乐视云视频开放平台已经超越了美国亚马逊,成为全球第一的云开放平台。

（三）大屏生态

乐视于2013年开始着力打造大屏生态,致力于以最全的与不断自制的影视内容、顶级的观影终端、完善的云视频支撑、丰富的电视专属应用形成领先的产品价值。简言之,大屏生态即乐视围绕超级电视所进行的研发生产、线上与线下销售和运营工作,主要由乐视旗下的公司乐视致新(TV)来开展。

"最全的与不断自制的影视内容"由内容生态提供,"完善的云视频支撑"依赖于互联网技术生态,负责超级电视销售的乐视商城也属于互联网生态部分,上文已经做过介绍,在此不再赘述。这里需要进一步说明的是"顶级的观影终端"与"丰富的电视专属应用"两个部分。

终端,即乐视超级电视。超级电视采用顶级的硬件配置和领先的产品设计,标配世界领先的电视操作系统EUI,并且在乐视的互联网技术生态与内容生态的支撑下,在电视行业的竞争中脱颖而出,仅用一年时间就成为唯一全线打败三星、索尼、夏普等所有洋品牌的民族品牌。当前,乐视超级电视已经形成了完整的产品系列,包括S40 Air、55 Pro、Max65、X50 Air、S50 Air,累计销量已突破300万台。

而电视专属应用,则是乐视专门为超级电视打造的、适应大屏的应用Letv Store。目前,Letv Store已经拥有包括健康、视频、游戏、购物、教育、K歌等类别在内的超过3000款TV应用,还有包括乐视视频、乐视云盘、乐拍、今日视频等在内的丰富的精品服务,拥有独立用户超过4亿,已然成为中国大屏互联网第一应用市场。

（四）手机生态

手机生态,顾名思义,就是围绕着手机这一终端开展的从研发生产到线上与线下销售再到用户运营的系列工作,主要由乐视旗下公司移动智能(手机)负责。

2015年4月14日,乐视在北京、硅谷同步推出全球首个生态手机品牌乐视超级手机,发布了三款旗舰产品:标准旗舰乐视超级手机1(乐1)、顶配旗舰乐视超级手机1 Pro(乐1 Pro)和极限旗舰乐视超级手机Max(乐Max),三款手机在市场上均受到热烈追捧。从5月19日正式销售到7月1日为止一个多月的时间,手机销量已超50万台,预计未来千万级个人用户将成为入口。

而乐视手机之所以称为"超级手机",主要在于以下几点:第一,超级硬件,包括机身、芯片、屏幕等多方面采用国际最先进的技术进行设计与装配;第二,超级内容,依托于乐视强大的内容生态,以及专门针对超级手机打造的 3D、杜比、DTS(Digital Theater Systems)片源;第三,超级应用,包括乐视自有的系列视频、音乐、体育、LeCloud 应用和 EUI 手机系统;第四,超级云平台,依托于乐视的互联网技术生态在全球建立的 650 个 CDN 节点、超过 15Tbps 带宽,全面支持 4K 和 H.265 新一代视频技术;第五,超级价值,例如,乐视超级手机用户享有集 TV 与移动和 PC 多屏一体的全屏影视会员合约服务;第六,超级 UI(User Interface),打造全球首个手机生态 UI,首创包括应用、LIVE 和乐见桌面在内的多类桌面等。

乐视超级手机凭借着以上几个“超级”,及其打通内容、技术与多屏等生态的优势,已然成长为智能终端市场快速崛起的民族品牌。2015 年 11 月,乐视移动智能完成首轮融资 5.3 亿美元,成为乐视七大子生态中首轮融资额最高的公司。①

(五)汽车生态

2014 年 12 月,贾跃亭宣布乐视“SEE(Super Electric Eco-system)计划”,致力于打造零排放的电动汽车以及“完整的汽车生态系统”——通过汽车搭载自己的内容,以实现用户在内容和硬件间的无缝转换。该计划也是乐视未来十年最具战略意义的计划之一。

具体来看,“SEE 计划”将复制乐视生态垂直整合的成功模式,重新定义汽车。通过完全自主研发,打造最好的互联网智能电动汽车,建立互联网智能电动汽车生态系统,使中国汽车产业弯道超车,颠覆欧美日韩传统巨头,有效解决城市雾霾及交通拥堵问题,让人人都能驾驶超级汽车,呼吸纯净空气。

目前,乐视已经在美国设立了互联网电动汽车公司,在洛杉矶、硅谷、纽约等地进行整车的研发生产。除了和阿斯顿马丁、北汽集团形成全面合作,乐视还收购了特斯拉的一些团队和以色列的一些电池与电控方面的人才,进行相关汽车的整车的研制工作。

而在美国当地时间 2016 年 1 月 4 日,乐视宣布与美国初创电动汽车公司 Faraday Future(法拉第未来)达成战略合作,并且推出首款 FF Zero1,标志着乐视汽车生态的“SEE 计划”从计划落到了实地。

① 新京报:《乐视手机完成首轮融资 5.3 亿美元》,2015 年 11 月 26 日,http://www.vistastory.com/a/201511/42564.html。

（六）体育生态

2014 年 3 月，乐视体育文化产业发展（北京）有限公司在原乐视网体育频道的基础上正式成立，由单一的视频媒体网站的业务形态，发展为集"内容""赛事""互联网应用服务""智能化"为一体的全产业链体育生态型公司。

在内容方面，业务范围包括直播、节目、资讯和数据。目前，乐视体育拥有高尔夫、网球、足球、F1、棒球、橄榄球、马拉松与自行车等超过 200 项赛事版权，且多数为独家版权，致力于打造成为全球最大互联网赛事版权库、最完整的全终端内容平台和最开放的互联网体育赛事播放体系。2016 年初，全球顶级赛事 MLB 选择与乐视体育建立战略合作，高通选择乐视作为最新产品的首发平台。

在赛事方面，具体业务包括顶级赛事引进、赛事改革与自主研发赛事。当前，乐视体育运营着国内外各项顶级赛事，最典型的是 2015 年国际冠军杯中国赛，深圳、广州和上海三地的中国主场。2016 年初，乐视体育还与北京国安达成了战略合作，正式冠名球队为"北京国安乐视队"。

在互联网应用服务方面的具体业务为体育电商、彩票、游戏与票务等。而智能化方面包括的业务分为软件和硬件两块，软件是计算、传感与社区，硬件则是打造拍摄设备、可穿戴设备与运动设备。

2015 年，乐视体育完成首轮融资。这个成立仅 1 年的乐视体育，以 28 亿的估值获得人民币资金 8 亿元，创造了中国体育产业首轮估值及融资额的双重纪录。① 除了雄厚的资金支持，乐视体育还拥有强大的团队，其中包括新浪与乐视前总编雷振剑、央视前著名体育主持人刘建宏、黄健翔等。

（七）互联网金融生态

相对于其他发展得比较早、比较成熟的子生态而言，乐视的互联网金融生态目前仍处于谋划和布局的阶段，尚未有具体的产品或业务形态面世。

乐视最早是在 2014 年对外披露布局互联网金融服务的。乐视旗下最早涉足互联网金融的子公司"乐视财富（北京）信息技术有限公司"也成立于 2014 年，另一家与互联网金融业务相关的子公司乐钻易宝（北京）科技有限公司则成立于 2015 年 7 月。

然而，由于种种限制，乐视互联网金融并没有在 2014 年就发展起来。直到 2015

① 凤凰体育：《乐视体育或 8 亿融资创行业新纪录 万达云锋领投》，2015 年 5 月 20 日，http://sports.ifeng.com/a/20150520/43798759_0.shtml。

年8月,随着两位金融界大咖——原美银美林集团亚洲区 TMT(Technology Media Telecom)负责人郑孝明加盟乐视,负责全球投融资业务;原中国银行副行长王永利加盟乐视,担任乐视高级副总裁,负责互联网金融业,才标明了乐视的互联网金融业务的正式启动。

截至目前,仍然未有消息透露乐视拿到了第三方支付牌照,乐视的互联网金融业务也尚未发布。而作为垂直整合的完整生态系统的重要组成部分,乐视未来对于互联网金融这一子生态的发展与规划,值得期待。

(八) 垂直业务

除了以上七个具体的子生态,乐视还有其他垂直创新孵化业务。"孵化"之意在于,这些业务一旦成熟、做大做强,随时可以被分割出去,独立地发展成为乐视一个新的子生态。具体来看,乐视的垂直创新孵化业务主要有以下三个:乐视音乐、网酒网与Leie。

1.乐视音乐

2015年3月27日,乐视音乐公司正式成立。乐视音乐定位为"音乐 + 科技 + 互联网",致力于打造垂直整合的音乐产业价值链,颠覆传统的音乐产业模式,打造"IP+互联网 + 硬件 + 增值服务"的乐视音乐生态。当前,乐视音乐已是国内最大的音乐视频内容生产平台,拥有最多的4K内容和包括PC版音乐频道、移动客户端"看音乐"、TV版等版本的终端,实现了全终端的覆盖。

不同于BAT争抢音乐版权的做法,乐视音乐以更切合其主体视频业务的音乐视频和演出直播来切入音乐产业。2014年8月,乐视音乐在之前做"Live生活"系列音乐会的基础上和汪峰合作,收费直播汪峰的演唱会,开创了中国音乐产业"现场演出+线上付费直播"的先河。2015年,乐视音乐不仅直播了360多场演唱会,更与多位人气偶像达成演唱会O2O付费直播模式,例如与摩登天空、SNH48等达成了长期直播演唱会的合作。在与国内外顶级明星IP合作模式的布局上,乐视音乐进行了深度挖掘与颠覆创新,以打造完整音乐生态系统。

2016年,乐视音乐也将成为乐视整个生态格局中一个重要的发力点。就在年初,乐视在前两年直播格莱美奖的基础上,拿到了今年第58届格莱美奖中国全部平台的独家转播权,开始了今年在音乐领域的"攻城略地"。

2.网酒网

网酒网是乐视旗下的酒业电商平台,建立于2011年10月。这是国内首家定位于高端葡萄酒消费的电子商务网站,以"网络世界名酒"为目标,与多家世界名酒庄建立了独家战略合作关系,致力于在全球范围内甄选近千款精品高端葡萄酒,为中国高消费人群提供高端葡萄酒专业化、全方位服务。

2016年初,网酒网完成了A轮近2亿元融资。这笔投资将被用于打造以文化为内核的新产品系列,加强渠道建设速度和平台建设。而作为乐视完整生态系统的一个部分,网酒网未来计划由垂直电商过渡为平台,成为以乐视网、乐视TV和手机为载体的美酒发布平台。

3.Leie 乐意

2015年2月3日,乐视宣布在乐视控股旗下成立Leie智能科技有限公司。

Leie乐意源于乐视的MEL(Made For Lemi,为乐迷制造)计划,主要是围绕乐视生态去打造具有创意性的亲子、音乐、智能家居等产品与服务,借助差异化的突破性商业模式,为用户提供有趣的、亲密的、高品质的互联网生活体验。目前,Leie乐意已经拥有"乐小宝"故事光机和神兽级蓝牙耳机两款热销产品,未来还将推出智能自行车、智能小家电等各类智能硬件。

(九) 乐视完整生态的利弊评述

实际上,乐视所谓的"完整的生态系统"就是一种跨产业垂直整合的企业发展模式。乐视从"内容"向产业的上下游分别延伸到"平台"、"应用"和"终端",加上逐步发展的金融支付系统,形成了一个纵向闭环的生态链;再加上横向扩展到其他产业以及打造的开放系统,共同构成了乐视这个开放的闭环生态系统。

乐视这一发展模式促进了它的发展与壮大,让其成为一家别具一格的视频网站,在同其他视频网站的竞争中占据极大优势。当然,这一模式也存在巨大的风险和明显的不足,这也让其他的视频网站对乐视的发展模式始终保持观望态度,而不是学习模仿。

1.优势

本文认为,乐视这一发展模式的两个最明显的优势分别是打破价值链、产业间的壁垒和使企业盈利模式多样化以提高企业的生存能力。

首先,进行垂直整合下的价值链重构,有利于打破价值链与产业间的壁垒,贯通上下游的产业,形成产业间、价值链环节间的化学反应。这样不仅能够提高产业的发展、创新的效率,还能节省很多企业对外沟通、交易的成本。

举个例子,一般来说,如果一个第三方出品了一个优质的电视剧或电影,视频网站之间对于这部电视剧的播放平台与版权的竞争是非常激烈的,动辄花费几百万去买一该作品的播放权,且往往还不是独播。而手机用户通常需要自己去应用商店下载一个视频网站的客户端,而可供选择的很多,如何抢占用户也是一件难事。但就乐视而言,它围绕着乐视网这一视频网站平台,向上游是创立电影公司、收购电视剧公司等,来生产更多独家、优质的内容独家供应乐视网;向下游,则是通过自己生产电视、手机等终端来抢占用户观看入口,将乐视网等各种自有应用轻松置入这些终端之中。如此一来,乐视的垂直整合优势就尽显无遗。

其次,盈利模式多样化,也是一个明显的优势。一个企业如果有多种业务模式,那么直接带来的就是盈利模式的多样化,可以从各种业务中实现盈利,降低企业的生存风险,生存的能力得到较大的提升。

乐视的完整生态系统,使得它可以从视频网站本身盈利,也可以通过电视剧和电影的出品盈利,还可以从超级手机与超级电视等智能硬件的销售中获得盈利,而不是像很多视频网站一样,把所有的鸡蛋放在一个篮子里,只能从视频网站会员支付的费用与广告费用等极少数的渠道盈利。这恐怕也是为什么在国内只有极少数的视频网站实现盈利的原因——花费高昂的成本购买影视版权,但只能从不多的注册会员身上收取会员费和从广告主那里获取贴片广告费,入不敷出,但却没有像乐视那样有其他产业的盈利来填补视频网站这块的空缺以进行资金的流通,长期的亏损最终将严重阻碍视频网站的发展。而乐视当前发展模式的一大优势,就是能够在一定程度上很好地规避这一风险。

2.弊端

当然,乐视的这种发展模式也存在明显的不足。本文认为,乐视的完整生态系统,即跨产业垂直整合的企业发展模式存在的一个最大的弊端就是:产业垂直整合的风险与难度很大,最终成功的几率不高。

与其说这是弊端,不如说是挑战。一般而言,一个企业最擅长做的通常只有一件事情或一类事情,也没有哪个企业家是可以纵横各个领域的全才,术业有专攻。而乐视当前的生态系统,其实就是在做一种跨产业的尝试,不仅从纵向打通围绕乐视网的上下游产业,而且从横向拓展了很多不太相关的业务。那么面对越扩越大的产业范围与越来越多的业务类型,乐视如何做好兼顾与统筹发展、如何去做好擅长的与"赚钱的"业务之间的平衡?这是乐视发展所面临的一大难点,也是这种发展模式的一大弊端。

乐视最初是作为一个视频网站起家的,内容目前也仍是乐视产业的一大支撑。而随着乐视生态系统的更进一步的发展,乐视如何把握内容与硬件或其他业务之间的关系,如何兼顾越来越多的子生态和垂直业务的发展,都实属不易。历史上留下了很多这样的教训——企业的业务范围越扩越广、想做的越来越多、扩张速度越来越快,最终导致了企业的失败。不是没有企业想过、尝试过整合整个垂直产业链,只是很少有企业最后真正成功了。这一模式的实施风险大,成功的概率不高,只有勇于尝试与大胆创新的企业才敢真正选择这条路。在这一点上,足见乐视的勇气与野心。

乐视的这一发展模式正在快速地发展,目前的各个子生态都在迅速完善与扩张,企业的规模也在迅速地扩大,再加上乐视目前正在发展的汽车、金融等难度和风险都非常大的领域,如何避免自身重蹈之前失败企业的覆辙、稳步发展,真正把这个完整的生态系统做成功,是乐视必须面对的一个挑战。当然,我们也期待,乐视能够成功规避这一风险,顺利地走出一条不寻常的成功之路。

四、完整生态系统带来的困惑与乐视的破局

以上呈现的乐视完整的生态系统,让人们清楚地看到乐视的业务范围与发展布局已经远远超出了一个视频网站本身。乐视现今已然成长为集互联网视频、影视制作与发行、智能终端、大屏应用市场、电子商务、互联网智能电动汽车等业务为一体的互联网公司,走出了一条与优酷土豆、爱奇艺等视频网站全然不同的发展道路。

乐视所构建的这种全生态的发展模式,在国外有两家公司——亚马逊与 Netflix 已经运用得比较成熟,而国内尚无可资借鉴的成功经验。所以,正如上文简单分析的这种发展模式的利弊一样,乐视在进行完整生态系统构建的道路上,由于拥有跨产业的垂直整合的优势,很容易使自身从单一的视频网站的竞争中脱颖而出。但同时,这种首创与大胆的尝试,也有其自身的弊端,也很容易使乐视面临一些其他视频网站公司所不会遇到的困难与困惑,需要乐视不断地进行尝试与探索,去寻求破局之道。

(一)生态:商业概念 vs 具体布局

乐视由最初的视频网站业务,纵向延伸到同一产业链上下游的内容生产、终端开发等,横向扩展到汽车、酒业电商平台等不同产业链的业务,这是乐视当前的发展路径给人最为直观的感受,也是本文对于乐视的发展轨迹的最直接的理解。然而,乐视并

没有直接一个一个单独地去介绍这些业务,而是用一个"生态系统"的概念,将其所有的业务整合在一起,致力于打造一个由垂直整合的闭环的生态链和横向扩展的开放生态圈共同构成的开放的闭环生态系统。

然而,这种"生态系统"概念最初提出的时候是遭受了广泛质疑的。很多人认为,乐视不可能真正地做出这么一个所谓的"生态系统",这只是贾跃亭编织出来的、忽悠人的一个商业概念而已,实际上并没有其宣扬的那么玄乎和"高大上",并且很有可能连乐视的决策层都不知道自己现在究竟在做什么、未来想做什么。

但伴随着这个基于用户中心的"平台+内容+终端+应用"的完整生态系统逐渐搭建起来,七大子生态逐渐发展成型成熟,乐视向世人证明了这是一个具体可行的发展布局,而不是一个虚的商业概念。乐视围绕着自己提出的完整生态系统,的确有着一套明确的发展规划与明晰的发展路径。

乐视生态就像一个篮子,把乐视的所有业务纳入其中。但这个篮子并不是无序的,它有着清晰的四层架构:基于用户为中心的终端、应用、内容与平台。这四个层级把乐视的绝大多数业务都包含在其中。同时,这个"篮子"还是一个开放的闭环,欢迎其他的公司或企业在不同的层级上与乐视进行交流与合作。乐视最终希望把这个生态做成一个开放的品牌,这个体系虽然是乐视搭建的,但欢迎所有人共同参与。

(二)模式:传统的专业化分工 vs 跨产业的垂直整合

关于发展模式的困惑是由乐视所选择的这条发展道路是国内尚无的、无前例可鉴的,是对于未来的难以预知所带来的。

在乐视提出并构建"平台+内容+终端+应用"垂直整合的完整生态系统之前,国内的公司,尤其是视频网站,采取的发展模式基本上是传统的专业化分工,即按照企业活动的特点从事适当领域的工作,因企业的特点制宜。例如,视频网站就做视频网站的事情,硬件生产商就负责生产硬件。在产品短缺、资源不足、沟通和交易成本很高的历史背景下,专业化分工是工业化大规模生产提高效率的必然选择。这是一条传统的道路,也是一条不容易出错的、风险较小的道路。

然而,相较于专业化分工的优势,乐视更看到了这一模式的劣势——产品同质化严重、环节创新代替整体创新所形成的创新壁垒、环节间的相互制约与难以协同等。并且,互联网的快速发展使沟通的成本大大降低,这也一再动摇了专业化分工的理论根基。乐视由此判断,垂直整合将战胜专业化分工。于是,乐视选择了一条几乎是全新的、更为冒险的道路,去进行跨产业垂直整合下的价值链重构,提出了独特的完整生

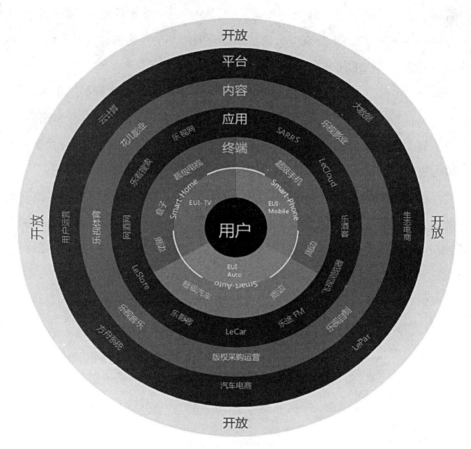

图 2　乐视生态结构图

态系统。这一发展模式的优势在上文评析部分已经有了详细的分析,这里就简单提及:主要就是可以帮助乐视打破各环节的发展壁垒,发挥跨产业的协同作用,能够使得企业的业务模式、盈利模式多样化,生存能力得到极大的增强。

人们总是习惯性地去否定新生的事物,但是人们也注定无法阻止发展的脚步。乐视这种跨产业的垂直整合模式使其成为国内第一个实现盈利的视频网站企业,并且一再拿出亮眼的成绩单——2014 年,乐视全生态业务收入突破 100 亿元人民币,上市仅 4 年就增长百倍;2015 年预计达到 200 亿至 300 亿元,完成从平台型公司向生态型公司的进化。2015 年 5 月,乐视网市值突破 1500 亿元,再度成为中国创业板市值第一的企业。乐视的完整生态系统目前仍然保持着相当的活力与昂扬向上的势头,不断地进行着新的变革与创新。

对于这两种发展模式孰优孰劣,目前仍然不能下定论。毕竟,乐视的生态系统仍然在不停地扩大,业务范围也越来越广,风险也随之不断增加,乐视这种跨产业的垂直整合模式是否能够引领互联网背景下中国企业最深刻的变革,垂直整合是否能够战胜专业化分工,还需要时间和实践给出答案。

(三)定位:内容 vs 硬件

与其说这是乐视的困惑,倒不如说这是乐视带给旁观者的困惑——乐视的生态系统包含如此宽泛的业务,哪一个才是乐视的核心业务?从当前最主要的两块业务——从内容和硬件来看,乐视目前的企业定位到底是什么?是一家视频网站公司,还是一家专注于智能硬件研发生产的公司?

实际上,从乐视目前的布局和历史沿革来看,虽然技术和内容是整个生态系统的两大支撑、先行的业务,但是现有的各个业务板块可以说是平均着力、均衡发展的。技术和内容这两个子生态发展得相对比较早,成熟得也比较早,因此可以由一个板块变成一个层级,为其他的子生态提供技术和内容方面的支撑。但这并不意味着内容和技术就是业务的核心。乐视目前并没有一个所谓的“核心”业务,所有的业务都在均衡发展,如此才能带动整个完整生态的发展。

而关于乐视目前究竟是一家视频网站公司还是一家专注于智能硬件研发生产的公司,其实并不能得出一个非此即彼的答案。因为乐视现有的生态已经同时包含了视频网站与智能硬件的研发生产两个部分,并且还远远不限于这两个部分。乐视要做的是一个打通各个层级的生态,是进行跨产业的垂直整合,总体形成一个开放的闭环。而传统的关于一个公司的定位方法,仍然是在专业化分工的基础上产生的,而乐视显然已经跳脱出了这个范畴。

(四)硬件:销量飘红 vs 产能不足

2015 年,乐视最为引人瞩目的应该是其在硬件,特别是超级手机上所取得的成绩。2015 年 4 月 14 日,乐视推出全球首个生态手机品牌乐视超级手机,发布的三款旗舰手机在市场上受到热烈追捧。2015 年,乐视超级手机总销量超过 400 万部。单独看这个销量虽然并不惊人,但这一销量是从 2015 年 5 月 19 日发售手机到年末仅 7 个多月就达成的,这在国产手机品牌中是史无前例的。乐视超级手机用最快的发展速度,迅速成长为国产手机中的一个大品牌。

乐视超级手机销量飘红的同时,网上也出现了一些负面的声音,一些对于发货迟缓、卖期货的质疑。发货速度确实是困扰乐视的一个问题。主观的原因在于,乐视并没有意料到手机的销售会那么火,加上经验不够,所以准备不足,从而导致了这些问题。而客观的原因在于,乐视超级手机虽然是乐视的品牌,但乐视自身只负责研发、售后与服务,而从生产到销售再到运输都是外包的。例如,生产外包给富士康,物流委托给顺丰等。既然是外包和委托服务,那就不可避免地会存在排期的问题,特别是物流方面,还会有各种不可控的因素,使得整体呈现出来的情况就是手机到达用户的时间过长。

乐视定下的 2016 年超级手机的销量目标为 1500 万部。要想达成这一目标,除了强化超级手机的固有优势之外,及时解决产能不足与物流运输速度的问题也非常重要。而乐视的应对则是与富士康、和硕等负责硬件生产的企业合作,开辟更多的生产线来提高产能。同时,加强生产后运输环节的建设,尽量缩短手机从产出到抵达用户手中所需要的时间。

（五）内容:全部打通 vs 因"屏"制宜

乐视是目前国内唯一一家打通六屏——手机、iPad、电脑、电视、大荧幕和汽车的企业,而"六屏战略"也是乐视的一个重要发展战略。乐视完整生态系统中的内容生态,则同时为这六个屏幕提供内容支撑。换句话说,六屏即六个不同的内容呈现终端。这是乐视六屏与竞品之间的差异化王牌,也是乐视的一个困惑和风险所在。

本文认为,不同的屏幕所需要的和所适合的内容是不一样的。就拿小屏的手机和大屏的电视来说,这两种形态完全不同的产品,对于内容的质量、清晰度、播放方式等各方面的需求是不同的,要想在手机上复制电视的成功绝对不是一件容易的事。因此,在内容方面,乐视是否会因"屏"制宜,不同的内容专供最适宜的终端呈现,或者对同样的内容进行二次加工以适配不同的终端呢?

答案是,乐视虽然会在不同的"屏"上有不同的板块设计和内容规划,例如有专门针对超级手机打造的 3D、杜比、DTS 片源,但总体来说,乐视目前依然坚持的是将内容全部打通的策略,即将所有的优质内容同步投放到各个终端,而把观看平台的选择权交到用户自己的手里。例如,乐视内容中的一些 4K 的内容,虽然是在六屏之间全部打通,但是只能在大屏获得最好的观影效果,所以用户自己就会对最佳观看平台进行选择,而不需要乐视额外地根据不同的终端去进行内容的差异化投放。

五、生态系统的未来:全球化

在 2016 年 1 月 12 日的乐视生态世界发布会上,CEO 贾跃亭用这么一句话说明了乐视未来的发展规划:用未来定义未来。同时,乐视还宣布"乐视网"正式更名为"乐视视频",并公布了未来发展的三大战略——内容联结用户、开放打造服务与全球化共享,以用户为中心,引领创新颠覆之路。随着乐视 2015 年七大子生态建设基本完成,2016 年乐视的主要战略是全球化、生态全球开放以及子生态之间的完美化反。[①]而乐视此次推出国际域名 Le.com,也是为了更好地推进自身的全球化战略。

全球化战略已然成为乐视未来发展最重要的战略之一,也是乐视 2016 年最重要的一大发力点。乐视的战略首选地是美国、印度这些有巨大突破边界创新的潜力或是有极高的增长速度的国家和地区。与此同时,乐视会继续推进向东南亚包括中国香港地区在内更多的市场的拓展。

当前,乐视已经建成以"北洛硅"为支撑的全球互联网生态布局。"北洛硅"指的分别是北京、洛杉矶和硅谷,三个城市分别代表了互联网、艺术与科技,是驱动全球经济的三大引擎。乐视的"北洛硅"战略计划如下:应用实施在北京;媒体、娱乐产品制作与合作在洛杉矶;技术创新在硅谷。并且,乐视在洛杉矶与硅谷已经分别成立了一个子公司,洛杉矶子公司负责内容制作业务线,硅谷子公司负责互联网业务线和智能终端业务线。

美国时间 2016 年 1 月 6 日,乐视云在全球顶级的科技界盛会国际消费电子展(即 CES,International Consumer Electronics Show)上宣布:乐视云美国子公司成立,正式在美国开展服务,并全面加速全球战略布局。这一举动是实现乐视生态全球化战略非常重要和关键的一步,也是在互联网时代中国的企业进军全球市场的标志性事件。

乐视全球化战略的目标是不仅仅要将乐视的产品落到全球各个主要的市场,更要把整个生态落地到各个国家和地区,给全球的用户带来极致的体验和更高的用户价值。所以除了在海外设立子公司,让乐视自身的产品和服务都能够走出去,并且利用全球的先进技术进行内容生产与硬件产品的研发之外,乐视还在全球布局了近 650 个 CDN 节点、超过 15Tbps 的带宽,全面支持 4K 和 H.265 新一代视频技术,以保证全球的乐视用户都能够享受到极致的视频生活体验。

而除了全球化,本文认为乐视的未来发展特别是 2016 年的发展战略,还有三个重要的关键词:内容输出、硬件创新与"SEE 计划"。

第一,内容输出,主要是在电影方面。

在过去的一年中,乐视影业有着不俗的市场表现。2016 年,乐视影业将继续坚持

---

① 新华网:《乐视发布新品牌 LOGO 去"TV"开启生态世界》,2016 年 1 月 13 日,http://news.xinhuanet.com/tech/ 2016-01/13/c_128623694.htm。化反:是"化学反应"的简称,由贾跃亭提出,用以解释当乐视的产业涉及几个完全不相关但彼此交叉的领域时,可以互相借用彼此产业的资源,最终形成一个开放的闭环。

"互联网化"与"全球化"双轮驱动,总共将推出 20 部大电影,并推动全球化"6+13"战略。"6+13"战略包括与好莱坞合作的 13 个重量级电影项目,例如投资总额达 1.5 亿美元的、张艺谋执导的中美合拍片《长城》以及动画电影《狼图腾》等。乐视影业还与好莱坞的 Radical Studio 共同成立了 Radical Vision China"乐视野"中美文化创意合资公司,来共同进行国际电影 IP 联合研发。并且,乐视影业还将推出为年轻观众打造的 Y-Pro 战略和超级 IP 改编的超级战略,推出多部重量级 IP 改编自制剧,加快自制内容的输出。

第二,硬件创新,主要体现在乐视超级电视与超级手机上。

在电视方面,2016 年乐视坚持"极限科技、完整生态、颠覆价格"的理念,并践行三大战略:年销售目标超 600 万台、超级电视进入美国市场、大屏分众运营。在手机方面,乐视定下的目标是在 2016 年销量达 1500 万台,产能规划则在 2500 万部以上。乐视手机将继续坚持旗舰产品策略、全渠道布局和生态运营模式。

第三,"SEE 计划",即乐视的超级电动生态计划。

这应该是乐视所有未来规划中最具有"未来感"的一项。最初推出"SEE 计划"是基于贾跃亭的一个判断与一个愿景。一个判断是:电动汽车是一个必然的发展趋势,也是中国在汽车市场可能对英美等发达国家进行"弯道超车"的领域;一个愿景是:改善雾霾天气,改善人类环境。这个计划从一开始不被看好,到现在各项进展都超出外界预期——先后与阿斯顿·马丁和北汽在车联网方面达成合作,并于 2015 年的广州车展展示了首款搭载乐视车联网的北汽 EU260,2016 年初在 CES 上宣布与美国电动汽车公司 Faraday Future 建立战略合作,发布了首款互联网电动汽车 ZERO1。乐视"SEE 计划"正在紧锣密鼓地推行着,"SEE 计划"由计划变成现实,指日可待。

六、总结与思考

了解完乐视的完整生态系统,很多人可能都会产生这样一个疑问:乐视似乎在做一家视频网站的道路上越走越偏。乐视的精力被大大地分散,那么它放在乐视网,即现在的乐视视频上的还有多少？而作为只是其旗下的一个子公司的乐视视频,和其他的视频网站相比到底还有多大的竞争力？

实际上,乐视视频在 2015 年,尤其是 2015 年的下半年,是交出了非常漂亮的成绩单的。在文章的开头也提到,乐视网人均一周的有效浏览时间在 2015 年所有视频网站中排名第一。这得益于乐视视频拥有的全球最大的正版影视内容库以及全球最大的云视频平台,前者为用户提供了海量的影视内容与巨量的体育赛事资源,后者则保证了用户在观看过程中的流畅度与清晰度。还有《芈月传》《太子妃升职记》等电视剧以及各种综艺的热播,快速攀升的付费会员数量与手机客户端的下载量,都证明了乐视视频在过去一年中所取得的成绩是相当不俗的。

而这份亮眼的成绩单似乎告诉人们,虽然乐视做了很多其他视频网站没做的也不会做的"杂事",似乎在与其最初的定位渐行渐远,但乐视旗下的乐视视频仍然是视频网站的市场中一个不可忽视的强者。而那些所谓的"杂事",就是乐视搭建的垂直整合的完整生态系统中与视频网站无关的部分,其实都在或直接或间接地推动乐视视频的发展,极大程度地提升了乐视视频的竞争力。例如,互联网技术生态为乐视视频提供了技术的支持,让用户可以拥有更好的使用体验;大屏、手机和汽车都是在建立内容终端,使得乐视视频可以在各个自有的终端得以呈现,最大限度地发挥垂直整合的优势等等。乐视整个"平台+内容+终端+应用"的垂直整合的完整生态系统,实际上帮助了乐视视频得以更好地发展,也使得乐视视频在与其他视频网站的竞争中,更具备独特的优势。也正是因为乐视的完整生态系统的发展模式,乐视成为国内视频网站中首个盈利的企业。

对乐视这种"不走寻常路"的发展模式的利弊,上文已经进行过简要的分析。而本文对于乐视的探索,不仅是要看这种发展模式对于乐视本身的意义,还要去探讨这种"完整的生态系统"对于我国其他视频网站的借鉴作用究竟有多大,对于整个行业的发展进步的贡献又如何。

首先,在对于我国其他视频网站借鉴作用上,本文认为,其他视频网站复制乐视这种完整生态系统、采取这种跨产业垂直整合的发展模式的可能性不大,主要有以下三点原因:

第一是政策。从政策来看,其他视频网站如果想发展硬件,未必有乐视的优势。乐视目前是中国创业板市值第一、海内外上市市值排名前五的中国互联网企业中唯一的纯内资互联网企业。这句话的重点在于乐视的"纯内资",乐视作为一家民族企业,在政策方面可以说是具备一定优势的。并且,乐视具有较强的"红色属性",从乐视超级电视专门开设了71"党建频道"即可以看出,乐视与相关政府和党组织的宣传部有着较为密切的合作。

第二是资金。智能硬件的准入门槛较高,尤其体现在技术与资金上。如果真正想进入这个行业,对一个视频网站公司来说,解决技术的问题难度不大,更大的问题应该在于资金。因为现在国内的绝大多数视频网站是处于亏损状态的,自筹资金启动项目基本是不现实的。而如果想进行融资,就必须及时地在这个竞争已经白热化的市场中找准切入口与位置,这样才能吸引到他人的投资,但这一点也是困难重重的。

第三是风险,这在上文已经多次提及,这里不再赘述。乐视的这种发展模式当前的成功是可见的,风险更是可见的。当今国内的视频网站,没有几个愿意更没有几个能够承担得起这样的发展风险。所以,当前在国内只有乐视这一家曾经的视频网站公司走上了如今的这条道路,采取了这种独树一帜的发展模式。而其他视频网站想要复制乐视这一发展模式的可能性微乎其微。

其次,虽然这一模式很难为其他视频网站的发展提供具体的借鉴,但这种不一样的发展思路与发展模式,却为整个视频网站行业的发展注入了新鲜的血液,提升了整个行业的发展活力,促进整个行业的进步发展。虽然复制乐视发展模式的可能性不大,但乐视这种崭新的发展思路,特别是乐视这个企业身上所具备的这种创新与颠覆的精神,却能够给予整个视频网站行业以警醒与借鉴。乐视这个行业案例最大的启示意义是告诉我们:只有大胆创新,主动寻求突破,企业才能得到真正发展,整个行业也才能不断进步。

〔覃　思,作者单位:中国传媒大学新闻传播学部〕

芒果 TV:从独播到独特的跨越式发展之路

◎ 王　谌

摘要:本文以芒果 TV 为研究案例,简要探讨芒果独播战略的缘起,并在此基础上重点分析其从"独播"到"独特"的进阶之路。首先,全面启动"独播"战略,全网独播湖南卫视所有强势 IP 内容,利用热门节目的未播出版本内容、剧组探班和明星发布会等,加强衍生创新能力,做深度独播;其次,以"马栏山智造"为自制品牌,依托湖南卫视的内容生产能力,建立网络自制全新标准,正式发力网络自制剧,以互联网思维打造网生代自制综艺;再者,围绕年轻用户需求,购买国内外大型演唱会、颁奖典礼、电影和电视剧的版权,并与全国近百家 Live House 合作,为用户提供多元化的音乐内容。同时,芒果 TV 注重媒介生态意识,已经开始建立"内容+平台+终端"的"芒果 TV 生态",并开创性地为互联网电视推出"芒果 TV inside"品牌和线上线下旗舰店。此外,为实现传媒控制资本、资本壮大传媒的效果,芒果 TV 进行融资改制,在资本化和市场化运作的方向上"试水"。

关键词:芒果 TV;独播战略;视频网站;网络自制

最近两年,芒果 TV 无疑是网络视频行业最受关注的一颗新星。在日趋白热化的竞争环境中,芒果 TV 异军突起,迅速成为行业巨头眼中最强劲的竞争对手。

作为湖南广电旗下唯一的互联网视频供应平台,芒果 TV 带有明显的湖南卫视品牌基因。借由湖南广播电视台"芒果独播"战略的版权倾斜政策支持,在湖南广播电视台及芒果传媒的全面支持下,芒果 TV 以网络视频和互联网电视为两大核心阵营,形成以"芒果 TV"为品牌的产业格局,经营包括芒果 TV(互联网电视、PC、Phone、Pad)、湖南 IPTV 等全终端业务。

依托湖南卫视成熟的节目制作生态,芒果 TV 以芒果独播、优质精选、"马栏山智造"为内容特色,在不断改善用户体验、创新改革体制的过程中,只用两年时间,就已经在网络视频行业中确立了举足轻重的地位,打破了多年来电视台为视频网站提供版权内容的配角身份,直接参与视频网站的竞争,甚至被爱奇艺、优酷土豆、乐视、腾讯、搜狐等巨头视为行业的"搅局者",并成为传统广电媒体"触"网转型的效仿典型,其发展势头之迅猛可见一斑。

一、案例回顾:芒果 TV 启动独播战略,湖南广电布局新媒体

近几年,各类媒介形式快速发展,媒介环境变化不断,传统广电和视频网站之间,从内容输出到台网合作、反向输出,再到台网博弈,关系越来越微妙。面对视频网站咄咄逼人的进攻之势,传统广电已经明显感受到视频网站带来的巨大竞争压力。

2014 年 4 月 20 日,作为省级卫视排头兵的湖南卫视将旗下金鹰网及芒果 TV 两大平台整合改版,推出全新"芒果 TV"网络视频平台,旗下涵盖网络视频、互联网电视、湖南 IPTV 等业务,标志着湖南卫视新媒体开始加速视听新媒体业务的布局与发展。

湖南广电此番布局新媒体,虽然表面上看是仓促应战,但事实上,各种主客观条件已经相当成熟。

首先,湖南卫视的节目研发、制作和传播能力有目共睹,其现象级的综艺节目和电视剧一直稳居各类收视率榜单前列。而这些节目和剧集在网络平台同样影响力十足,甚至时常扮演导入流量的角色,因而成为网络视频行业稀缺的优质内容资源。但这些内容资源及其在粉丝中的号召力,始终没能对其自家网络视频平台芒果 TV 产生应有的影响。购得湖南卫视节目版权的商业视频网站,却利用这些热门节目资源汇聚了超高的影响力,同时也获得了大批视频流量和可观的经济收入。爱奇艺在投入 2 亿元采购《爸爸去哪儿》第二季、《快乐大本营》等五档湖南卫视节目的网络独播版权后,分别以 6600 万元和 3000 万元的价格将《爸爸去哪儿》第二季的网络独家冠名权和联合赞助权出售给银鹭和蓝月亮。除此之外,舒肤佳、英菲尼迪、蒙牛、欧莱雅等 20 家广告主也对《爸爸去哪儿》第二季投放了大量贴片广告和植入广告。[①] 而这仅仅是一档节目为爱奇艺带来的收益。在旗下已然拥有网络视平台芒果 TV 的情况下,湖南广电自然不可能坐视爱奇艺们利用自己的优质节目大赚特赚。

其次,湖南卫视主打"青春、快乐"品牌,拥有为数众多的年轻粉丝,而这些年轻人同样也是互联网的主力用户。随着各大视频网站的相继崛起,虽然湖南卫视在内容上依然具备优势,但其收视群开始向网络和移动端迁移已经成为事实。中国互联网络信息中心发布的第 36 次《中国互联网络发展状况统计报告》表明,截至 2015 年 6 月,中国网民规模达 6.68 亿,互联网普及率为 48.8%,手机网民规模达 5.94 亿,网络视频用

---

① 中新网:《银鹭 6600 万获爱奇艺〈爸爸去哪儿〉第二季网络独家冠名权》,2013 年 12 月 20 日,见 http://finance.chinanews.com/it/2013/12-20/5642880.shtml。

户规模达 4.61 亿。不难发现,互联网在人们日常生活中的重要性越来越强,它正在取代电视,成为大多数人获取视频服务的首选渠道。"湖南卫视此前不向 CNTV 等公共网络平台分发直播信号,即使是芒果 TV,在完成网络落地任务后,也将湖南卫视信号下线。"①可见,湖南卫视对视频网站可能造成的收视群流失情况非常重视。被动防守不如主动进攻,坐拥大批年轻受众的湖南卫视,也在思考将优质内容捆绑到自家网络平台,以吸引互联网用户的可能性。

再者,在中国网络视频行业发展日趋稳定的今天,总用户数的增长已经非常缓慢,因此,抢夺别人的用户成为各大视频网站的重要任务。而抢夺用户的一大重要手段就是大打价格战,把版权价格抬高,从而逼退竞争者。湖南卫视虽然贵为省级卫视"一哥",但也无法在资金实力方面与视频网站抗衡。依托湖南广电发展的芒果 TV,显然只能选择一条不一样的道路。对此,快乐阳光互动娱乐传媒有限公司(芒果 TV 具体运营单位)CEO 张若波表示:"我们跟视频网站是从山峰的两边各自在爬山,我们的路数是完全不同的。我们吸收再多资本也没他们有钱,不能加入他们的烧钱游戏中。事实上,我们也根本不需要加入……我们是靠自己的制作内容为核心来发展视频网站,不是走海量流量,而是走强 IP 的流量,做精品内容,而且,这一部分能够获得最大化的广告效益。"②

在政策层面,中央全面深化改革领导小组第四次会议通过了《关于推动传统媒体和新兴媒体融合发展的指导意见》,习近平总书记指出,要推动传统媒体和新兴媒体融合发展,强化互联网思维,坚持传统媒体和新兴媒体优势互补、一体发展,着力打造一批形态多样、手段先进、具有竞争力的新型主流媒体,建成几家拥有强大实力和传播力、公信力、影响力的新型媒体集团。传统电视媒体一直被党和政府视为重要的舆论文化思想宣传阵地,在新媒体环境下,党和政府推动传统媒体与新媒体融合的战略部署无疑增强了湖南广电进军网络视频行业的决心。

2014 年 5 月,湖南卫视宣布正式推出芒果 TV 独播战略,今后湖南卫视拥有完整知识产权的自制节目,将由芒果 TV 独播,互联网版权一律不分销,着力打造属于自己的互联网视频播放平台——芒果 TV 全平台。这意味着,根据独播战略,除了已出售的《我是歌手》第二季、《爸爸去哪儿》第二季网络版权外,湖南卫视接下来的节目将不再对外销售互联网版权,同时逐渐回收此前在爱奇艺独播的《快乐大本营》等节目的版权。这样,本已斥巨资购得相关综艺节目网络独播版权的爱奇艺也只能选择与芒果

① 张守信、宋祺灵:《内容·平台·生态:对芒果 TV 独播策略的思考》,《南方电视学刊》2014 年第 3 期。
② 刘胜男:《湖南卫视芒果 TV 的互联网布局》,《中国传媒科技》2014 年第 22 期。

TV 联合播出。

2014 年 4 月 25 日,《花儿与少年》成为第一档在芒果 TV 独播的综艺节目。这档明星效应十足的节目一经网络平台播出,点击量很快超过千万。随后,粉丝在社交媒体的热烈讨论、媒体的关注及明星个人的宣传为"独播战略"提升了网络平台影响力,芒果 TV 开始获得业界和用户的关注,湖南卫视利用优质内容带动网络平台建设的做法初见成效。紧随其后,极具人气的《爸爸去哪儿》第二季成功接档,总播放量很快破亿。除此之外,老牌综艺节目《快乐大本营》《天天向上》,以及《变形计》第八季、《中国新声代》第二季相继登陆芒果 TV,以往被各大视频网站瓜分的用户开始聚拢在湖南广电的网络视频平台周围,芒果 TV 用户和流量的飞涨成为不可避免的事实。

在独播剧方面,《美人制造》播出未过半,在全网独播平台仅芒果 TVPC 端的点播量已破 5 亿。凭借《不一样的美男子》《深圳合租记》《美人制造》3 部独播剧,芒果 TV 就轻松获得超过 15 亿的点播量。[①] 这对于上线仅仅半年的芒果 TV 来说,不能不说是一个令人惊喜的成绩。

同时,为满足网络平台的海量内容需求、寻求与其他视频网站的内容差异化,芒果 TV 也在积极拓展内容来源渠道。

芒果 TV 设有专门的节目采购部门负责版权交易,以满足芒果 TV 和芒果 TV 互联网电视对内容资源的巨大需求。2014 年,芒果 TV 互联网电视本着"多方合作,互利共赢"的原则,与凤凰卫视、华谊兄弟、乐视等合作,交换节目资源,建立内容专区。另外,多档 TVB、我国台湾及韩国的优质综艺节目及偶像剧,以及来自好莱坞等的 2000 多部国内外精品影片也同时进驻芒果 TV 互联网电视。[②]

在自制方面,芒果 TV 于 2014 年 7 月 26 日启动了自制剧拍摄计划,投入过亿资金来打造自制内容品牌——"马栏山智造",《金牌红娘》《搭讪大师》相继在 2014 年上线。9 月,湖南卫视、芒果 TV 宣布双方共同投资 10 亿元,用于打造 2015 年周播大剧。11 月,旗下自制综艺访谈《偶像万万碎》上线。

芒果 TV 以湖南卫视自身的优质内容资源为基础,以自身强大的制作团队打造自制节目,打造了一个向内整合资源,向外拓展资源,同时发力自制的开放性视频运营平台,开始了从播出方到播出方、制作方"两位一体"的转变。

截至 2014 年 12 月 31 日,芒果 TV 全线营销收入达 5.67 亿元,较 2013 年增长 72%,公司总资产达 7.2 亿元。在视频方面,芒果 TV 居中国视频网站第八位。2014

---

① 阳爱姣:《从芒果 TV 独播看湖南广电媒介融合趋势》,《广播电视信息》2015 年第 7 期。
② 刘胜男:《湖南卫视芒果 TV 的互联网布局》,《中国传媒科技》2014 年第 22 期。

年,超越 56、酷 6、PPS 等,PC 全平台用户数基本达到业界第一名优酷土豆的三分之一。移动端与 PC 端流量基本实现对等。芒果视频应用在 2014 年底,登顶 APP Store(免费)双榜第一;在互联网电视方面,用户一年增长 13 倍;VIP 用户总金额突破 1000 万元。合作厂家在终端出货量及激活量上占据终端市场 30% 的市场份额,居业界领先地位。运营商总用户数全年新增 60 万户,营收较 2013 年增长 30%。[①] 芒果 TV 独播战略在 2014 年初战告捷。

二、高举"独特"大旗,2015 年芒果 TV 全面战略升级

2014 年 10 月 30 日,芒果 TV 在北京举办 2015 年广告招商会,正式开启营销布局的同时,也向外界透露了芒果 TV 2015 年的发展战略。此次招商会,湖南广播电视台副台长罗毅,湖南广播电视台副台长、快乐阳光董事长聂玫出席,显现出招商会发布内容的权威性。

招商会上,芒果 TV 正式宣布 2015 年全面启动独播战略,全网独播湖南卫视所有最强 IP 内容,包括经典栏目《天天向上》《快乐大本营》,王牌栏目《爸爸去哪儿》《我是歌手》,新生栏目《花儿与少年》《我们都爱笑》等。

此外,快乐阳光总裁张若波宣布湖南卫视所有节目内容将由湖南卫视、芒果 TV"共同出品",双方斥资 10 亿打造双独播剧场,芒果 TV 在从播出方转变成制作方的同时,未来还将把平台运营渗透到"芒果制造"的每个环节,实现台网跨屏融合。

在推动全面独播的同时,芒果 TV 也在网络自制领域重点发力。快乐阳光副总裁刘琛良表示,凭借湖南卫视强大的团队背景,芒果 TV 在自制专业程度、水准及创新能力等各方面都处于业内领先地位,其本身也坚持摒弃粗制滥造的网络自制,未来将以"马栏山智造"为自制品牌输出优质内容,建立网络自制全新标准,促进市场良性发展。

在平台建设方面,芒果 TV 将在已有内容资源和已建立的视频网站、移动客户端、芒果互联网电视、湖南 IPTV 等多屏产业基础上,全面打通多平台之间的用户和广告体系,全力探索真正意义上的多屏营销,让芒果 TV 不仅仅是一个视频网站,还是一个拥有多屏多终端资源的媒体体系,成为全国第一家一云多屏的视频媒体。

---

① 易柯明:《为了开创"芒果 TV 时代"》,《新闻战线》2015 年第 5 期。

(一)全面独播,深度衍生,独播资源搅动视频行业格局

2015年,湖南卫视的独播战略变得更为明确。事实上,由于《爸爸去哪儿》第二季、《快乐大本营》等湖南卫视节目的网络独播版权,在芒果TV独播战略启动之前已经被出售给视频网站,2014年真正由芒果TV全网独播的湖南卫视节目只有《花儿与少年》《一年级》《我们都爱笑》和《变形计》四档节目。因此,准确地说,2015年才是芒果TV真正的独播元年。除了《爸爸去哪儿》《我是歌手》等季播的热门节目外,包括《快乐大本营》和《天天向上》等王牌周播节目也成了独播内容。而在版权合约到期后,这些节目往年在网上的内容也将收回。

值得注意的是,芒果TV除独家拥有湖南卫视所有强势IP内容外,还拥有热门节目的未播出版本内容、独家揭秘内容、剧组探班和明星发布会等内容,这使得芒果TV的全面独播战略有着更大的拓展空间。不单单直接上载湖南卫视节目,而是以IP为重点,通过强IP的带动来深度挖掘,加强独播内容的衍生创新能力,做深度独播,成为芒果TV在2015年全面独播战略的重要发力点。

以《我是歌手》第三季为例。2015年1月2日,《我是歌手》第三季在湖南卫视隆重播出。湖南卫视通过"我是歌手之夜"的概念,把《天天向上》和《我是歌手》串联在一起,正片之后播出节目衍生品——纪录片《我们的歌手》。

然而,时间是电视频道最宝贵的资源,电视频道针对同档节目无法播出更多的衍生内容,但作为网络平台的芒果TV却可以做得更多。《备战T2区》《正在粉丝楼》《歌手相互论》等衍生产品的推出,使得芒果TV诞生了第一个"现象级"的独播案例。

围绕《我是歌手》第三季一档节目,芒果TV打通周四、周五、周六,记录台前幕后的故事,形成"备战—对决—幕后"的节目链条。周四中午推出《备战T2区》,展示歌手"私服",曝光明星私密,剧透歌手们登台前24小时的备战情况,某种程度上可以看作是制作了一场歌手们的幕后真人秀,同时营造出一种用户与歌手一同备战的气氛。周五中午推出《正在粉丝楼》,每期邀请一名歌手参加"歌迷握手会"与粉丝互动,为《我是歌手》的播出造势,随后午夜12点全平台一起上线《我是歌手》正片。周六白天则推出《歌手相互论》,曝光歌手性格,揭秘歌手过往趣事。专家点评、网友趣评、歌手互评,轮番上阵。

芒果TV在湖南卫视线性的《我是歌手之夜》电视节目的基础上,利用衍生内容,加强与用户的互动,使《我是歌手》在芒果TV上得以更加立体地呈现出来。作为湖南卫视的全网独播平台,芒果TV通过大量创新的台网联动,为用户提供了丰富的内容

和互动的渠道，让节目的网络观看彰显出全新的活力。

作为 2015 年第一季度最受关注的综艺节目，《我是歌手》第三季在芒果 TV 全网独播仅 3 个月，相关点播量就已突破 9 亿。根据艾瑞 iVideoTracker 数据，《我是歌手》第三季的周视频覆盖人数超过千万，成为全网唯一周视频覆盖人数超千万的节目。从第三期开始，人均单次有效播放时长就接近其他网站独播《我是歌手》第二季时同期节目的两倍。节目过半，人均单次观看时长更是超过了第二季的两倍。[①] 此外，这一季节目的芒果 TV 独家衍生栏目《备战 T2 区》《歌手相互论》的播放量也双双挺进 2000 万；《粉丝握手会》每周吸引大批粉丝争相参与，微博话题阅读量破亿。芒果 TV 通过《我是歌手》第三季的独播获得了大量的关注。

从整体来看，根据艾瑞 iVideoTracker 数据，2015 年第一季度，视频行业综艺类栏目播放覆盖人数排行前十中，芒果 TV 凭借独播项目《我是歌手》第三季、《天天向上》、《快乐大本营》、《湖南卫视春晚》、《奇妙的朋友》、《变形计》独占六席，而《我是歌手》第三季更是稳坐冠军宝座。

短期来看，独播战略使芒果 TV 迅速进入市场，并赢得大量对湖南卫视节目具有高忠诚度的用户。但从长期来看，网络视频平台对视频资源有着海量的需求，单纯推进独播战略、仅仅依靠湖南卫视的内容支持显然无法满足芒果 TV 的需要。因而，围绕芒果 TV 的平台定位，购买符合平台特色、迎合年轻用户口味的版权内容就变得尤为重要。同时，在爱奇艺、优酷土豆、腾讯、乐视等视频网站纷纷掀起自制浪潮，制作出很多叫好又叫座的自制节目的背景下，芒果 TV 也在悄然布局自制领域，推动芒果 TV 进行从内容独播到平台独特的转变。

(二)围绕用户需求，采购独特版权内容

平台的独特一方面体现在内容的独特，另一方面体现在用户的独特。依托湖南卫视，芒果 TV 继续坚持和发展其"快乐中国"的品牌定位，将年轻群体锁定为目标用户，致力于打造以快乐、青春、时尚为标签的独特网络视频平台。

芒果 TV 在进行版权交易时着力引进符合平台的外部资源，力图成为真正具有"芒果范儿"的平台。考虑到年轻用户的喜好，芒果 TV 首先将目光投向了演唱会和颁奖典礼版权的购买上，并专门开创芒果 Live Show 频道。

在 2014 年对华晨宇"火星"演唱会、曹格"我是曹格"演唱会、陈翔"破茧而声"演

---

① 本刊编辑部：《芒果 TV〈我是歌手 3〉打造现象级全网独播案例》，《声屏世界·广告人》2015 年第 6 期。

唱会等大型明星演唱会进行直播之后，2015 年，芒果 TV 将 Live Show 定位于"全球独播的音乐内容品牌"。

2015 年 1 月 8 日，第 41 届美国人民选择奖在芒果 TV 全平台独家直播。与以往国内媒体转播国际颁奖典礼的图文直播和录播形式不同，此次直播不仅实现了带有实时中文字幕翻译的视频直播，而且芒果 TV 作为国内唯一一家在人民选择奖红毯设立专访区的媒体，更是采访到了《吸血鬼日记》和《实习医生格蕾》的主创人员。而芒果 TV 主持人还在现场与伊恩聊起了"中国吸血鬼"，并送上芒果 TV 特别定制的"小鲜肉"奖。微博话题"直通好莱坞"与"人民选择奖 2015"均入围实时热门榜。直播期间，话题"直通好莱坞"阅读量达到 5000 万，颁奖礼完整版在芒果 TV 上的点击量也轻松过万。随后，芒果 TV 全平台又独家直播了第 72 届美国电影电视金球奖、2015 草莓音乐节、2015 美国 Billboard 公告牌音乐大奖颁奖典礼、2015 欧洲歌唱大赛、2015 华语金曲奖音乐盛典……平均每周都有一场高规格的大型直播，让用户可以零距离零时差感受世界各地的音乐盛宴。

2015 年，芒果 TV 互联网电视还与全国近百家 Live House 达成合作协议，直播独立音乐人的表演，为用户提供个性化的音乐体验。同时，芒果 TV 互联网电视还与国内知名音乐制作公司、唱作人合作，第一时间获得最新音乐资源，使用户在芒果 Live Show 频道欣赏到华语音乐的最新作品。

此外，芒果 TV 也十分重视对国内外电影、电视剧的版权购买。2015 年 8 月，芒果 TV 与索尼影视签订合作协议，将索尼影视海量热门影片纳入内容资源库。包括《蜘蛛侠》《天降美食 2》《精灵旅社 2》《丛林大反攻》《精灵鼠小弟》《小飞侠彼得潘》等适合青少年用户观看的科幻片和卡通片，以及《燃情岁月》《女孩梦三十》《美食、祈祷和恋爱》《尼斯湖怪：深水传说》《超能查派》《替身杀手》《极限特工》等爱情片和动作片。

至此，芒果 TV 电影资源库已覆盖索尼影视、派拉蒙、20 世纪福克斯、环球、迪士尼、华纳兄弟六大好莱坞最具实力的电影公司的内容资源。除好莱坞"六大"热门资源外，芒果 TV 互联网电视还继续购买了 TVB、KBS、MBC、华谊兄弟等的热门综艺节目、偶像剧和影片。

(三) 网络自制正式发力，"马栏山智造"建立网络自制全新标准

当下，我国视频网站已经形成寡头竞争格局，爱奇艺、优酷土豆、搜狐、腾讯、乐视，加上初入江湖的芒果 TV，均凭借雄厚资本购买了众多热门视听资源，导致各网站之间同质化现象十分严重，相互之间难以形成差异化竞争，进而培养出各自的忠诚用户。

因此各家视频网站纷纷把注意力投向自制内容，希望以优质自制内容区隔竞争对手，带动平台形成独特的风格，加强平台品牌认知度，增强用户黏性。

湖南卫视节目制作能力一流，芒果 TV 作为旗下唯一网络平台，在内容自制方面拥有得天独厚的优势，其自制内容也顺理成章地成为业内关注的焦点。

2015 年 1 月 28 日，国内首部综艺古装剧《花样江湖》于芒果 TV 全平台正式上线。《花样江湖》讲述了一家举步维艰的酒店在无意间招来几位个性迥异的"英雄豪杰"后发生的故事。第一季共 30 集，每集 15 分钟，短时长、拼创意的模式，结合时下流行的网络语言、网络段子，十分契合网络视频用户的观看习惯，同时也符合芒果 TV 青春向上的风格。

该剧不仅在资金投入上超过亿元，而且制作团队也十分强大。在湖南广电优秀人才的基础上，《花样江湖》集结了《我们都爱笑》的制作人甘琼、编剧高飞、参与拍摄电影《唐山大地震》《非诚勿扰》《梅兰芳》的灯光师、参与拍摄《宫锁沉香》的录音师、参与《人生需要揭穿》的剪辑师等专业人才。在演员方面则由花儿乐队主唱大张伟携手湖南卫视主播沈梦辰、偶像男团 MIC 联合出演。

为了保证"马栏山智造"的质量，《花样江湖》摒弃了以往网络剧拍摄轻视质量的做法，不仅对大到剧情衔接、小到道具摆放的每个环节精雕细琢，而且会对拍摄素材进行审核、提出调整意见并最终完善。这样的资金投入和制作水准堪比国内电影大片，也难怪该剧制作团队认为"注重细节的《花样江湖》即使是拿到院线上映也不过分"。

依靠湖南卫视强大的内容制作团队，坚持摒弃粗制滥造的网络自制思路，芒果 TV 以"马栏山智造"为品牌，建立了全新的网络自制标准，打造出高品质的网络自制内容。

首先，在主创人员方面，芒果 TV 邀请著名制作人、导演、成熟团队参与自制剧的拍摄。如自制剧《古镜》，该剧由香港金牌导演蓝志伟执导，香港人气演员郑希怡，内地新锐应昊茗、张雪迎主演。

其次，在硬件设备方面，芒果 TV 专门采购了 4K 电影级高清摄像机拍摄《金牌红娘》。这种设备比普通的高清摄像机分辨率高出 4 倍，是电影拍摄中才会用到的顶级摄像设备。为了尽可能地降低成本，网络剧经常在镜头、布景、道具等方面删繁就简，十分影响观众的观影体验和情感代入。在这一方面，《金牌红娘》有充足的制作经费作支撑，不仅有大量全景、户外镜头，其服装、道具也毫不含糊。

（四）互联网思维打造网生代自制综艺

进入 Web2.0 时代,网络双向传播与互动成为评价网站经营成功与否的重要标准。芒果 TV 的主要用户群是在互联网时代成长起来的年轻网民,这一群体追求个性表达,分享和表现的欲望非常强烈。因此,要想将这部分用户培养成为自己的忠诚用户,为他们提供表达观点、参与互动的平台就十分重要。

芒果 TV 在视频网站领域资历尚浅,免不了湖南卫视的提携,况且传统电视平台和网络平台本就在很多层面具有较强的互补性,二者加强包括节目制作、宣传、市场推广、用户等各方面在内的台网联动,可以使芒果 TV 获得其他视频网站可望而不可即的竞争优势。

因此,加强节目与用户的互动、深化创新台网互动形式,成为芒果 TV 生产网生代自制综艺的独特思路。

2015 年暑期,芒果 TV 推出重量级自制综艺节目《完美假期》,该节目邀请 12 位极具代表性的个性青年男女在布满摄像头的别墅内共同生活,通过投票每周淘汰一名选手,成功留到最后、不被淘汰的一位选手将获得冠军,并得到 100 万人民币的巨额奖励。历时 90 天的节目拍摄在芒果 TV 全平台 24 小时全时全景多屏直播。

作为具有独特属性的原创 IP,《完美假期》从前期联合宣传到节目制作,充分体现了芒果 TV 自制综艺的生产思路。

7 月 9 日,《潇湘晨报》《青年报》《京华时报》《华西都市报》在头版和广告版刊出芒果 TV 的大幅海报,文案内容为:"百万悬赏现代'撕'人。人性百态撕开来看。芒果 TV'完美假期',8 月开撕。"同日上午,芒果 TV 官方微博发布另一则文案主体为"百万悬赏,激出人性百态"的海报。同时,该微博还打出了"我们期待完美假期,'撕'人们,约! #团结就是力量#"的口号。海报发出后,先是快乐阳光董事长聂玫,在微信朋友圈第一时间进行了转载,后是湖南卫视节目主持人谢娜、李维嘉、杜海涛、天娱传媒艺人华晨宇等相继转发这条微博,一时间引发芒果粉丝强烈关注。

8 月 6 日,《完美假期》宣布将于 15 日举行新闻发布会并启动直播。同时,节目组也为《完美假期》的直播设置了诸多吊足粉丝胃口的悬念,这无疑为与粉丝的互动和节目的宣传埋下了伏笔。

首先,节目组为首播日设置了特殊的明星试睡环节,当天入住的将是 12 位明星,而非节目的真正选手。此消息一经公布马上在粉丝间引发热议:12 位明星试睡员究竟都有谁? 节目组回应称,湖南卫视热播电视剧《旋风少女》《花千骨》的演员陈翔、马可等都在邀请名单中。网友们可以与芒果 TV 微博互动，推荐自己的偶像。

其次，完美假期的"游戏规则"由提前入住的明星们在试住的 24 小时内进行"迷你模型"展示。发布会一结束，12 位明星就将前往"完美别墅"，开启 24 小时的全时全景直播。

8 月 15 日，《完美假期》直播起航仪式暨新闻发布会举行，湖南卫视热播综艺《偶像来了》主持人汪涵、何炅携林青霞、朱茵、谢娜、赵丽颖、蔡少芬、宁静等 12 位明星试睡员到场，全员参与《完美假期》的别墅体验，网友可以通过芒果 TV 直播平台与"女神"们直接交流互动。

在网络平台影响力相对有限的情况下，湖南卫视和芒果 TV 将台网联动拓展到节目宣传层面，使粉丝对《完美假期》的关注度迅速升高。不可否认，湖南卫视节目主持人和天娱传媒艺人在年轻人中拥有极强的号召力，他们在网络社交平台的一举一动都备受关注，加之他们少则百万、多则千万的微博粉丝量，此次短时间内集中转发的相关海报，激起了巨大的舆论反响，由微博引发出的话题"#团结就是力量#"在短短一天的时间内登上微博热搜话题前十。而制造《完美假期》明星试睡员的话题，邀请网友微博互动推荐偶像的举措，更是为芒果 TV 带来了湖南卫视电视剧和综艺节目忠实粉丝的关注，《完美假期》的游戏规则也通过 12 位"女神"试睡员的体验呈现给用户。可以说，节目尚未播出，但湖南卫视和芒果 TV 联手制造的轰动效应已然形成。

8 月 16 日，12 名选手正式入住完美别墅，节目组每周六都会结合网络票选及 12 人内部投票评选一名"人气选手"并淘汰一位选手。这样的节目形式赋予了用户决定选手去留、安排他们生活的权利，激发了用户关注节目、参与节目的愿望。用户通过每周的投票逐渐与选手们建立起或喜或恶的情感联系，并随着节目的进行而逐渐加强，最终形成对这场人际关系素人秀的持续关注。

此外，每周日至周五晚 8:18，选手们会进入"818 完美聊天室"，通过芒果 TV 的视频窗口，在一个独立空间内向用户展示自己。用户则可以在选手的个人直播间通过弹幕与选手进行互动。值得一提的是，在《完美假期》直播的第一天，选手中"清纯甜美"的许晓诺和"阳光鲜肉"张思帆被网友配对，"在一起"的弹幕瞬间刷屏。在第二天的"818 约会"中，节目组宣布，只要张思帆房间互动人数超过 8 万，就安排张思帆和许晓诺在一个房间内独处一小时。这种互动形式极大地调动了用户的参与热情，同时也决定了节目的后续发展，可以说，用户为自己定制了一场参与感极强的真人秀。

《完美假期》将选手去留的决定权交给用户，配合直播间弹幕、多机位选择等形式，满足了用户的互动需求，实践了用户体验为王的思路，而这也是其收视率呈井喷式增长的重要因素。

11 月 7 日,经过长达 90 天的直播,《完美假期》收官。获得总冠军的许晓诺一共获得了 3324 万的网络人气投票。许晓诺表示:"如果没有粉丝就没有今天的我,所以冠军不是我一个人的,它属于所有的粉丝和房客们。"在总决赛现场,数百名粉丝用整齐的口号为自己喜爱的偶像呐喊助威,足见粉丝对《完美假期》的喜爱。

在 3 个月的直播中,《完美假期》总 VV（访问次数）突破 8 亿大关,微博相关话题阅读量突破 12 亿,百度指数突破 20 万,稳居国内同类型节目榜首。此外,《完美假期》更是创造了网络直播同时在线 285 万人的巅峰流量数据。这样的成绩,对于国内罕见成功的素人秀来说堪称奇迹。而其背后的奥妙,少不了新颖互动方式的功劳。

《完美假期》之后,芒果 TV 在国庆期间推出中国首档全时在线智力问答节目《百万秒问答》。该节目不同于常规综艺的播出周期,定档在国庆黄金周 7 天。这令不少人质疑:选择国庆长假直播是否会没人看?

《百万秒问答》引自美国 NBC2013 年播出的 *The Million Second Quiz*,中国版基本保留了原版的主体环节和中心元素。《百万秒问答》的整个赛程可能出现多次反转和逆袭:DOUBLE 技巧可以让攻擂者挤掉守擂者进入胜利者之屋、车轮战可以让已积累到 8 万的基金被 0 元守擂者吞并、加时赛可以一轮抢答就决定胜负。这种紧张刺激、时刻充满悬念的赛制是吸引网友们押注互动、持续观看的重要法宝。

9 月 7 日,《百万秒问答》举行新闻发布会,芒果 TV 发布"在线问答互动"H5,并从 9 月 7 日至 9 月 29 日,维持一个月的线上互动。期间,用户可以通过在线问答互动 H5 参与报名。9 月 30 日至 10 月 7 日节目直播期间,用户还可以到位于长沙世界之窗的直播地点现场报名并参加现场直播。而节目的全时视频直播,从 9 月 30 日 21:00 至 10 月 7 日 23:00,共计 170 小时,在芒果 TV 全平台全时呈现。

100 万元奖金、170 小时全程直播、台湾综艺节目主持人蔡康永内地主持首秀等话题性十足的元素,让《百万秒问答》成为国庆黄金周期间最引人关注的节目之一。

据芒果 TV 官方统计,从 9 月 7 日报名开始至 10 月 7 日,共有 266 万人进入 H5 答题专题页面,其中近 176 万人参与了线上答题。七天七夜全平台累计观看 4167 万,1275 万人参与线上"智慧豆"竞猜。《百万秒问答》也多次登上微博热门话题榜,微博话题阅读量累计达 3.1 亿、讨论量 27.7 万,其中,《百万秒问答》总决赛微博热门话题榜排名第二,仅次于《中国好声音》年度总决赛。

其实,在中国的电视荧幕上历来就不缺少知识问答类节目,那么《百万秒问答》的独特之处在哪里?

　　首先，《百万秒问答》具有极强的参与性和互动性。最近几年，素人选秀、明星真人秀等综艺节目一直都是占据各大传统电视台荧幕、吸引观众的杀手锏，但这类节目与观众产生互动的环节往往只是停留在拉票投票、参与微博话题讨论的层面，传统电视节目似乎也没有更好的方式让观众更为直接地参与节目。

　　作为网生节目的《百万秒问答》从报名环节开始就为用户提供了直接参与节目的可能性。用户不仅可以通过芒果 TV 在线问答互动 h5 参与报名，还可以在直播期间到直播地点现场报名。在此次七天七夜的答题热潮中，除了直播现场的参与者外，场外的线上用户也可以同步参与竞猜，通过"智慧豆"答题赢取豪车。

　　其次，邀请精英制作团队，以电视综艺节目的标准打造网生综艺节目。《百万秒问答》的制作团队是芒果 TV 田海工作室，该工作室成员综艺节目制作经验丰富，田海本人更是《快乐女声》的导演之一。为了实现技术环节的精益求精，芒果 TV 还邀请了美国原版模式公司和英国 Ionoco 公司的团队负责技术支持。Ionoco 公司的项目总负责人克里斯·罗斯在全球电视产业中享有盛名，其在游戏节目图形化及操作系统方面的设计，被应用在 60 多个国家的 1000 多个不同的节目中，其中包括著名节目《谁想成为百万富翁》《一掷千金》等。

　　再者，主持人蔡康永的加盟，点燃了年轻用户的兴奋点。《百万秒问答》节目主持人蔡康永由于担任《康熙来了》的主持人和《奇葩说》的嘉宾，在内地年轻用户中享有颇高的人气，此次主持《百万秒问答》又是其内地主持首秀，因此仅主持人人选的选择就足以吸引大量年轻用户关注该节目。在节目中，蔡康永一贯的慢语速、轻幽默的主持风格与《百万秒问答》这种本应渲染紧张气氛的节目类型形成鲜明对比，更是引发网友热烈议论。优劣判断从来都是仁者见仁、智者见智，能引来大量的网友吐槽证明《百万秒问答》在主持人一环就已经得到了充分的关注。

　　最后，益智答题类节目一直都深受年轻用户的喜爱。此次《百万秒问答》的节目宣传语"'知识改变命运'，不再仅仅是一句鼓励人们的抽象话语，它在《百万秒问答》中将具化成为现实"直接点明了年轻用户喜爱这类节目的原因。用知识相互较量，还有机会获得百万元的个人发展基金，这对年轻人来说是极具诱惑力的，尤其是在国庆黄金周期间，与其"朋友圈旅游"，不如打开线上直播，参加这场网生代的头脑风暴。

　　两档重磅自制综艺节目《完美假期》和《百万秒问答》均采用 24 小时全时直播模式，无疑透露出芒果 TV 对于直播形式的重视。在直播的形式下，用户相信节目现场发生的一切都已经呈现在自己的眼前。尤其对于《百万秒问答》这类带有竞技元素的节目来说，直播意味着"光明磊落"，意味着没有内定。毫无疑问，"真实"对于厌倦了各种选秀黑幕的用户来说具有很强的吸引力。此外，直播形式也带给用户更多互动的可能性，而互动性正是互联网思维下，打破传统节目制作理念，重视用户体验的基本要求。强互动是最互联网化的做法，芒果TV不仅拥有湖南卫视的电视基因，更突出了其作为互联网平台应有的互联网特质，这种融合使得芒果TV在整个行业中具有独特的个性。

三、构建芒果TV生态，打造互联网视听新体验

传统电视媒体一直缺乏媒介生态意识，年轻的芒果TV作为台网融合互动创新的先行者，主打"独播策略"进入网络视频领域，在不断加强内容核心竞争力的同时，注重加强平台建设，已经开始建立"内容+平台+终端"的"芒果TV生态"，将优质的内容资源、平台资源发挥出最大价值。

芒果TV进入网络视频领域，首先需要遵循互联网思维，树立用户、服务、产品等理念。高清流畅的视频体验是受众的基本需求，但相比搜狐、腾讯、爱奇艺等专业视频网站，芒果TV在技术方面存在很大缺陷。用户在观看芒果TV时，效果不佳、画质差、播放不流畅等缺陷影响了受众体验。如，在独播《花儿与少年》期间，诸如搜索不优化、入口不明显、手机及PC、Pad并没有完全打通等问题遭到不少用户的吐槽。再如，《爸爸去哪儿》第二季独播后的第一周，因为流量激增而带来观看不畅的问题，也受到用户诟病。这些欠佳的体验不仅会影响节目的用户关注量，还会产生一系列负面口碑，对整个芒果TV产生不良影响。

不同于其他商业视频网站，芒果TV除拥有视频网站外，还拥有互联网电视、手机电视和IPTV，能够满足不同用户的个性化视频娱乐需求。其中，互联网电视是芒果TV的一大发展重点。

在互联网电视领域，芒果TV具有其他视频网站和互联网企业不具备的政策优势。根据广电总局的要求，互联网电视播出内容必须由内容服务牌照拥有方提供，并且内容还需要经过七家集成业务牌照拥有方审核后才能播出。湖南广电同时拥有内容服务和集成业务两大牌照，为芒果TV发展互联网电视提供了政策便利，这是其他进军互联网电视领域的视频网站和互联网企业望尘莫及的。

在互联网电视终端方面，芒果TV在技术层面存在明显不足的情况下采取了与硬件厂商合作的方式。目前，芒果TV凭借自身强大的品牌影响力，已与TCL、三星、海美迪、长虹等40余家海内外终端品牌实现合作，形成了拥有众多产品的"芒果TV inside"家族，能够满足用户在视频、家庭娱乐、游戏等不同方面的需求。

在众多网络视频企业大打客厅争夺战的今天，芒果 TV 需要为用户提供拥有芒果特色的、用户体验优良的视听终端产品。"芒果 TV inside"家族的每一款产品均携带芒果 TV 互联网电视海量内容资源，包括"芒果独播"战略下的全网独家资源、"马栏山智造"战略下的高品质自制节目、符合芒果 TV 风格定位的版权交易内容，如凤凰卫视、华娱卫视、韩国 SBS 等电视台的特色栏目。针对终端合作厂商三星的互联网电视，提供韩剧专区及与韩国相关的旅游、美食等特色内容，使芒果 TV 的内容与其他互联网电视形成鲜明的差异。

为扩大"芒果 TV inside"品牌的影响力，向市场普及互联网电视的概念，扩大互联网电视用户规模，湖南广电还在业内首创互联网电视旗舰店。2015 年 1 月 7 日，芒果 TV 互联网电视线上线下品牌旗舰店举行起航仪式，快乐阳光聂玫、张若波与多位合作厂商代表出席，宣布芒果 TV 互联网电视品牌体验店、"芒果 TV inside"京东官方旗舰店正式开业。芒果 TV 互联网电视品牌体验店展示了"芒果 TV inside"家族的所有产品，涵盖一体机、电视机顶盒和投影仪。用户通过在品牌体验店的实际操作，能够更好地了解产品性能和特色，从而选购到符合用户需求的产品。而芒果 TV 互联网电视联合终端合作厂商运营的"芒果 TV inside"京东官方旗舰店则是业内首家线上品牌旗舰店。芒果 TV 互联网电视线上线下品牌旗舰店，利用自身媒介宣传资源优势进行产品展示和销售导流，在用户与终端厂商之间搭建起一座更加有效的沟通桥梁。

湖南卫视主持人李锐作为"明星店长"亲赴起航仪式进行现场助阵。此后，芒果 TV 还将不定期邀请明星光临线下体验店，通过与用户近距离互动的形式推广"芒果 TV inside"品牌。而《我是歌手》第三季播出期间，"芒果 TV inside"京东官方旗舰店里，芒果 TV 还特别开展了"购'芒果 TV inside'家族产品，赢《我是歌手》明星签名 CD"的活动。

成洪荣接受媒体采访时表示，芒果 TV 希望做的是，未来，观众在看电视时选择互联网电视，选择互联网电视时就选择"芒果 TV inside"。

四、融资改制，加速奔向视频网站第一阵营

尽管独播战略为芒果 TV 迅速带来了大量的用户，但是，面对网络视频行业的激烈竞争，芒果 TV 的进一步发展仍然需要大量的资金投入，从而持续地为用户进行内容自制和内容购买，打造独特的网络视频平台。因此，在不断发展独特内容的同时，芒果 TV 也在资本化、市场化运作方向上"试水"。

2015 年 6 月，快乐阳光董事长聂玫宣布，芒果 TV 完成 A 轮融资，引入湖南芒果海通创意文化投资公司、中国文化产业投资基金、厦门建发新兴产业股权投资有限责任公司、上海国和现代服务业股权投资基金合伙企业、上海联新二期股权投资中心、湖南文化旅游投资基金 6 家投资机构，融得资金超 5 亿元，释放约 7% 的股权，据此计算，芒果 TV 估值突破 70 亿。

12 月 3 日，湖南广播影视集团董事长吕焕斌在第三届中国网络视听大会上表示，芒果 TV 已于 2015 年 11 月启动 B 轮融资，出让约 10% 的股份，预期融资 15 亿元。而实际上，B 轮融资共吸引超过 60 家机构的 200 多亿的资金，投前估值高达 120 亿元，与 A 轮融资完成后 70 亿元的估值相比，仅半年时间，芒果 TV 的估值几乎翻倍。

吕焕斌在接受媒体采访时表示，进入不同的产业不一定都要从头做起，应该善于利用资本的杠杆作用，完善产业布局，弥补产业短板，延伸媒体产业链。对融合时代下的媒体来说，它的核心竞争力可以简单概括成一个公式：(内容+技术+用户)×资本，也就是要具有媒体和资本两种能力，从而实现传媒控制资本，资本壮大传媒的效果。

在集团层面，湖南广播电视台改制成立湖南广播影视集团。2014 年年中，习近平总书记提出要建成几家"拥有强大实力和传播力、公信力、影响力的新型媒体集团"。随后，湖南省委宣传部宣布了《深化省管国有文化资产管理体制改革方案》，要求湖南省在平媒、出版和广电三个领域各打造一家具有强大实力的国有或国有控股骨干文化企业。年底，改革方案明确要求，在广电领域整合湖南广播电视台相关可剥离经营性资产和芒果传媒有限公司，组建湖南广播影视集团有限公司。2015 年 4 月，湖南广播电视台宣布正式完成转企改制，与芒果传媒有限公司资源整合，成立湖南广播影视集团有限公司。随着湖南广播影视集团有限公司的正式成立，芒果 TV 的内容资源将得到更有力的保证，整个湖南广播影视集团将合力为芒果 TV 提供源源不断的后续支持。

2015 年 10 月 30 日，芒果 TV 举行以"全屏加速度"为主题的 2016 品牌发布会，宣布了 2016 年的战略规划：无缝链接湖南卫视，加强内容自制，深入探寻独特道路，打造"超广播级"王牌自制，实现"内容多元、互动多维、体验多样、产品合一"视频生态 2.0 的呈现。

2016 年，芒果 TV 将继续打造第一综艺视频平台，深度运营湖南卫视王牌综艺，包括《快乐大本营》、《我是歌手》第四季、《偶像来了》第二季等。此外，芒果 TV 还将同步播出湖南卫视新生综艺，包括 SNH48 主演的《世界上最想上的课》、日本经典创意竞赛节目《超级变变变》等，共计 17 档王牌、新生综艺。与此同时，芒果 TV 将升级网生综艺节目的自制，除 2015 年广受好评的《完美假期》《百万秒问答》将持续打造第二季外，还将引进欧美、韩国的顶级 IP，推出更多新的自制综艺节目。

在剧类方面，芒果 TV 将全面覆盖湖南卫视三大剧场：金鹰独播剧场、青春进行时剧场和钻石剧场的所有经典剧目。并与著名导演、团队合作，推出"超广播级巨制"，包括犯罪悬疑剧《灭罪师》、首部"纯于正"网剧《半妖倾城》。

最后，《超级女声》将作为芒果 TV 的重磅自制综艺宣告回归。2016 年的《超级女声》将通过构建"内容+产品+社区"的综合体验互动娱乐平台，创建社区互动生态圈，实现全民互娱，开启真正意义上的互联网全民选秀元年。[1]

从 2014 年 4 月独播战略实施至今，芒果 TV 已实现全平台日均活跃用户超过 3500 万，日点击量峰值突破 1.37 亿，移动端以每月 10% 增速增长，累计下载突破 2 亿次，互联网电视终端激活用户数超过 1600 万，芒果 TV 在 PC 端、移动端和 OTT 端全面发力，占据了较为靠前的市场位置。2015 年，芒果 TV 广告收入已超过 7 亿元，同比增长 10 倍，总体收入超过 10 亿。明年，芒果 TV 的目标是收入翻番。

在第三届中国网络视听大会上吕焕斌表示，芒果 TV 的终极目标不是当网上的专卖店，在互联网上做传统媒体的业务，而是要加速成为另外一个引擎，与湖南卫视一道形成双平台带动、全媒体发展的新格局。过去，湖南广电的发动机是单一的，只有一个湖南卫视，各个业态均附着于它，芒果 TV 也不例外。未来，芒果 TV 要"去湖南卫视化"，加速从附着的地位变成独立的平台，不再被动接受来自传统媒体的内容，而是成为湖南广电的新发动机。[2]

在不到两年的时间里，芒果 TV 以"芒果独播"为先导战略，实现了令行业瞩目的跨越式发展。今年，芒果 TV 又通过全屏扩张、节目自制、机构重组、产业链再造、融资改制等一系列战略举措，迈出一条"从独播到独特"的新发展道路。相信，在不断完善自身的同时，芒果 TV 的探索和实践也将为网络视频行业的发展和传统媒体的触网转型提供更多有益的经验。

〔王　谌，作者单位：中国传媒大学新闻传播学部〕

---

[1] 芒果 TV：《芒果 TV2016 战略规划发布 顶级 IP"内容为擎"全屏加速》，2015 年 10 月 30 日，见 http://corp.mgtv.com/a/20151030/1811412659.html。

[2] 芒果 TV：《芒果 TV 斩获中国网络视听大会双奖 树立台网融合新标杆》，2015 年 12 月 3 日，见 http://corp.mgtv.com/a/20151203/1703217300.html。

腾讯视频:打造大内容帝国

◎ 韩　佳

摘要:在移动互联网与 4G 技术叠加进程加速的背景下,中国互联网视频行业发展迅猛,逐步走入"黄金时代"。腾讯视频,定位于中国最大的在线视频媒体平台,以其丰富的内容、极致的观看体验和逐步完善的多元化产品应用特性,不断地适应移动互联网时代用户的视频观看需求。2015 年,互联网行业呈现"产业互联网"的新发展趋势,腾讯公司带领旗下腾讯视频产业不断变革战略,创新发展,完善全产业链生态系统,打造全新智慧互联时代下的大内容帝国,本文将对 2015 年腾讯视频的发展战略和趋势进行分析,回顾腾讯视频的特色经历,展望 2016 年腾讯视频战略部署,为中国网络视频发展提供借鉴。

关键词:腾讯视频;IP 内容资源;自制;影业;移动视频

2015 年是视频之争的关键年,而网络视频一直是互联网产业竞争最为激烈的领域之一,在资本、监管和新旧势力的多方碰撞与角力中,市场格局一变再变,行业也一次次重新升级。随着各大视频网站年度战略的发布,各大玩家都吹响了战斗的号角,移动视频大战一触即发。

2015 年,腾讯视频在强大的平台和雄厚的资金支持下,实现了 100% 全覆盖全剧种,有效地减少了用户的流失。腾讯影业、企鹅影业的陆续成立,可见其在大剧之外的大电影战略的野心。同时,腾讯视频在 IP 内容资源、自制剧集、自制综艺、Live Music 和体育内容上的连番发力,为其赢得了用户的口碑,更是赚取了丰厚的收益。同时,腾讯动漫频道控制了互联网动漫内容最重要的分发和盈利渠道,2015 年腾讯顺应市场潮流投资了二次元、动漫资源平台 B 站,更是加大了腾讯视频在动漫行业的优势,这对于年轻用户有着独特的吸引力。2015 年,腾讯视频也开始加大力度推进视频付费模式,不断探索让用户更加容易接受的盈利模式。

本文将微观 2015 年腾讯视频产业发展的创新举措,总结分析腾讯视频在当前时代背景下,是如何被时代召唤,如何成为引领行业的风向标的。

一、案例回顾:企鹅"视"界 2015 年发展综述

2015 年是移动视频元年,腾讯集团下腾讯视频作为行业内引领风向的视频网站,在这关键的一年中开启了年度内容大幕,坚持精品战略,坚持以自制、版权和用户体验三个核心战略为基础,创新思维,不断探索和开发新的视频领域,搭建更具竞争力的生态系统,为合作伙伴提供了更为广阔的营销空间。

时代变迁,科技进步,视频技术这一最早用于电视系统而发展的影像传送技术随着网络科技的发达,开始以串流媒体的形式存在于因特网之上,并可被电脑接收与播放。接着,人们对于随时随地的多媒体访问需求日益迫切,移动化视频需求开始呈爆炸式增长,视频随时随地接收服务的性能随之应运而生,移动视频的浪潮席卷而来,用户、内容、金钱和数以亿计的终端,成为这场浪潮的核心。从视频到网络视频,再到移动视频,如果把它们视作一种代际变迁,我们会发现,时代变迁的速度越来越快了。

根据《2015 年中国网络视听发展研究报告》数据显示,我国网络视频用户规模在 2015 年继续保持增长趋势,手机视频用户规模在过去三年内上升了 27.3 个百分点,达到 3.54 亿,76.7%的视频用户选择用手机看网络视频,移动端广告收入在各视频网站整体收入中的占比也不断提高,手机已经成为网络视频的第一终端。

随着网络视频进入移动时代,从 2015 年来看,一年内网络视频移动端变迁的速度极快。用户使用 PC 观看网络视频的比率逐渐下降,使用手机看视频的比率则逐年上升,早在 2014 年,网络视频用户的手机使用率便超过了 PC。用户访问的便捷性、产品的易用性、多终端设备的丰富度等因素合力促成了视频产业的"移动化"。相较于 PC 端用户多基于搜索、网站引流等方式进入视频网站,移动端基于 APP 的渠道,让用户对视频应用品牌的认知度更强。用户一旦建立对某一视频应用的使用习惯,他们的流失率便会低于 PC 时代的视频网站。

在这样一个移动视频大爆发的时代,在移动互联网与 4G 技术叠加进程加速的背景下,中国互联网视频行业发展迅猛,逐步走入"黄金时代"。

腾讯视频,依靠腾讯集团本身的雄厚基础,在互联网视频网站行业发展稳扎稳打的同时,也在不断地寻求新的突破和创新。定位于中国最大的在线视频媒体平台,腾讯视频以其丰富的内容、极致的观看体验和逐步完善的多元化产品应用特性不断地适应移动互联网时代下用户的视频观看需求。2015 年后,互联网行业呈现"产业互联网"的新发展趋势,腾讯公司带领旗下腾讯视频产业不断变革战略,创新发展,完善全

产业链生态系统,打造全新智慧互联时代下的大内容帝国。

(一)重力影业开发,完善互动娱乐生态圈

2011年3月底,腾讯宣布要大举进攻视频领域,先后投资5亿成立影视基金,4.5亿入股华谊,这样的举措展示了腾讯在2011年将影视业作为其核心战略之一的决心。打造中国最大的云视频服务平台是腾讯视频的终极目标。2011年4月,腾讯视频悄然上线运营,采用正版视频点播模式,当年腾讯视频投资了一部改编自腾讯开发的儿童社区游戏《洛克王国》的电影《洛克王国!圣龙骑士》,腾讯视频将对这部电影的投资作为一个试点,它开启了腾讯包括电影、周边、杂志、动漫等在内的泛娱乐计划的大幕。这部电影背后是腾讯视频杀入影视业的战略。

经过五年的探索发展,2015年腾讯视频决定正式进军影业。然而让业内人士一阵迷糊的是,腾讯在2015年9月内一下宣布了两家影业品牌的成立,即"企鹅影业"和"腾讯影业"。同时,成立两家影业公司是否会让腾讯内部形成"互撕"和"PK"的局面成为行业内关注的问题。然而事实证明,这样的担心是多余的。

1.企鹅影业

企鹅影业是腾讯网络媒体事业群孵化出来的公司,其重点是在网络剧、电影投资、艺人经纪三大核心业务上,电影业务以参投为主,在短期内不进行主控项目和开发。

网络剧是企鹅影业的发力核心。2015年整个中国电视剧的产业链条发生着深刻变化,"一剧两星"政策的下发使得传统影视行业利润率不断降低;视频观看模式在发生着变化,视频观看电视剧的人数、流量近两年来不断翻番。网络剧的快速发展已经超过了视频网站从业人的想象,企鹅影业此时主力进军网络剧是顺应市场潮流之举。腾讯视频日前公布了8部网络剧计划,其中包括8部《鬼吹灯》网络改编版权,以及携手包括《北平无故事》制片人侯鸿亮、《花千骨》制片人唐丽君、《大明宫词》《橘子红了》导演李少红、著名作家编剧严歌苓,编剧于正、白一骢等传统影视人加入网络剧制作。企鹅影业还将网络剧布局的重点放在原创IP的全产业链打造上,将与《两生花》《华胥引》制片人樊斐斐、《民兵葛二蛋》《红色》导演杨磊合作,共同开发企鹅影业原创顶级IP《九州·天空城》。

中国电影市场正处于飞速增长期,电影文化产业正在急速发展,企鹅影业愿意凭借平台和资源优势,将电影投资作为另一个核心业务,其实早在影业成立之前就已经进行了长线的战略布局。2015年,企鹅影业参与出品的《捉妖记》累计获得超过24亿的票房,参与投资和联合出品了《天将雄狮》《钟馗伏魔》《失孤》《栀子花开》等十多部电影,目前这些影片的累计票房已超过45亿。现在市面上还能看到大批刻有企鹅影业烙印的电影,如《夏洛特烦恼》《小门神》《西游记之三打白骨精》《无问西东》《谋杀似水年华》等。这些电影作品不仅瞄准票房,更瞄准人心。企鹅影业的年度投资规划是希望每年参与10—15部电影的投资。未来企鹅影业将充分调动"腾讯视频+腾讯娱乐"的双平台资源优势,对所投资的电影进行全方位的立体推广;也会发挥桥梁优势,集合腾讯旗下QQ空间、QQ浏览器等众多明星产品,促进电影项目达成植入、资源置换、联合推广等不同类型的合作;更重要的一点还在于,影业将借助自己的终端优势,从影片出现第一支预告片开始,形成"在线观看预告片—阅读腾讯视频影评—选择影院—查排片—购票—支付—线下兑票—付费平台正片上线—免费观看"这样一条完整的线上产品闭环,为用户提供优质的"电影一站式"体验。

除了对电影和网络剧投资外,企鹅影业也积极地进行着艺人经纪方面的筹划、战略布局,企鹅影业将深入影视产业之中,建立持续、健康发展的生态产业链。

2.腾讯影业

腾讯影业是腾讯互动娱乐事业群孵化出来的全资子公司,前身是腾讯互动娱乐旗下的"腾讯电影+"。其重点是以IP价值构建为核心,在互联网与移动互联网背景下与文学、动漫、游戏等业务的多领域共生,以及影视创制、体验与营销的多环节创新探索。腾讯影业今年发布了11个明星IP影视改编计划;同时还与传奇影业、郭敬明达成战略合作,分别就《魔兽世界》与《爵迹》两部电影IP作品进行外部合作探索。郭敬明比喻与腾讯影业的合作好比绑定了一艘巨轮,他表示在《爵迹》项目开发上,将与腾讯影业在电影、文学、动漫、互娱游戏等各个方面进行泛娱乐化合作。

腾讯影业下设三个工作室:黑体工作室由执导过许多合家欢电影的陈英杰负责;进化娱乐工作室由执导过《熊出没》系列影片的刘富源负责;大梦工作室由曾任万达影视副总经理的陈洪伟负责。三个工作室将独立开展影片的创制工作。腾讯影业首轮对外公布的11个IP孵化任务均来自这三大工作室。大梦电影工作室主要负责将3部动漫IP改编成影视,包括腾讯动漫旗下的《我叫白小飞》(目前该作品的漫画点击量超50亿,动画播放量超20亿),以及首集播放就突破600万的《狐妖小红娘》和漫画点击量高达3亿的《山河社稷图》。进化娱乐工作室主要负责将《QQ炫舞》、古龙经典作品《天涯明月刀》以及已经拥有2亿粉丝的《洛克王国》等4个游戏IP进行影视改编。黑体工作室的任务则是要将晋江文学网2015年金榜排名第一的作品《木兰无长兄》《回到过去变成猫》《从前有座灵剑山》以及目前人气度极高的仙侠题材《择天记》4部文学IP改编成影视作品。

腾讯影业和企鹅影业的双平台结构设计，其实代表了腾讯视频对影视市场采用的一快一慢这两种进攻术。相比之下，腾讯影业主要拿内部IP开发，企鹅影业则以外部IP参投合作开发为主。两家公司的主战场不同，腾讯影业主要是电影市场，企鹅影业主战场是互联网市场，企鹅影业的竞争对手更倾向于优酷、土豆、爱奇艺等视频网站类。两家影业会有分工，也会有协同，两家影业目前也正在处于公司业务相互整合、协调的探索阶段，实行业务上的"严格"区分。

腾讯集团副总裁程武认为，未来中国电影市场应该不再是一种孤立的情感承载体验，电影的价值不再局限于票房，而是通过影视、文学、动漫、游戏、衍生品等多元IP运营方式的协同，实现全面释放，形成远超当下的泛娱乐消费潮流。未来的中国电影应该连接大众，众创生态。越来越多的网络文学、网络动漫被改编成影视作品并取得成功，这本身就是不断迎合和适应用户情感需求的结果，是大众不自觉参与创作的过程。同时，借助大数据对文学、动漫和游戏用户的洞察的支持，也为电影创作提供了更加具体和现实的决策辅助。

腾讯视频依靠着本集团自身的社交化方面的优势，在影视行业用社交驱动宣发升级，未来，潜在的观众很可能从电影创作最开始，就全程关注和参与互动，并通过垂直化、圈层化的人际传播完成影片宣发。腾讯视频表示，无论在影片创制和观影体验的创新上，还是IP的开发和运营上，腾讯影业都希望能和行业伙伴一起，尝试新的玩法，探索新的路径，让电影超越电影。电影产业的风口正势如破竹，席卷着互联网，继BAT巨头之一阿里巴巴在2014年成立阿里影业后，腾讯视频这次对影业的迅猛进攻也正是对四年前其"泛娱乐"概念的补充，影业的成立意味着腾讯的泛娱乐业务板块完成了最后一块拼图。目前，腾讯互动娱乐旗下共具备腾讯游戏、腾讯动漫、腾讯文学和腾讯影业四大平台，已经形成了一个较为完整的泛娱乐生态布局。

（二）影视内容全垒打，自制内容是关键

2015年，腾讯视频坚持在高品质化、差异化策略下不断引入顶级精品内容，同时，作为视频网站差异化竞争的重要战场的自制内容也被腾讯视频寄予了厚望，加强自制原创内容成了腾讯视频2015年的重头戏。

1.电视剧方面

2015年，腾讯视频在电视剧方面提出"大剧齐发·全覆盖"的策略，实现100%覆盖 2015 年所有最精彩、最受粉丝欢迎的热播大剧,牢牢占据视频网站最高地。《芈月传》《华胥引》《花千骨》《神犬小七》《活色生香》《医馆笑传》《千金女贼》和《虎妈猫爸》等众多大剧均在腾讯视频上线。

腾讯视频强有力的大剧运营能力使其占据大剧市场大片江山。在每一部卫视大剧播放前,腾讯视频都会建立相关大剧的新闻专区进行提前报道,将每部大剧的热点、看点、花絮、幕后全方位呈现给网友,为大剧贯穿始终的运营做好铺垫,并自始至终使大剧保持超高的关注度和曝光率。另外,为大剧的热播造势,腾讯视频还会进一步通过借助一系列的原创节目挖掘大剧的台前幕后,以邀请大剧明星访谈等形式的节目进一步提升网友对其的关注度。最后在大剧收官之际,还会通过主创明星参与的庆功会等形式保持大剧热播的长尾效应。

腾讯视频还充分利用自身的大平台资源优势,与网友展开各种形式的互动,结合腾讯娱乐的花边报道、全平台推广以及时下最流行的弹幕让粉丝无限畅聊,腾讯视频为大剧所做的每一件事都是日后流量疯狂增长的证明。

2.自制剧方面

走过被称为"自制剧元年"的 2014 年,2015 年的自制剧市场也是一片红火。IP剧、明星剧、口碑剧等众多剧种使得自制剧无论在影响力还是播放量上都实现了新的突破。

2015 年腾讯视频凭借《名侦探狄仁杰》《暗黑者2》《花儿多多之前世今生》《我是你的喋喋 phone》《我为宫狂》《超级大英雄》和《逆光之恋》等一大批精品网剧取得了极佳的播放成绩。在自制剧的类型、内容、制作、明星阵容方面,腾讯视频始终强调精益求精。

2015 年是 IP 爆发的元年,相比只有播出权的剧集而言,自制 IP 的投资回报率要更高。腾讯视频的高口碑品质剧《暗黑者2》便首次采用会员提前看结局、独享番外篇等福利,引爆了网络观看热潮。如果说 2014 年是腾讯视频自制剧的试水年,那么2015 年便是腾讯视频自制剧的蓄势年。

3.综艺方面

2015 年,腾讯视频在综艺内容的布局上继续沿用其四字秘诀,那便是"选、制、播、传"。"选"指选择版权的独到眼光,"制"指制作能力,"播"指视频网站传统的功能定位,"传"是指新生的意义。"选"和"制"较好理解,在解释"播"和"传"时,腾讯视频总制片人马延琨说,视频行业有电视台、网络视频等传播渠道,但在过去很多年,传播的功能中心往往落在了播的功能上，而忽略了传的功能。大部分所谓的新媒体都不过是以互联网为广播手段来传播内容，这实际上是新瓶装旧酒，遗憾的是中国目前很多视频媒体都还在这样的道路上徘徊着。事实上，传的功能更接近网络视频的本质，腾讯视频因此在节目形态上做出了很多尝试，比如作为《中国好声音》第三季全网独播平台，腾讯视频整合微博、微信等全媒体资源，开发了《微视好声音》等多部衍生节目，推出了"微信摇一摇"电视竞猜活动等互动产品，在提升用户体验的基础上，最大限度地激发了用户主动传播的意愿，为节目42亿的超高播放量表现提供了强有力的保障。

2015年腾讯视频再次拿下《中国好声音》第四季的独播版权，同时，网络独播的还有《超级战队》《来吧！灰姑娘》等，网络首播还有《生活大爆笑》《非诚勿扰》《中国梦想秀》《一站到底》等几十档热门节目。

在自制综艺方面，2015年腾讯视频推出了"看遍众星相，但最打动我的是歌"的《High歌》第二季，"以不正常为荣，我为自己代言"的《你正常吗》第二季，"与明星光鲜的一面相比，我们更希望看到Ta真实的一面"的《大牌驾到之双面人生》等等。同时最令人关注的便是腾讯视频与世界知名制作公司Talpa联合研发的大型生活实验节目《我们15个》，节目基于双方团队历时1年多的中国市场和用户调研联合研发，无论在形式还是内容上，都完全区别于传统的版权引进模式，是一档既符合中国国情又具有国际水准的本土化节目。

4.NBA网络独播版权引进

2015年腾讯视频在内容引进上还有一项非常值得一提的，也是今年腾讯能拿出来在行业市场上称雄的杀手锏，那便是腾讯视频获得NBA在中国的网络独家直播权。

2015年1月，腾讯视频以5亿美元的价格（约合人民币31亿元）拿下了NBA未来五个赛季的网络独家直播权，这就意味着拿下了每个赛季覆盖1500+场次赛事的网络独家直播权。除了网络独家直播权，腾讯视频还拥有NBA30支球队所有比赛播放权以及其他网络平台NBA授权的"剩余权利"，这就意味着腾讯视频能将每个球队的比赛打包给球迷包年观赛，产生付费内容。只不过付费市场还需要培养，这也是所有体育视频网站所要面对的共同问题。

同时，腾讯视频还获得授权运营NBA官网、30支球队官网、NBA官网唯一中文社区，及一百大球星专属社区，背靠微信、QQ的平台资源，与用户形成强互动，增加用户黏性，海量高黏性的用户群为NBA周边商品的网上销售带来了巨大可能。同时NBA

还授权腾讯开发篮球方面的互动游戏,根据我们对游戏变现能力的了解以及腾讯多年依靠游戏产业在行业内熠熠生辉就可以看出,游戏无论对 NBA 还是腾讯来说,都是一块巨大的宝藏。

其实腾讯布局体育的思路很简单,就是要依靠自身强大的社交基因,拿下顶级赛事的版权,然后进行品牌和社群的运营。通过"体育+社交+支付+游戏"的链条模式,将用户有效串联在腾讯新的产业生态内,最终实现变现。

(三)聚焦 IP 开发,推进"泛娱乐"战略

2015 年 3 月底,腾讯集团召开 UP2015 腾讯互动娱乐年度发布会,这次发布会上腾讯系统发布了其涵盖游戏、动漫、文学、影视等互动娱乐业务的系统重磅消息。旗下游戏、动漫、文学、影视四大业务的首次集体亮相和融合共生式的布局,标志着腾讯互娱在业务版图逐渐完整和多元的基础上,开始真正围绕明星 IP 的打造,做更系统和深入的探索,尝试构建一个让想象力自由表达的泛娱乐新生态。

腾讯视频作为腾讯互动娱乐系统的重要分支,在 2015 年注重影视方面的原创 IP 的开发。在腾讯副总裁程武来看,随着移动互联网的普及,人们参与创作的障碍将彻底消失,所有的前沿科技与前卫艺术都将走下精英阶层,不断降低身段,慢慢编织进日常生活的细节中,每个人都有机会将自己的所思所想、所感所悟以自己认为最生动的方式分享给他人,每个人都有可能成为原创 IP 的创作者,腾讯看重在动漫、游戏、文学和影视方面的原创 IP,因为这些文化 IP 具有粉丝转化效应,可以实现从出版、影视剧到游戏的内容运营再到玩具、周边等授权衍生产品的全业运作。并且这三大文化 IP 可以相互改编,也就是说,一个文化 IP 可以进行动漫、小说、影视全方位的开发,这意味着优秀的 IP 将是最宝贵的资源。

程武在这次大会上分享了自己和电影团队在 2014 年去好莱坞考察的经历,他有感于好莱坞健全的上下游产业链和完善的 IP 开发体系,他认为,一部电影在收获高票房的同时,它的衍生品带来的价值往往会高于电影票房收入的数倍,未来的娱乐形式不应该是独立存在的,只要粉丝的热情点燃一个 IP,那么围绕这个 IP 的所有形态的娱乐体验都应该跨界连接,融通共生。因此,如何将这些娱乐形式有效连接,形成一个完整的互动娱乐生态圈是程武认为腾讯需要思考的迫在眉睫的问题。

(四)全面升级,打造全产业链生态系统

2015 年之后,互联网行业呈现新的发展趋势,这个时期的特征是"产业互联网",

"创新价值是产品至上、服务为王、共生经济"①。只有不孤立、共生长，万众创新才能排解企业发展忧患，获得更多的成长价值。2015年，腾讯视频也非常注重打造全产业链生态系统。

第一，深化上游内容投资和制作，占据市场领先的内容供应。腾讯视频依靠从内容源头的投资融资、联盟、战略合作以及 In-house 制作方式，保证自身在内容上的竞争优势。

第二，建立了领先的内容分发平台，稳固腾讯视频在视频、门户、新闻客户端、QQ和微信等媒体+社交全播放平台，以及 PC、移动、智能电视和盒子等多移动终端触达上的优势。

第三，建立产业链生态共赢体系，凭借市场和商业化团队，进行广告、付费、粉丝经济等多种盈利模式的探索创新，形成合理的上下游利益分配机制。

（五）迎来视频付费时代

众所周知，视频网站烧钱速度极为凶残。各大视频网站除了加强版权和自制竞争外，也在探索着付费业务来增加企业盈利。

其实在2015年以前，腾讯视频便已发力会员业务，在影视内容和音乐板块做了付费尝试，其中付费内容的基础主要是美剧和好莱坞电影。2015年，腾讯视频开始加大力度推进付费模式，其自制网剧《暗黑者2》一改第一季的免费模式，开始收费观看，采取免费用户周一可以看，付费用户每周看全集的方式。腾讯视频还与美国付费电视频道公司 HBO 合作，在观看模式方面走"付费看全季"和"限时免费"两种方式。购买腾讯视频的好莱坞会员，能够观看所有引进的剧集，而非付费会员也能在美剧频道以限时免费的方式观看部分剧集。截至2015年12月，腾讯视频会员用户人数已接近500万。

二、企鹅"视"界的发家特色

2011年4月，腾讯视频正式进入市场，距今已有将近5年的发展历程。的确，与对手相比，腾讯视频进入这一领域的时间较晚，进入状态也相对缓慢，曾经有业内人士对于刚进入行业盲目买剧的腾讯视频嗤之以鼻，并不看好。然而，继承腾讯集团的发

---

① 陈春花：《互联网2.0时代——产品至上、服务为王、价值共生》，2015年3月17日，见 http://www.aiweibang.com/yuedu/17949481.html。

展理念和精神的腾讯视频并没有在不看好中下沉，而是积极探索，入市不到一年半时间便在行业内迅速成长为用户覆盖第二、成长速度第一的视频网站，迅速超越行业内发展较久的视频网站，成为最有发展潜力的黑马，从此腾讯视频的发展便引起业界、客户和媒体的广泛关注。

经过 5 年的发展探索，今天的腾讯视频显然已经走过了初步成长的阶段，在很多方面都比对手先行启动。回顾腾讯视频的发展历程，可以看到其很多举措都是脚踏实地的创新和放眼长远的探索铺垫的结合。

（一）借助平台优势，差异化竞争起家

腾讯视频的迅猛发展有其必然的优势，那便是借助腾讯全平台、多触点、多终端的综合营销手段。腾讯本身即拥有强大的平台，如覆盖中国网民 95% 的 QQ、流量第一的腾讯网门户网站、强关系型社区平台的腾讯微博和 Qzone，这本来就是其他视频网站无法拥有的优势。腾讯视频推出内容时，便可以运用腾讯所有的推广平台作为行业内最快最全面的通知渠道，第一时间内将视频内容推送到用户眼前。这种强大的整合营销手段直接影响着用户的观看习惯，用户可以不必搜索便可浏览大量信息，通过腾讯平台便可了解最新电视剧集、上线电影、综艺节目等等。

伴随整个网络集团的快速发展，结合腾讯网、腾讯微博、音乐、微信、QQ 等多个平台的整合资源，腾讯视频在内容投入、资源储备、系统打造等方面，投入巨大资金，已经跻身第一阵营集团。继优土合并、爱奇艺收购 PPS 之后，在线视频行业的多赢时代已经到来。由于视频是互联网行业内一个没有垄断的行业，视频行业未来发展的趋势应该是从超强到多强的共赢时代。所以腾讯视频抓紧自身差异化定位，打造泛娱乐的大视频平台，即聚焦娱乐领域，整合腾讯的娱乐频道、音乐等各种娱乐化的媒体平台，兼顾财经、新闻、体育频道等，打造以娱乐媒体视频为核心的视频平台。

同时，腾讯也是行业内第一个推出云视频概念的视频网站，也就是我们现在所说的客户端+网站，同时加多终端产品。有了自己的网页端和客户端，腾讯视频在覆盖能力和浏览时长方面便具有得天独厚的优势，这对于提高用户黏性起到了至关重要的作用。

腾讯视频发展的更重要的优势，便是差异化内容的竞争优势。过去很多用户认为腾讯视频的用户边缘化、年轻化，而经历了这几年的优势内容引进和资讯视频优化，腾讯视频在高质人群覆盖率方面遥遥领先，这得益于腾讯视频原创节目、体育赛事、资讯视频的运营等。腾讯视频不仅拥有好的电视剧、电影、综艺，还是一个兼具类似于媒体价值的平台,由于腾讯具有网媒的基因属性,所以腾讯视频在新闻资讯、财经、娱乐、体育视频等专业视频领域方面都做到了行业第一。

中国已经进入大视频时代,腾讯视频作为拥有媒体属性和专业性、全覆盖的综合网络视频平台,其发家便拥有专业媒体品质和专项资源优势,构建起来的是一个集大事件运营、新闻资讯视频、体育资源、大剧和原创内容资源的在线视频多平台。

(二)独创"SEE 运营模式",发力云平台增强用户体验

在运营模式上,腾讯视频独创的"SEE 运营模式"在行业内取得优势地位。S 是 Spread,指依靠腾讯视频一站式的在线生活平台,打造多终端、多渠道的立体化推广模式,通过主动推送视频内容最大限度地让品牌信息多场景全时段向用户展现;E 是 Enjoy,指腾讯视频以海量视听内容和亚洲最大的 CDN① 网络优势为基础,引领业界高清、流畅新标准带给用户非凡的视听体验;E 是 Expand,指用户通过 QQ、Qzone、微博等强大的 SNS 平台以分享的形式对视听内容进行二次传播,形成巨大的几何传播效果,提高了视频营销的广度和深度。

除了在内容上积极布局,腾讯视频也在不断创新用户体验。比如根据 QQ 客户端研发的定制化的通知功能,当用户在线观看视频节目的时候就可以根据自己的收视兴趣来决定对节目是否定制。选择定制的节目,腾讯视频后台系统便会对用户信息进行存储,一旦节目更新,就会通过 QQ 弹窗来通知用户。

腾讯视频除了注重内容和产业上游的合作运营之外,还加强多平台布局和云平台开发。看到了未来智能电视市场蕴含的重大潜力以及移动互联网发展的迅猛之态,腾讯视频加强云服务的开发,通过账号系统用户便可实现多平台的融通。在云平台上,用户收看节目内容的节点将被记录,用户随便打开任何一个平台如 PC 端或智能电视或 iPad 等收视终端都可以收看到上一次自己账号收看到的内容,节省了用户重新搜索和缓冲的时间,云平台为用户带来了功能上的全新体验。

(三)重视品牌价值,加强优势资源的战略储备

腾讯视频凭借强大的用户基础、充足的资金支持和多平台的联动运营等先天优势很快成为行业领先,视频战略成为腾讯公司五大核心战略之一。腾讯视频很早就开始注重塑造自身品牌价值,从 2012 年开始腾讯视频在影视产业投资便高达 10 亿元,当

---

① CDN(Content Delivery Network)即内容分发网络。其基本思路是尽可能避开互联网上有可能影响数据传输速度和稳定性的瓶颈和环节,使内容传输得更快、更稳定。

时便与华谊兄弟、小马奔腾、英皇娱乐等国内一线影视公司展开深度合作,扩大自身在影视剧版权方面的资源储备。

同时,在原创节目方面,腾讯视频也斥巨资建立演播群,投资硬件设备,打造由腾讯视频出品的精品节目,制定"海量正版 精品原创"的差异化竞争路线,布局独家剧场,切入影视产业上游,联合影视制作发行机构共同投资,充分做好优势资源的战略储备。

大视频时代带来的其中一项变革就是内容生产的革命。过去,内容都是集中生产者广而告之的,随着移动互联网视频时代的到来,越来越多的内容是通过用户深入研究进行定制的,内容制作逐渐由 B2C 的模式向 C2B 的模式转型。

由 C2B 模式选择出来的独家大剧,其魅力得到观众的认可,如 2013 年的《隋唐演义》《宝贝》《陆贞传奇》《兰陵王》《失恋 33 天》《全民公主》《王的女人》《璀璨人生》等。2014 年,腾讯视频影视内容布局成绩也十分显著,实现了一线卫视黄金档热播电视剧 100% 的版权投资效率和热播剧命中率,并创造了电视剧频道播放量破 100 亿的业绩,率先进入视频网站电视剧百亿俱乐部,其中《离婚律师》在腾讯视频全网独播创下超 20 亿的播放奇迹。在自制剧方面,腾讯视频累计上线十多部自制剧,《暗黑者》《探灵档案》等剧被业内称为中国网络自制剧标杆。

在英美剧方面,虽然腾讯视频市场进入得相对较晚,但是也很快储备了上千集美剧,涵盖了美国市场上最好的美剧,例如 2013 年腾讯视频拿到了美国 CBS 最强电视剧《CSI 犯罪现场调查》14 季的独播版权,同时还采购了中国最大的英剧资源包,500 集独家英剧的聚合平台使腾讯视频成为中国最大的英剧平台。2014 年,腾讯视频还宣布和好莱坞最具影响力的 HBO、华纳兄弟达成战略合作,独家播放最优质的影视内容,包括《兄弟连》《新闻编辑室》《权力的游戏》等经典美剧。同时,腾讯视频还与福克斯在国家地理纪录片独家网络运营、内容联合出品及海外发行等多个领域达成战略合作,合作涉及国家地理频道 300 小时纪录片内容,而腾讯也是基于该合作成为国家地理唯一网络专区合作伙伴,自 2015 年起,国家地理在国内联合拍摄的所有内容都将在腾讯视频独家播出。

在综艺节目方面,腾讯视频几乎全覆盖国内顶级卫视的综艺节目,80% 的台湾综艺节目在腾讯视频是独家播出,如《康熙来了》。当年的美国顶级综艺节目《幸存者》和《全美超模》等也在腾讯独播。除了加强优势资源的引进,腾讯视频全面布局自己的原创自制节目,包含娱乐综艺、访谈、体育赛事、真人秀节目等,还在网剧微电影方面也有很大的投入。

在音乐产业中,腾讯视频也做了积极的尝试,开启互联网 Live Music,将互联网基因注入传统音乐产业,探寻 O2O 的无限可能;先后举办过张惠妹、莫文蔚、崔健、陈晓东等巨星演唱会,在粉丝、音乐圈甚至视频行业中都引发了一股旋风。腾讯视频利用互联网的长尾效应,通过"在线演唱会"模式彻底改变和升级音乐产业,在为用户提供更多风格、更多元化音乐作品的同时,更为音乐产业发展及商业探索提供了伟大的试验田,将音乐产业与用户间重新建立有效的连接,重新激活其蓬勃生机,对腾讯视频而言,每一场精心准备的活动都将成为其独家内容。

（四）大数据引领下的智能营销

在移动互联网时代,大数据是前进的发动机。腾讯视频拥有了强大的平台和内容后,如何创造更多的用户价值和商业价值成为一个重要的问题。在互联网时代,互联网不再只是媒体,更是用户不断转化的平台。营销由独立转为系统性工程,数据在营销中扮演的角色逐渐由过去的参考工具变为至关重要的发动机。

互联网视频广告实现的可衡量,可以做到人群定位、频次定位,完整实现了电视广告过去几十年无法形成的精准度。通过大数据挖掘、广告可以实现精准投放,区别于过去的互联网广告页面浏览量、点击,腾讯视频的优势在于精准类的 GRP 广告。

腾讯视频打造出的 CPM① 售卖系统,提升了 CPM 的订单效率、库存管理、库存预估、监测标准等,并结合腾讯大平台和大数据分析系统、大账户体系成为行业内的领先。网络营销中的数据积累、应用贯穿全程。每一次营销都会形成循环效果。通过定位用户群、分析用户内容偏好、分析用户行为偏好、建立受众分群模型、制定渠道和创意策略、试投放并收集数据、优化确定渠道和创意、正式投放并收集数据、适时调整投放策略、完成投放评估效果等。就如,腾讯视频给一线人士推荐大片,给二三线主妇推荐娱乐、综艺、电视剧,给大学生推荐时尚潮流资讯等,这样精准的定位同样适用于腾讯视频的广告投放,针对不同年龄、工作环境和生活习惯的人群做专门内容的定向投放,通过地域定位、区域定位,使得腾讯视频营销更加准确。

腾讯视频不是孤立存在的平台,除了其自营的平台外,还整合了腾讯的若干平台,形成营销闭环,让腾讯视频的大事件营销、网坛联动、互动活动、社交化的病毒传播不断地取得二次传播,最终获得整合营销的放大力量。

---

① CPM(Cost Per Mille,每千人成本),指的是广告投放过程中,听到或者看到某广告的每一人平均分担到多少广告成本。网上广告收费最科学的办法是按照有多少人看到你的广告来收费。按访问人次收费已经成为网络广告的惯例。

三、企鹅"视"界的未来战略：打造"视全视美"内容帝国

2015 年 11 月 6 日，腾讯视频"视全视美"V 视界大会首站在北京启动，腾讯视频在大会上宣布了其 2016 年的发展战略及精品内容布局，重点放在五个重大战略。

(一)抢占顶级 IP，版权内容规模化覆盖

版权内容一直以来都是各大视频平台内容构成的主要部分。2016 年腾讯视频表示，将在版权内容方面实现规模化覆盖，打牢基础；另一方面，加强顶级 IP 资源的抢占，与国际一线内容资源建立独家合作等，形成亮点，增强差异化优势。

在电视剧方面，腾讯视频将以 IP 剧为核心，构建热播剧阵营。《诛仙》《一路繁华相送》《幻城》《锦绣未央》《麻雀》《小别离》《寂寞空庭春欲晚》和《劣质好先生》等几十部年度大剧都被腾讯视频收入囊中，流行内容覆盖占比成行业最高。从 2016 年开始，腾讯视频将与 TVB 合作，为港剧迷们提供包括 600 集当年新剧在内的共 2500 集剧集。

在电影方面，腾讯视频宣布与派拉蒙达成合作，派拉蒙的最新电影将在腾讯视频好莱坞影院独家播放，包括《星际迷航：超越》《碟中谍 5：神秘国度》及《终结者：创世纪》等；腾讯还将从米高梅购入詹姆斯邦德系列电影网络版权，成为中国唯一一家通过网络播放"007"电影系列的互联网公司。

在纪录片领域，腾讯视频将打造"全球经典纪录片第一平台"，网罗国家地理频道、NHK 等海外重量级内容及金马奖和即将全网独播的"维多利亚的秘密"时尚秀。

在体育赛事方面，腾讯视频将继续独家播出 NBA 的精彩内容。

(二)加强内容自制，打造优质网剧

2016 年，自制内容仍成为腾讯视频的战略关键。腾讯视频宣布了 8 部顶级品质网络剧的计划，有李少红导演、严歌苓编剧的《妈阁是座城》，金牌制片人侯洪亮的《如果蜗牛有爱情》，《花千骨》制片人唐丽君的《重生之名流巨星》及顶级 IP《鬼吹灯》等，还有于正编剧、白一骢制片的《西宫之燕王的日月》《暗黑者 3》和《少年股神》等多部网剧。腾讯视频还将继续对原创 IP 进行全产业链打造，如《九州：天空城》等。

与此同时，2016 年最受瞩目的超级 IP 剧《诛仙：青云志》被独家收入囊中。企鹅影业将打造自制超级网剧《诛仙：特别篇》，立体还原原著粉多年"诛仙梦"。腾讯视频

还会把网络文学史上第一部"千盟级"作品《全职高手》改编成网络剧。

（三）创意综艺玩法，引领综艺潮流

2016年，腾讯视频自制综艺节目的类型将更加丰富，包括真人秀、美食类、时尚类、音乐类、语言类、亲子类在内的多种综艺类型。新创意诞生新节目和新玩法，《约吧！大明星》《RUN 快跑》主打明星粉丝在线互动；《你正常吗3》将继续领跑观念碰撞；《搜神记》让"文艺男神"冯唐寻找13位"大神"实现最强"对话"；《帮帮演唱会》通过一场演唱会揭开明星的隐秘人脉；《High 歌2》继续助燃乐坛新歌；《娜就这么说》革新互联网脱口秀的表现形式；《无印男品》50天美国66号公路大片展现全能型男养成记；《拜托了冰箱》由何炅跨界主持揭秘明星的美食生活……此外，除了自制综艺上新创意新玩法，腾讯视频还将升级"在线演唱会第一平台"Live Music，增加受众对其产品的期待值。

（四）开放态度，抓住二次元市场

2016年，腾讯将以更加开放的态度，全面引进优质国漫作品，抓住当前市场上最潮最酷的"二次元"粉丝市场，创新发展思路，用新的娱乐形式融合不同领域用户的鸿沟，让不同年龄段的用户跨越代沟，达到共享的终极目标。

腾讯视频作为国漫第一平台，启动"青春国漫剧场"战略，准备力推包括《斗破苍穹》《全职高手》等多部顶级IP在内的16部国漫大作，"青春国漫剧场"将主要覆盖由九〇后、〇〇后青年人群组成的庞大的"二次元"市场，联手业界顶尖品牌与战略合作伙伴，整合腾讯"裂变增值平台""播放营销平台"及"商业共赢平台"三大优势，全力打造全网第一的"二次元平台"。

（五）升级用户体验，提升战略高度

创新是时代发展的灵魂，创新2.0强调用户体验的重要性。2015年之前，互联网行业的基本特征是消费互联网，创新的价值是营销至上，流量为王，虚拟经济，包括腾讯在内的大大小小互联网企业都借此获得了成功，他们通过消费互联网、获取流量、营销至上赢得了资本驱动并展示出无限拓展的想象空间。

2016年，腾讯视频也将注重品质内容、上至用户体验的重要性，其将给用户带来更加多元化的直播体验，通过弹幕、好友、竞猜互动、粉丝衍生品、截屏、截小视频的社交传播及小群传播等多种玩法，打造极致的社交互动体验。全新上线的"炫境"APP

搭配 VR 眼镜,也将直接推动直播体验升级,同时,腾讯视频还通过实时弹幕、吐槽、鲜花等互动方式,让用户全程参与和享受直播的快乐。满足用户更高的内容需求和更加交互的观看体验是腾讯视频始终坚持的发展理念,因此未来的腾讯视频也备受用户期待。

今天,我们所处的时代该怎样定义？我想被定义的概念应该会有很多,不同行业和领域都可以用一个最代表该行业发展步伐的创新果实作为时代代言。越来越多的企业随着互联网的开放,技术的创新、丰富的资源和大数据挖掘等方式来摸索自身的"互联网+"创新路径,进而重新塑造企业品牌和产业生态格局。时代呼唤全新的智慧,旧的智慧会阻碍人类发展和向未来迈进的步伐,这对于互联网行业的发展亦是如此。在智慧互联的时代,各类智能应用和硬件配置飞速发展,操作系统多元化、智能设备多样化、用户使用场景立体化和多元化,各类公用、私有的信息在多平台、多场景上流通传输,互联网迎来"全新的智慧互联时代"。

腾讯视频作为腾讯集团重大战略部署的分支之一,在视频网站行业独具特性,它的每一次战略布局的创新都备受业内同行的关注和思考,是另类之为还是大势之趋,腾讯视频始终用大胆地尝试和创新不断带给行业以惊喜。

视频是未来的主流,现在是 4G 时代,未来是 5G 时代,以后还会有更加先进的发展。将来,可以在移动端瞬间点播蓝光高清画质的视频流量很容易实现,那时人们没有兴趣单纯地执着于文字或是图片,流行趋势一定是来自于视频内容。视频市场是一片蓝海,腾讯视频未来可期。

〔韩　佳,作者单位:中国传媒大学新闻传播学部〕

2015 年度网络热点事件盘点

◎ 刘也毓

摘要:2014 年 9 月 19 日,中国传媒大学中国网络视频研究中心成立。与此同时,中心的官方微信订阅号——"知著网"也上线运营,取意"见微知著"。知著网团队希望以具体详实的案例为切入口,观察记录互联网的成长变化,并力求能够引发更多理性探讨。从上线至今的一年多时间里,知著网完成了不间断发布,对大量网络事件进行了分析思考。回顾 2015 年,我们感受到网络的强大力量,在匿名背后千万个体汇聚的力量。它既可以是口诛笔伐的非理性宣泄,也可以成就一个个善意而又温暖的良知。我们从中挑选出了十五件影响力较大、点击率较高、受众参与愿望较强烈,且较能代表网络文化的案例进行分析。这些网络热点事件是去年整个网络热潮的缩影,它们既能作为一个单独的事件体现出其自身特点以及网络热点的一个侧面,也能综合起来体现出整个网络环境的各个方面。网络热点并不是一个个单纯的存在,它们之间往往充满着隐匿的联结点和相似处,这些联结点和相似处是我们研究整个网络热点的重要组成部分。本文选择的十五个网络热点案例中,既有网络流行语的走红现象,比如"Duang""良辰体"等,也有全民参与的网络热点事件,如"我们"事件、"反手摸肚脐"事件,还有其他媒介事件在网络上的不同反应,比如电影角色"大白"走红、《我是歌手》退赛事件引发关注等。这些事件的集中性展示,对当下网络群体传播、病毒式传播的泛滥、把关人的缺位等问题具有借鉴意义,也对社交媒体今后如何深化提供了参考依据,并最终希望借此窥探互联网社会的深层运行规律。

关键词:网络营销;病毒式传播;网络流行语;媒介素养

事件一:语气词"Duang"在网络恶搞文化下意外走红

时间:2015 年 2 月下旬

事件回顾:

伴随着新年假期的结束,演员成龙在无意中说出的语气词"Duang"悄无声息地在网络上走红。"Duang"一词来源于 2008 年成龙代言的霸王洗发水广告,这个曾被工商部打假的广告今年再次被网友们挖出来进行了新一轮恶搞。网友将庞麦郎的神曲《我的滑板鞋》进行改编,改成新神曲《我的洗发水》,其中的一句"Duang"成了网络上最新最热门的词语。视频最早由网友"绯色 toy"上传在 Bilibili 网站的"三次元鬼畜"板块,目前播放量已超过 200 万。

影视巨星加上流行神曲,"Duang"一下子火了,成为 2015 年伊始第一个网络流行语。除了网友的大量转发,许多明星名人的使用,更加促进了"Duang"这个看似无意义的语气词的广泛传播。就连中科院也出来调侃,称要以理性科学的方法统计"Duang"时的头发运动。除此以外,智慧的网民纷纷用"Duang"造句作文,成龙的"洗发水"体被延伸出了各种版本,"Duang"瞬间成了网络热门词汇。

点评分析:

"Duang"其实属于"鬼畜"视频,即在网络恶搞文化下,将某个明星说过的话通过重新剪辑,附上背景音乐和节奏,产生另一种完全不同的意思的视频。这是 AcFUN 和 Bilibili 等中文 ACG 网站鬼畜板块的主要内容。

"Duang"的走红看似意外,实则必然。美国作家马尔科姆·格拉德威尔在书中提到,许多难以理解的流行潮背后,其实都遵循着引爆流行的三重法则,即人物法则、附着力因素法则和环境威力法则。这三点相当于事件中的关键人物、新闻价值、传播渠道和时间节点的组合。依据此三重法则分析羊年第一热词"Duang",不难发现其走红的奥秘。

其一是关键人物。成龙作为近几十年娱乐圈经久不衰的大哥,其自身就是成为话题的关键。在"Duang"一词走红前,成龙之子房祖名因吸毒被捕、释放、剃发等,都是社交网络上的热门事件,连房祖名发微博,大家也不忘调侃,给流行语以充分的使用空间。

其二是新闻价值。"Duang"在原广告中,是成龙对用完洗发水后头发的光泽、质感的描述,然而被恶搞的《我的洗发水》则将其重新定义为"加特效"的假发。这背后对虚假广告的讽刺也迎合了人们对于假冒产品的吐槽心理。

其三是传播时间。根据百度指数,"Duang"的火爆时间是在 2 月 24 日后,而当时正是春节假期将结束前。在人们即将返回学习和工作之时,一则轻松搞笑的网络视频,给假期的结束增添了欢乐。

春节的时间节点,是吐槽、玩笑、段子集中出现的一段时间,人们处于相对放松的生活状态,又有节庆活动、家庭聚餐等因素的促进,因此,网络流行语层出不穷。人们也乐于在此时间段内调侃、吐槽，以缓解一年的紧张压力。

事件二：一张条纹裙子照片蹿红网络后，引发了一场全球颜色大论战

时间：2015年2月27日

事件回顾：

2015年2月27日，国外网友在网上上传了一张条纹裙子的照片，随即引发了一场全球的颜色大讨论。两大不同颜色阵营的"白金党"和"蓝黑党"甚至反目成仇，水火不容。

据网友称，裙子的颜色之争最开始来自一位待嫁新娘和其家人。裙子是新娘母亲即将在婚礼上穿着的礼服，但用手机拍照发给新娘后，新娘夫妇却看到了不同颜色的裙子。在新娘把裙子图片上传到社交网络后，裙子的颜色之争便逐渐从一个家庭小疑问上升到了世界性难题。除了迅速升温的网民讨论以及大量的媒体转发报道外，甚至引发了眼科医生、科学家等专业人士的关注。

而这一场争吵也随之传入中国。2015年2月27日，微博知名博主"小野妹子学吐槽"发布了一条微博："这条裙子到底是白色和金色，还是蓝色和黑色？……外网上已经吵炸了，可是我怎么看都是白和金"，并配上了这幅充满魔性的裙子图。仅仅一天，这场争论就引来了15790次转发和7万余次评论。

从一开始的小范围传播，发展到轰动全球，这条普通裙子只用了不到一天的时间。在中国的微博上，网友们一开始也对颜色争论不休，分为"白金""蓝黑"两大阵营。两大阵营当仁不让，都只相信自己的眼睛，颜色之辨也因此诞生了众多广为流传的段子。随后，名人们和媒体也纷纷加入论战，或调侃或转发，着实是一场"全民大吵架"。

点评分析：

在裙子颜色还没"辩"明白时，有人便提出疑问，为什么一件生活中如此平常的小事，在信息时代竟然会引起如此大的涟漪？有人类比春节时火热的红包业务，当红包搬到了互联网上，平时地上一毛钱都不捡的人们开始如狼似虎地期盼着别人发的一分钱。网络的确有着不可比拟的信息载体功能，许多"小事"依托互联网传播，有可能会被无限放大，一则丢猫的信息也可能震动总统。

除了这起颜色事件，互联网的论战还有很多。比如在羊年春晚上，语言类节目中的女性角色定位引起了女权主义者的关注。她们或被定义为"女汉子"，或贪腐仗势，或欺凌弱小，有人认为这是一种性别歧视，并被要求公开道歉和再不播出此类节目。

也有人认为,春晚仅仅是为了大家乐呵,语言类节目更是为博君一笑,若太过谨慎,恐失了乐趣。再比如玉林狗肉节时网友们对"吃狗肉"的争论。每年 6 月份是广西壮族自治区玉林市大办狗肉节的时候,广西玉林人一直保持吃狗肉的习惯,然而动物爱好者认为,狗是伴侣动物,不得食用。是尊重习俗文化还是爱护小动物,至今仍是网络上的热门话题。

互联网便利了我们的生活,却也给我们的生活刻下了这个时代专属的印记。网络信息量大、获取简易,一方面让现代人能够更便捷地作出选择和判断,另一方面,却也滋生了非理性和极端化。事实上,人们趋之若鹜地讨论某件事情,并持有极端观点,是群体极化的一种表现。在群体极化中,由于缺乏直接"讨论",在很多网络热点事件的传播路径中并没有看到网民的"讨论"过程,网民完全凭借自己的经验、观念或是意见领袖的意见对事件发表看法,因此意见分歧也容易产生。

今天的世界是全球化的。正因为全球化,远在大洋彼岸的新娘不知道母亲的裙子为何颜色,我们也能参与讨论。这是一场善意的争论,让我们看到了网络的强大的同时,也让我们了解了个人的局限。

事件三:新晋萌系英雄"大白"卖萌成功,俘获万千观众的心

时间:2015 年 3 月上旬

事件回顾:

2015 年 3 月初,网络上最红的人物莫过于一个身材臃肿,表情呆萌的白胖子了。其出演的电影不仅一举拿下 2015 年奥斯卡的最佳动画长片奖,而且凭借其温暖有爱的性格,俘获了千万观众的心,他就是萌系英雄——大白。

大白是《超能陆战队》中的绝对男配角,这部电影的灵感来源于迪士尼旗下的漫威工作室之前所创作的动画,但是几乎修改了之前所有的人物造型和故事情节。整个故事讲述的是在一个名叫"旧京山"(San Fransokyo)的未来空间,一位机器人小神童改造其哥哥发明的"医疗助手机器人"——"大白",并利用科技的力量,对抗城市中的邪恶势力,和小伙伴一起组成"超能陆战队"拯救家园的故事。

实际上,《超能陆战队》原著中的大白是一名威风凛凛的未来战士,举手投足间霸气十足,但是却一点也不可爱呆萌。在冰雪公主身上大获成功的制作团队当然知道,这样的形象绝对无法秒杀观众。作为男配,要想成功抢戏上位,就要像小黄人、瓦力、树精格鲁特一样卖得一手好萌,于是制作方对大白的外形进行了一系列的改造,最终

成就了今天风靡一时的白胖子——大白。

点评分析：

网红"大白"先生凭借其呆萌可爱爆红网络，而他的呆萌其实是多方面的综合体现。首先他拥有无比呆萌的外表，纯白的身躯看上去就像是绝对无公害的棉花糖一样，柔软舒适。其面部设计也非常简单，设计灵感来源于日本寺庙中的铃铛，给人和平愉悦的意象。这样极简主义的设计不仅没有使大白丧失萌宠魅力，反而用简单的表情就表达出了丰富的内心情感，吸引了更多的关注度。大白的走路姿势也是极萌，步距短，笨拙迟钝，像极了可爱的企鹅，看来小短腿也是萌宠的必备特征之一。大白除了长相萌态百生以外，还是个不折不扣的大胖子，大白的体型结构其实是参考了婴儿、企鹅以及大龙猫的形象之后最终成型的。电影中大白因为太胖"卡窗"的一幕就吸粉无数，真可谓是"胖子也有春天"啊！

其实，大白所代表的"萌"最初是日本动漫及游戏界使用的网络词汇，在日文中写作「萌え」，可以作为名词、形容词、动词使用。在日本，一切能够触动人们内心的东西都可以称之为"萌"，对象也没有严格的限制，"萌文化"通过动漫进入中国，逐渐演变为对一切可爱、令人心生怜爱的事物的形容。

"萌文化"在中国的流行也有其独特的心理因素。首先，"萌文化"本起源于御宅一族，他们独处的时间长，多与自己对话，社会参与能力减弱，对集体主义的认识越来越浅，对社会和团体的归属感越来越差。加上工业文明的发展，社会就业局势紧张产生了极大的生存压力，在这样高强度的生活节奏下，产生了孤独、彷徨、空虚的心态，而这些简单、憨态可掬的萌物们正是给这样的人带去了轻松的一刻，这些棉花糖电影慰藉了他们孤独的自我。其次，"萌文化"本身也是对真实情感的唤起，那些卖萌的人和物展现的其实是人们最真实的一面，有时候卖萌也是一种压力的宣泄。萌文化中颠覆传统的一面也满足了受众对于突破常规、打破束缚的希望。近些年，人们在物质社会中感受到的竞争和拘束越来越多，社会文化中像"萌文化"这样的亚文化作为情感的一种寄托和投射也就越来越受到欢迎，这也是大白、格鲁特、小黄人等萌物一波接一波地出现并大受欢迎的秘密之处。

即使有人指责《超能陆战队》是流水线作品，没有什么价值，但是他却在当下这个特殊的时期满足了受众对某些社会精神和心理情感的需求，变得大红大紫。看来想要抓住观众的心，首先要知道观众心里想的是什么。

事件四:《我是歌手》遭遇临时退赛,网络焦点聚焦多处

时间:2015 年 3 月 27 日

事件回顾:

2015 年 3 月 27 日晚,湖南卫视节目《我是歌手》第三季总决赛如期直播。在直播过程中,"歌王"种子选手孙楠却突然宣布退赛。他留下一句任性的"退赛",说走就走,留下的是直播进行到一半的节目,和台上台下陷入尴尬的节目组。同时,也让其他歌手和观众都惊呆了。

在孙楠的"退赛"宣言发布后,直播舞台上唯一的主持人汪涵临变不乱,发表了一番可圈可点、有情有义的话。汪涵的这番救场之言一下子成为人们讨论的话题。绝大多数网友对汪涵老练的主持功力和独到的点评能力表示称赞,甚至有人称这段话直接可以收录进播音主持教科书成为教学案例。关于汪涵主持的讨论,一夜之间跃居知乎热门话题榜。

一个临时退赛,一个精彩救场。汪涵和孙楠一夜之间都收获了巨高的讨论量。大家似乎在激烈的讨论中忘记了,昨夜的比赛关注点应当是"歌王"。当孙楠退赛后,韩红成为毫无悬念的"歌王"。然而在各大媒体、社交平台上,人们关于汪涵和孙楠的讨论越走越远,"歌王"被人们分散的注意力忘在了焦点之外。

点评分析:

在激烈的讨论中,《我是歌手》第三季匆匆落幕。因为一次退赛和因为一次圆场,人们对该栏目的讨论也转移到了选手和主持人身上。注意力的一次次转移,都推动了话题和讨论的一次次升级。此时,关于孙楠"退赛"的种种猜测仍未停止,有保全韩红冠军说、有湖南卫视联合炒作说,也有抗拒冠军黑幕怒退说等等……孙楠退赛原因我们不得而知,但在这样一场看似"乌龙"的直播事故中,湖南卫视成了受害者,却又成了最大的赢家。

收获最大的无疑是节目的话题度与收视率。退赛"乌龙"不仅带来了社交媒体的火热讨论,昨晚《我是歌手》的同时段收视率最终数据为 46.859%。这一漂亮的数字背后就说明,湖南卫视的节目仍然是观众关注的中心。

事件五:雷军印度发布会自曝英文水平,网友均称找回了自信

时间:2015 年 4 月下旬

事件回顾:

2015年4月,小米CEO雷军在印度举办了一场发布会,本来是想发布手机,却让自己的英文水平暴露在了公众面前。随即,一段《雷军在印度发布会上说英语》的视频在网络上火了起来,并成为微博的热门话题。

在视频中,身为小米CEO的雷总出场后,向印度粉丝挥手致意,以中国人最为熟悉的英文打招呼方式"How are you?"向印度米粉问好。也不知是故意还是紧张,雷军在问完好后脱口而出的竟然是:"I'm very happy to be in China……"然后自己也笑出了声。面对雷总的英文,印度的米粉表现得极为狂热,只听台下阵阵热烈掌声或是欢笑,以至于雷军不得不以一声声"Are you OK?"来试图平息现场的欢呼与掌声。

总结起来,在两分多钟的时间里,雷总的英文主要就是几句:"Hello,how are you?""Do you like Mi 4?""OK. We have a gift for everyone""Are you OK?""Thank you very much"等简单对话。这段视频一经发布在网上,立刻引来网友们的激烈评论。

点评分析:

一段针对印度人的发布会视频,却在国内引起了热议,并且讨论的主题完全偏离原有的意义,这其中原因有多重。

首先,从视频内容上看,雷总用典型的中式英文发音,说出"How are you""Thank you very much"这样中国人印象深刻的英文句子,不仅十分滑稽,而且能引发人们对中式英文发音的共鸣。

其次,网络上舆论领袖起到了助力传播的作用。4月27日早上,"国民老公"王思聪在微博上转发了这段视频,同时称:"其实英语不好的企业家我真建议你们就干脆别出国丢这个脸了。"可能是觉得言语有失,王思聪随后删除了这条微博并向雷军道歉,让"Are you OK"成了网络流行语。

第三,从传播效果上看,雷总用蹩脚的英文在吸引人们的眼球后,让人们的视线渐渐从英文转移到了小米手机本身上。网友开始探讨小米为什么要去印度,扒出了印度人排队参加小米发布会的画面。小米团队也是借机宣传,还发出了雷军登上印度报纸头条的照片。由此可见,小米是最终赢家。

在网络时代,自黑也能获得掌声。面对网友的调侃,雷军并没有表现得很窘迫,也没有展开任何的反击,而是温和地接受了大家的评论,并"自黑"了一下。其实,雷军并不是第一个因口语不标准而自黑的人,同样因为英语不好而被网友调侃的还有黄晓明。2008年,黄晓明的一曲"闹太套"(not at all)曾因为标准的中式英文发音而被调侃,备受攻击。随后,2011年,黄晓明拍摄了凡客的广告,第一次直面人们对"not at all"的讽刺,直面自己蹩脚的英文。此后,黄晓明还参演了《中国合伙人》,电影中的黄晓明虽然口语依然不标准,但是却因为敢于这样的自嘲而赢得了人们的理解和支持。

总之,从雷军说英文的视频中我们可以看到,直面自己的缺点,敢于自我调侃和自嘲,才是网络时代应有的心态。作为互联网的使用者,我们更应该以包容和宽容的心态看待网络事件,看待"英文蹩脚"的雷军。毕竟,我们手里是否拿着苹果手机和乔布斯的中文说得如何,并没有一点关联。

事件六:李晨、范冰冰承认恋情,"我们"成为网络热门作文题

时间:2015 年 5 月 29 日

事件回顾:

2015 年 5 月 29 日上午 11:16,演员李晨发布一条微博,正文只有"我们"二字,配图是自己和范冰冰的合照。范冰冰在一分钟后同样回复"我们"转发了这条微博,两人默契十足地坐实了恋爱传闻。刚从"5·28"股市大跌的话题中走出来的社交网络,又马不停蹄地被卷入新一轮的狂欢之中。明星或恋爱结婚、或分手出轨,总能激起一阵热议,但这回又有了新的玩法。

在李晨发布微博之后的一个小时,就有 8 家官微以闪电速度发来他们最热切的"祝福"!比如小米公司的"我们,有李有范",美的空调的"李有冰冰,我们也有冰冰"等等。

值得注意的是,对于这样一个娱乐化事件,政府公号也不再袖手旁观,力求在网络狂欢中抢占有利地形,比如联合国和《人民日报》等官微,都发布了与"我们"有关的微博。再加上哪儿都有的各大段子手们,"我们"从上而下,成了全民的命题作文。

点评分析:

首先,从品牌广告来说,每一次的网络热点都是品牌在社交平台上搏出位的绝佳时机。品牌官微积极投身网络热点,引导大众注意力,制造新的话题点已不是第一次,相对于大手笔的投放广告,一个精彩的创意也许就能让人对品牌念念不忘。因此,微博已成为各大品牌短兵相接的主战场。今年 4 月一场沙尘暴即将席卷京城的消息,让各个公司都大开脑洞,只等沙尘从天而降,卷起了网络话题,沸沸扬扬。相比于早已预料的沙尘天,像"我们"这样的突发话题更考验品牌运营者的积累和准备,对速度的拼杀简直就是"手慢无",质量则更是"脑慢无",若二者皆无,便会坠入文案大潮中,沦为分母。照此势头,下一次热点中将会有更多领域、更多商家加入,竞争也会被推向白热化。

其次，从网络传播来说，那么多晒幸福的明星情侣们，为何偏偏"我们"火了呢？第一，"我们"，虽然含义简单，但其实是一个极佳的"命题作文"，任何东西都可入题。第二，自带话题的范冰冰自身就是宣传点，她在宣布恋爱时佩戴一项假发，又特意使用代言品牌的手机来转发微博，不得不让人产生关注。凭借着戛纳红毯、"我是范爷"等一系列运作手段，范冰冰在过去几年逐渐摆脱出道时的负面形象，在国内国际建立自己的地位和品牌，也成为当之无愧的话题女王。第三，投放的时间讲究，周五中午，周末将至，便于话题发酵。同时与当晚即将播出的《跑男》形成话题双赢。

总之，"我们"的火爆，是天时地利人和之结果，那么下一个"我们"会在何时呢？

事件七：全民参与"反手摸肚脐"，却只是不靠谱的热门事件

时间：2015 年 6 月 10 日

事件回顾：

截至 2015 年 6 月 11 日中午 12 点，"反手摸肚脐代表身材好"这一话题已经在新浪微博的热门话题中取得了 1.1 亿的阅读量与 8.9 万的讨论量，成了不折不扣的网络热门事件。

红遍网络，火遍线下的"反手摸肚脐"被冠以"美国科学家研究结果"之名，让无数网友冒着脱臼的风险摸自己的肚脐眼，然而"反手摸肚脐代表身材好"这事本身就不那么靠谱。澎湃新闻随后发布了"辟谣"帖，邀请资深健身教练 Tank 点评，称"反手摸肚脐"主要考验的是你手臂关节扭曲度、臂展，特别是手臂以及背部肌肉的柔韧性，肌肉更少的瘦子更容易完成。

那么有点儿不靠谱的"摸肚脐"为何火爆网络呢？首先就离不开明星的力量。杨幂、许飞、霍思燕等艺人纷纷发微博贴出自己反手摸肚脐的照片，似乎坐实了"反手摸肚脐代表身材好"的论断。在明星的带领和微博热门话题的引导下，微博微信上出现了一大批"摸肚脐"的炫腹帖。

随后，话题再次升级，各种版本的"反手摸肚脐"纷纷出现，整件事画风突变，开启了恶搞的新次元。比如摸别人的肚脐，比如用手背摸肚脐。在网友们玩得不亦乐乎之时，话题热度也一直稳居前列。

点评分析：

不靠谱的反手摸肚脐却能一直在网络上保持着超高的参与度和话题度，想必一定是在某方面触动了网友们的神经。

第一，是明星效应下的从众心理。无论是在虚拟世界还是现实世界，明星们总有着巨大的号召力，在各大明星的参与下，无论是粉丝点赞，还是跟随参与，甚至是谩骂批判，只要你参与其中，就成了话题热度的助推器。

第二，是人无我有的炫耀心理。能真正反手摸到肚脐的毕竟是少数人，在全民大狂欢时还能炫耀自己的好身材，何乐而不为，众人的羡慕和夸耀让越来越多的"能者"参与其中。

第三，是现代社会人们对身材管理的心理压力。社会对人的要求越来越高，从容貌到身材，似乎优胜者总能多一份奖赏，于是有关"健身""身材"的话题本来就有更高的关注度。

事件八：关于贩卖儿童是否应该判死刑，网络上充斥着不同的声音

时间：2015 年 6 月 17 日

事件回顾：

2015 年 6 月 17 日，一张图片悄然在网络中转载，图片中一张流泪儿童的脸成了视觉重心，下方醒目地标注着"贩卖儿童死刑"的文案。值得注意的是，很多人在转发时还加上了更加激进的两个字"一律"，也就是支持贩卖儿童一律死刑。

煽情的图片和泄愤的迅速引发了社交媒体的广泛转载，随后不同的声音开始出现。17 日下午 5 点多，凤凰新闻客户端推送了一篇文章：《我为什么不支持人贩子一律死刑》。这篇署名麦姐的文章，也很快在朋友圈传播。文章提出据《刑法》的规定，拐卖妇女儿童已经属于重罪，基本都在十年以上至无期徒刑，情节严重的，更会处以死刑，所以刑罚必须有所区别，若"一刀切"全判死刑，可能会让拐卖儿童从单纯的生意变成"砍头的生意"，导致被拐儿童的存活率降低。

随后各大新闻客户端也相应地给出一些法律学者的观点。尽管这些文章有着不错的浏览量，但在所有的读者调查中，支持对人贩子处罚太轻的网友依然占据绝大多数，新浪网统计数据中支持拐卖儿童一律死刑的网友甚至超过八成。

随着事件进一步发酵，有网友指出此事是某网站的营销策划，该网站亦公开承认，称是个别员工所为。"新风向公益"是最早发布"坚持建议国家改变贩卖儿童的法律条款，贩卖儿童死刑"图片的公众号，这是一个在 6 月 17 号当天注册的个人微信公众号。然而，营销论却并没有带来舆情的转向，多数网友仍然坚持自己的观点。

点评分析:

在众多引发了网络热议的话题中,这次事件显得颇为例外。因为除了部分娱乐明星外,不管是媒体还是网络意见领袖,其观点都出奇地一致,往日充满对立的意见领袖在这个事件中保持了一致的精英主义姿态。从法治角度剖析刑法的罪刑相适原则成为共识。

而公众的认知几乎是一边倒的,在多家媒体的投票统计中,支持重判人贩子与买卖同刑的网友都占了多数,即便是事件被曝出确为某婚恋机构策划后,大势亦未有所改观。

精英与公众,一条不同寻常的意见鸿沟横亘其间。平日里对意见领袖观点多为跟从的网络群体,这次却忽然变成了精英和公众意见的撕裂,媒体和意见领袖并不能有效撬动网络舆情的走势,这一局面似乎较为少见。想要知道网络两级传播是否失效,就要先知道网络环境下的"民意"是怎样形成的。

拿今天的网络环境与法国大革命时期作对比,"丹东之死"这件事恐怕可以让人有所借鉴。丹东是法国大革命时期激进派雅各宾派的主要领袖之一,早期主张处死国王,建立革命法庭和救国委员会,以激进手段推进革命,后来丹东爱上妓女,并开始反思激进手段本身的问题,然而彼时局势已经很难改变,丹东的反思早已无法被激进的人群接受,最终被自己曾经的同志罗伯斯庇尔以违反"人民"的名义推上了断头台。也许丹东推崇的终极价值是合理的,但方式与手段的不合理却限制了任何可能的矫正。这在一定程度上是丹东悲剧性的来源。对比来看,启蒙和理性是今天媒体与网络舆论领袖最擅长使用的舆论武器,然而在群体传播中,为了使观点获得公众认同,意见领袖仍然倾向于制造有利于自身的情绪环境。一边是启蒙之义,另一边是情绪之利,游刃于二者之间,两边获益。情绪的放大让公众在网络传播环境下不去关注事实,网络启蒙不仅没有产出理性,反而使公众极易用肾上腺素思考问题,陷入群体极化。

与此同时,媒体与意见领袖也善于框定思考模式,或将特定的议题符号化,让网络充满漫无边际的阴谋假定、错误归因、滑坡推理,将现象引向既定的观点。封闭了思考方式本身,也封闭了通往求是的路径。这如同摇滚乐现场一样,尽管摇滚乐手们倾注其中的是对闲时的反思,但沉浸其中的观众却享受着情绪和集体无意识带来的疯狂。

正因如此,当几张虚假的拐卖儿童的图片出现在网络上,被情绪裹挟的公众汇集而成滚滚而来的民意,高喊着要杀死人贩子时,任何理性的呼声忽然都显得微弱了,面对不同意见,由于平日形成的思维定势使然,公众依旧不会去理会事实的每个侧面,而是将之归结于媒体转移视线的阴谋,将法学专家的分析看作肉食者之谋。正如丹东走上断头台前的情景一样,他所对抗的,正是他所构建的,而他所构建的正是他曾经极力对抗的蒙昧,只不过从一种蒙昧转变为另一种蒙昧。

部分媒体与意见领袖借助于情绪化的修辞和符号化的表达与思维定势,将观点与价值无限放大,传播看起来也变得极为有效。不去判断观点与价值是否合理,修辞与符号构建本身,就在潜移默化中培养着网络使用者的思考和表达方式。正因为传播方式被放任,人们并没有在网络的互动中提升媒介素养,反而受网络化表达的影响增长了戾气,与理性的思考方式渐行渐远。

这次事件足以使人警醒,贩卖情绪很容易,重建理性却很难,纵使观点一万个正确,还是要注重表达方式本身,否则"丹东之死"式的公众审判将永远成为网络群体传播的困局。

事件九:神州租车宣战 Uber,只是一次恶性营销

时间:2015 年 5 月 25 日

事件回顾:

2015 年 5 月 25 日上午,"神州租车"官方微博发布了一组由吴秀波、海清、杨璐、苏岑、罗昌平等一众明星代言的海报,并自带话题#BeatU#(打败你),配文"不仅舒适、更要安全,这就是我们的观点!感谢大家的支持。在互联网创新的浪潮中,我们永远做最极致、最安全的用户体验!Uber,请停下你的黑专车!"无论从图像上还是文字上来看,神州这组海报都似乎"醉翁之意不在酒",不为宣传自我,只为打击他人。广告文案里,神州以各类"明星独白"暗指 Uber 不安全,多为黑车,并批评其服务不周全、投诉无门等。

国内专车市场烽烟四起,相关法规却迟迟未能出台。近期,因为打车软件引起的争议甚至冲突源源不断,例如 Uber 的私家车接入模式无法从根本上保障司机和车辆的安全,更是被推上骚扰、纠纷甚至是伤害的风口浪尖,神州专车的这次营销,正是利用了这场纷争的余热。然而,神州专车的这次文案却遭到了网友们的一致反对,不少网友称利用贬低对手来提升自己名气的做法实在不登台面。

在海报发布之后,首先跳出来质疑神州的不是被其暗讽的 Uber,而是其海报中的代言人们。从罗昌平开始,海清、杨璐等都纷纷跳出来对神州专车表示不满,称其用公益的噱头做商业之事。随后,他们的广告图片均被撤回。

就在一片争议声中,神州默默地在微信公共平台上发布了一封道歉信,信中神州向所有网友、代言人道歉，并在道歉信末尾以优惠券的形式给网友发放了实际利益。

Uber对神州的回应却是温和的，他们在软件登入界面中，使用"Be with U"来回应"Beat U"，以温情回应诋毁，收获了网友的纷纷点赞。这场肆意打击的营销，却让被打击对象成了真正赢家。

点评分析：

原本是一场请到大牌、大咖的话题营销，但结果却令神州专车大失民心，因为他们选择了最不讨好的方式：恶意打击对手。广告文案用各种公开的、隐晦的、诋毁的、暗示的措辞，暗示用户使用Uber可能会遭遇"司机是怪蜀黍，可能身处险境""家人可能受伤害，隐私被买卖""毒驾、酒驾、罪驾"等事件。这样以偏概全的话语，一方面引起了众多网友的反对，另一方面却又歪打正着地让神州"上了头条"，神州体被相继模仿。

一次失败的营销，不管以怎样的方式，都让神州专车自身成为话题。不仅如此，他还创造了话题，给了许多商家以机会，借机宣传。例如每次都在热点话题中表现活跃的杜蕾斯，这次也仍然没有缺席，一个"Protect U"的海报，把视线吸引到了自家产品的功能身上。

从营销口碑的角度看，神州的这次营销似乎是几乎"0好评"，在一片的批评声中，不得不以道歉收场。但这似乎也"歪打正着"，虽然引起反感，却带来了收益，神州不仅收获了满满眼球和话题，下载量也大幅上涨。由于在道歉信中"夹带"大额优惠券，神州专车似乎又给自己带来了一群受众。我们不好判断这样的营销方式究竟是好是坏，但竞争的前提，应是尊重。

事件十：在微信公众号上卖书的康夏最终成为网络公敌

时间：2015年5月16日

事件回顾：

2015年5月16日，拿着飞往纽约的机票，即将奔赴哥伦比亚大学的文艺青年康夏决定卖书。他通过个人微信公众号"乌托邦地图集"发布文章《带不走，所以卖掉我的1741本书》。文艺的情怀，让这篇文章获得了远远超乎他预料的转发和支持。一天之内，他收到7000多人汇来的77.8万元购书款。当时康夏表态，他会随机选取约300位汇款人按照先前的约定寄送图书，剩下的约7000笔购书费用，他会与支付宝客服商定统一进行退款。

6 月 5 日,剧情发生狗血逆转,网友们发现自己收到的书,不少跟其他人重复,甚至仅《爱丽丝漫游奇境记》就出现了十多次。随后有人爆料,康夏寄出的书籍总数已经远远超过 1741 本。然后,网上骂声一片,种种阴谋论层出不穷。

随着重复书单的不断出现,质疑的声浪越来越大。6 月 5 日傍晚,康夏发布了一条微博"求放过",并删除其之前发布的所有微博。当夜 23 时 40 分,这个 26 岁的年轻人又在自己的微博中发布了一篇文章,终于承认做错事情:"我把除了我自己收藏的图书之外的很多买来的书寄了出去",并表示:"我已经请求支付宝将收到书的读者所支付的全部款项退还给大家,对不起。"

尽管康夏站出来承认了错误,并向公众道歉,然而此事的舆论发酵却没有因此戛然而止,反而有愈演愈烈之势。网友在微博中指责康夏的失信,漫骂之声铺天盖地,甚至还有许多人向康夏即将赴读的哥伦比亚大学投递了举报信。康夏本人苦不堪言,就像他在微博中表示的一样:"不知道还能做什么,越描越黑,好像我去死也不能让这件事停止下来。"

6 月 6 日,康夏联系《新京报书评周刊》,正式做出回应:"除了最初的 1741 本书,我另外买了 6000 本书。我买这些书时,知道这样做不太好,但没有多想,也没想到会造成这样的恶果。具体的数字我还没有统计,但整件事下来我可能得赔上十五六万块钱。不管收到书的,没收到书的,我都会退款。"

6 月 8 日,康夏在微信平台上发表题为《最后一条》的文章,表示将永远停用微博、微信朋友圈等,从社交网络上消失。

点评分析:

康夏"卖书",人们买的却是情怀。康夏卖书最初引起了大量关注,是因为其文字中所传递出的"情怀"。这份最初的情怀,不管是出于凑热闹的狂欢,还是出于爱书的狂热,都无可厚非。情怀确实是人心最好的敲门砖,不管有意无意,康夏击中了它。然而,维系这种情怀的基础,则是人与人之间的信任。可惜的是,这一场关于信任的赌注,参与事件的双方都赌输了。

互联网时代的成败总在瞬息。在移动互联网时代人们时时刻刻紧盯手机或电脑屏幕,被社交媒体捆绑,网络生活过得单调重复无新意,这时康夏卖书的行为就如同盛夏迎头浇下的清凉之水,蓦然之间,让所有的参与者都感受到了久违的购书热,以及一种可以堂而皇之说出来、做出来的浪漫。凭借网络的强大影响力,康夏的《带不走,所以卖掉我的 1741 本书》获得了大量转发和支持,并在短时间内收到大量书款。然而也正是互联网的强大影响力,让康夏一夜之间从天堂跌入了地狱,跌入万劫不复的深渊。

正如康夏在《最后一条》中写的一样，"事件突然爆发大约5—6小时之后，我的手机每一秒都会有四五声接连不断的来自微博的嘲笑声、质疑声和咒骂声。"

总之，康夏卖书是出于一种理想还是出于一桩生意，现在似乎已经没有考证的必要了。从理性的角度看，参与买书的网友没有任何经济上的损失，这是不要继续给予康夏压力的最大理由。网友的愤怒也不见得是对收到的书不满，而是觉得康夏的真诚度不够完美。事到如今，这件事也该画上句号了，它会给热爱互联网生活却不满现实生活太过平庸的我们提一个醒，即便美好事物出现了，也应该用更平和的心态去对待。

事件十一：优衣库的不雅视频传出，却打响了各商家的借势营销战

时间：2015年7月14日

事件回顾：

2015年7月14日晚，因一段不雅视频，"优衣库""优衣库试衣间"一下跃居话题榜榜首，微博、微信等各大社交平台，都流传着"三里屯优衣库"的传说。随后，"优衣库"甚至一度成为敏感词。

作为一个服装品牌，优衣库因为一段网上流传的不雅视频，一下子成为公众视野中最惹人关注的话题。这不禁让人开始怀疑，这是否是优衣库或其他品牌策划的一次炒作营销。15日早晨，优衣库对此事件发布微博进行澄清，并表态绝非营销事件。

北京警方也在随后发布消息：官方微博"平安北京"陆续收到网友举报，在网上流传着"朝阳区某服装店试衣间不雅视频"。朝阳警方对此高度重视，目前已介入调查。

另外，据《新京报》报道，公安机关对此事的调查，首先会确定视频流出的来源，并鉴定其是否构成淫秽视频。如果发布者为当事人本人，将会根据《刑法》对传播淫秽物品案的有关规定，追究当事人的法律责任，如果当事人本人并不知情，由其他网友在网络发布，则会追究最早发布该视频的网友的法律责任。

随后，如同每一次热门、热点事件一样，隔岸观火的商家们总能在热门事件中继续"刷存在感"，利用各种营销图片、段子，抓住此次事件进行宣传。在一次次与其产品毫无相关的事件中，为自己的品牌和产品找到立足点，树立了一个标杆性的楷模形象，占领社会化媒体平台的宣传制高点。事件被越吵越热，可人们的关注点却已经几度扭转了。

点评分析：

借助新闻性热点话题进行营销，绝非空穴来风。要想制造一种既不会遭用户排斥,又能满足媒体内容需要的创意图文,不仅仅是跟风,需要在内容导向、情绪感染、广告注意力转移等层面完成质的转变。但是,创意是一种稀缺品,现在的网络媒体营销状况已经成了一两个西施走秀、一大群东施效颦的奇异形态,这种情况几乎充斥着整个社会化媒体,根本无力逃脱。

借势营销用得好,商家能够在一次次事件中"刷存在感",甚至还能"刷好感",得到认可和赞同,让受众对品牌的创意度有所认知。可一旦借势营销失去了底线,比如在这次事件中,许多人就对商家的无良借势发出了批评的声音,认为这是一场病毒传播的"事故",借势营销的商家正是这场网络暴力的残酷施暴者。

古有借大雾草船借箭、借东风火烧连营,随着社交媒体的普及、事件的快速更新,借势营销的大时代已经来临,借势营销也几乎成了企业新媒体运营的亮点所在。营销的目的不在于单纯的买卖,而在于得到受众的长期认可,正是如此,借势营销,则更不应触碰人性的底线。

事件十二:时尚发型"头上长草",从线下红到线上

时间:2015 年 8 月下旬

事件回顾:

2015 年 8 月下旬,"头上长草"的时尚发型红遍大江南北,成为中国广大老百姓的新时尚焦点。

最初,头上长草的新时尚是在成都走红,微博上传出成都出现了大街小巷的人都"头上长草"的新闻。随后,这一风潮迅速席卷全国各地、大小景区,成为当下最火热的一个话题。走到哪儿都发现"头上长草"的人不在少数,包括北京、杭州、长沙等在内的多个城市均被爆出已经"沦陷",处处可见头上长草的人。甚至,明星们也对"头上长草"的新风潮进行了及时的追踪。

其实,头上长草只是在头发上别了一个新型发卡,这种新型发卡最初只有豆芽花一种版本,但因为销量实在太好,商家们也趁机推出了蘑菇、小雏菊、太阳花、樱桃等多种多样的产品。

点评分析:

新风潮也不是空穴来风,对于"头上长草"闪电来袭的原因,网友们也进行了深入的分析。部分关注国产漫画的网友则指出,头上长草是经典国产动漫大片《喜羊羊》中村长慢羊羊的造型,每当村长开始思考问题的时候,头上就开始长草。头上长出的豆芽花其实是"智慧之草"。还有网友认为头上长草自古就有,在古代,插上草标是表示物品待售,所以也有头上别草,表示要卖身之意。因《捉妖记》一炮二红的胡巴也成了"头上长草"风潮的引领者,网友们纷纷指出胡巴头上那一撮绿绿的小草就是"豆芽花"的来源。除了上述的说法之外,也有网友指出,长草颜文字君早在去年就已经崭露头角,凭借萌萌哒的造型赢得了不少好评。

"头上长草"瞬间走红大江南北,究其原因,其实离不开当前人们对"萌"文化的喜爱。当前,萌宠的动物、服装、头饰都大获好评,卖个萌就能引来一阵欢呼,甚至热门的口头禅都是"萌萌哒",似乎每个人都是来自童话的小公主。

但值得注意的是,"萌文化"虽然能够在强大的社会压力下给人们一个发泄的通道,对于调整心态具有一定的帮助作用,但同时,"萌文化"也是一种对现实的逃脱,长久如此则会使人们失去斗志,放弃思考,沉浸在内心的绝对"纯真"中。

事件十三:言情小说男主体创始者叶良辰爆红网络

时间: 2015 年 9 月下旬

事件回顾:

正值中秋佳节之际,一位叫"叶良辰"的小伙子因其类似言情小说男主语气的独特说话方式爆红网络。

"叶良辰事件"最先出现于百度贴吧,有人在贴吧上曝出了他和一位名叫"叶良辰"的人的聊天记录。之后,"叶良辰事件"从贴吧蔓延到微博,并一度占据实时话题榜第一名。

事件起因是在北京某高校女寝,因为打扫卫生的问题,一位女同学请来了一名叫"叶良辰"的大哥。于是寝室长和叶良辰展开了一段充满"吸引力"的对话。比如:"你若是感觉你有实力和我玩,良辰不介意奉陪到底。"再比如:"良辰必有重谢。"还有:"值日表望你三思而后行。"

句句话都让这位"叶良辰"展现出其翩翩君子的知性与儒雅之风,"良辰体"由此诞生。

点评分析:

作为现实生活中第一个用言情小说男主语气说话的人,叶良辰句句话都产生了极为出众而强大的喜剧效果。叶良辰的走红并非没有道理。

首先,他身上所散发出的强烈自信感是一般人所没有的。叶良辰可能只是我们身边一个不具名的路人甲,尽管出身平凡,他的自信还是体现在每一个字当中,字字珠玑。总体上,自信还是一种被社会认可的品质,也是快速博得眼球的一剂猛药,比如王思聪的直白大胆甚至口无遮拦就为他赢得一批拥趸。这种自信感的代表还有另一类人,如大多数的九〇后,他们没有惊世骇俗的大事件,却能在自己的世界里自得其乐。他们莫名自信、举止轻狂,随身携带舆论光环。他们有些出格的言论带来的是比名人更轰动的关注效应。

其次,这场充斥着玛丽苏情节的年度大戏着实让人目不转睛。在这个缺乏基本信任与安全感的时代,叶良辰俨然是一位活在梦里的古风大兄。在女性受众的眼中,他或许应该穿着白衬衣,留着前刘海,有邪魅的笑,会保护喜欢的对象,勇敢自信,无所不能。这样的人设路线完全契合了观众的心理需求。就像我们都会艳羡七公主不仅有一个把她捧在手心上的名叫贝克汉姆的爹,还有好几个把她宠上天的哥哥;就像我们会守在电视机前看威廉王子和灰姑娘凯特王妃的世纪婚礼,等待着如期而至的阳台之吻。这些都是玛丽苏情节的表征。实际上,玛丽苏是聚光灯下的主角,是对现实生活缺憾的一种弥补,是作者模拟受众自我满足以及欲望膨胀心理的产物。

再次,叶良辰带我们走入了学生时代的美好回忆。事件的出发点是一桩寝室分配值日的小事,实际上隐含着女生之间微妙的人际关系。学生时代的标志性符号——宿舍、教室以及娴熟的泡妞手法,总能轻而易举地将我们拉回到记忆里的岁月。叶良辰与这个叫李静静的寝室长争论的焦点主要有:如何恪守寝室长这一小职务的职责,如何处理大学室友之间的关系。在我们眼里,这拥有最丰富多变的戏剧性。集体性的共鸣在互联网上发酵,并上升为一种社会现象。类似的案例还有 20 世纪 90 年代初中英语教科书里的李雷和韩梅梅。2005 年,一个网络帖子发布:《八一八中学英语课本中为虾米有一个奇怪的名字——Han Meimei》,一句"如今 Han Meimei 和 Li Lei 应该都结婚了吧"有着说不清的惆怅。如今,围绕"李雷和韩梅梅"的衍生文化产品也发展得相当壮大,从网上的怀旧帖子,到实体化的同名漫画与同名歌曲,甚至还出现了同名话剧。

最后,叶良辰也好,赵日天也罢,他们都不过是被网络暴民们蛮横消费的普通人。每当有自带槽点的人物登场,大家趋之若鹜,欣喜若狂地开发着每一个可圈可点的话题。我们害怕丧失茶余饭后的优秀谈资,害怕因为一个时髦的话题而被烙上刻板古董的标签,甚至害怕连嘲笑都跟不上这个时代的节奏,所以跟着一起笑。究其根本,广大网友的推波助澜才是叶良辰走红的源头。值得注意的是,强大的网友已经把叶良辰的真人照扒出来了,这势必对当事人的现实生活造成不可避免的干扰和破坏。

娱乐的界限在哪里？道德的尺度又在哪里？莫要让"良辰"成为下一个悲剧。

事件十四："主要看气质"的典型病毒式传播事件

时间：2015 年 12 月上旬

事件回顾：

2015 年 12 月上旬，大家的微信朋友圈突然被一句莫名其妙的"主要看气质"给刷屏了。随后，不止微信朋友圈，在新浪微博上，"#主要看气质#"这个话题更是几度登上微博热搜，热议不断。

虽然也有广大群众表示"并不懂这句话到底是个啥意思"，但却一个个都参与到晒照刷屏行动中，复制粘贴的速度堪比赛跑。

于是从朋友圈到微博，大家的晒照模式一致地变成了"主要看气质"的文字配上养眼自拍。这次事件从各方面来看，都是一次典型的病毒式传播。

点评分析：

在如今的新媒体环境中，病毒式传播现象并不鲜见，在传播内容方面也已经呈现出极其丰富的样态。无论是最近的"#主要看气质#""#社会主义梗#"，还是之前的"#优衣库试衣间事件#""#围住神经猫#"，病毒式传播案例可谓五花八门，让人摸不清门道。但笔者坚信，在这些看似偶发的病毒式传播背后，一定存在着某种"传播定式"，存在着某些特定的影响因子，造就了成功的传播效应。

第一，情绪共振。一种传播关系的达成，本质上是一次情感关系的实现，营造出一种高程度的情绪共鸣。尤其是在新媒体环境中，"情感"成了影响传播效果的关键因子。社交媒体分析工具 BuzzSumo 曾对 10 万篇"爆款文章"进行分析，调查它们究竟引发了人们的何种情绪。结果显示，在这些被广为传播的文章中，排在引发情绪第一位的是吃惊（占 25%），紧随其后的是搞笑（占 17%），排在第三、四位的分别是开心（占 15%）和愉悦（占 14%）。这四种积极情绪占据了总体的 73%。引发愤怒情绪的爆款文章只占 6%，而让人悲伤的仅仅有 1%。因此，能唤起人们积极情绪和传播正能量的内容往往更容易让用户参与分享，从而实现病毒式传播。

第二，可变异性。关于病毒式传播的研究曾引用过"Meme"的概念，这一概念被认为是文化的基本单位，是一种以衍生方式复制传播的互联网文化基因。它以模仿的方式进行传递，并且在传递扩散的过程中不断发生改变。例如这回的"#主要看气质#"，最初是对歌手王心凌新专辑配图的调侃；随后这句话被一位网友复制、模仿过来，并加入了"不发自拍就发红包"这一元素,引起大规模转发;然后经过"反转""解构""恶搞"等种种变异,最终形成 N 级病毒式传播之势。新媒体中内容的碎片化使得同一主题下的病毒信息内容借助频繁更新和反复叙事,获得信息传播的累积效应,这使得信息的影响力不断壮大。不同迷因相互融合、共同进化,到了最后,甚至可以变异出完全不同于最初的信息的样态。同时,这一过程也是受众不断参与、自主创造内容的过程,网友的参与感与创造性在病毒式传播的过程中迸发。

第三,拟合诉求。病毒式传播看似泛娱乐化时代中乌合之众的非理性狂欢,但如果我们对现象进行深究就不难发现,每一次病毒式传播,其实也都在满足受众的某一项关键诉求。比如这次的"#主要看气质#",有网友就直言不讳:就是找个合理的理由发自拍呗!即满足"展示自我形象"和"愉悦"的诉求。

第四,社交推手。从"#围住神经猫#"到"#主要看气质#",每一次病毒式传播的参与者除了看热闹的自觉转发者,起关键的节点性作用的,是社交网络上的各种"意见领袖"。比如这次的"#主要看气质#",段子手"留几手"、奇虎 360 公司董事长周鸿祎、聚美优品创始人兼 CEO 陈欧等微博大 V 都加入了刷屏活动。这无疑给病毒式传播又添了把火。这种场景类似于"信息瀑"效应,或可以称为"群体无意识"。简言之,信息瀑让人们倾向于根据周围人的做法进行决策,就如一个闭合的、彼此连接紧密的圈子,其中的成员希望能在圈子里玩得尽兴,就往往会选择在行动上和圈子里的人保持一致。

现今,我们处在一个大众娱乐、网络消费、微传播盛行的新媒体时代,打造出拥有病毒式传播效果的"爆款"内容,可以说是每个媒体人追求的目标。但是火爆并不意味着哗众取宠,通俗不能与恶俗等同。病毒式传播虽好,保持媒体人该有的操守才是重中之重。

事件十五:中文十级的外国姑娘凭借极正的三观走红知乎

时间:2015 年 12 月中旬

事件回顾:

2015 年 12 月,一位"中文十级"的外国姑娘在网络上走红,她叫 Negar Kordi。作为伊朗和加拿大的混血儿,她中文口语极佳,文风幽默,疯狂迷恋中国美食,自称"吃货小公举"。

Negar Kordi 十分喜欢在知乎上回答网友的各种问题,其回答积极向上,处处体现着我国社会主义核心价值观。比如有人问"身在中国,有哪些好处是欧美国家没有的?",她在知乎上的回答如下:"身为来华的外国人,长住中国快5年了,我来总结下:1.中国真的是我觉得最安全的国家。加拿大也安全,但是这个安全是因为人少,在加拿大被狼吃了的几率比被人伤害还要高。但是这么多人的中国,我5年来没有一次有过危险。2.物价真的便宜。我这么一个费钱的吃货一个月基本上在吃上花的钱也就是2000,只要不吃太夸张的东西,一般可以吃得很满足。穿衣服也是,有了淘宝,我觉得人生已经没有遗憾了。3.听歌、看电影很方便,不用担心版权问题。1024里有个叫技术讨论区的地方,里面可以找到最新的电影。不要问我一个外国妹子为什么会知道。4.不用给小费的国家是世界上最好的国家。5.我觉得中国的基础设施真的很厉害。比如铁路和公路还有出租车以及很多公园,真的很方便。最重要的是,我玩网络游戏时感觉玩家特别多,很有意思。6.中国人对我家乡的异国风情很好奇,但是一般真的不会有让人不舒服的地方。我去过一些其他国家,对外国人太不友好了。7.大家比较包容,不会像欧洲和加拿大一样冷漠。中国人其实真的挺热心的,也不会有很严重的社会问题,没有罢工和种族歧视,感觉比较能理解别人。8.吃的特别多,玩的特别多,看的特别多,中国真的很舒服。9.懂了汉语之后发现中国人真的很幽默,路上会有很多的中国人长得特别帅,一种很不一样的亚洲风情,很喜欢。10.其实我觉得这个国家真的挺伟大,如果你去看了黄山、长江、故宫还有很多的建筑和风景后,你会真的感觉到文化很深,历史很久远,给人很震撼的感觉。11.会跳广场舞的我已经快忘记正经跳交际舞了。这算是个副作用。已经有很多人开玩笑让我入党了,我就不说了。等会儿还要学写申请书,忙着呢。"在回答"外国人在国内能享受哪些超国民待遇?"这一题时,她如是说:"我只是一个来中国的普通人,我学习汉语,我努力去热爱中国文化,适应中国的生活方式。"认同中国梦并且为不爱中国的人着急,说到慷慨激昂时,还会用一句"气死我了"结尾。

从回答第一个问题到今天,在不到十天的时间里,这位姑娘的知乎粉丝数量就涨到了近十万,收获点赞和好评无数,网民们通过这种方式表达了对她的喜爱。

点评分析:

网络上机智巧舌的人很多,我们为什么偏偏喜欢上了这个外国姑娘呢?

首先,她是一个有趣低调的另类网红。在许多人紧盯着曝光机会试图名利双收的今天,偏偏有一个美丽的外国女孩,将自己隐藏在一条条欢乐的答案背后,就事论事、有理有据地分享自己的观点与态度,将知乎的高关注率视作一种纯粹的鼓励,拒绝微信微博的各种骚扰,这让看惯了美图秀秀一键美颜的网民们耳目一新。

其次,她有着致力于消除刻板印象的友好态度。到目前为止,这个妹子在知乎上一共回答了 48 个问题,其中有 30 个问题的题目都是直接与中国或者外国人相关。比如:"中国人在国外受歧视吗?""中国人对其他国家有哪些刻板印象会让外国人哭笑不得"等。在她的回答里,你看不到针锋相对与争执不休,没有一概而论和以偏概全,拒绝刻板印象和保守成见,她只从自己的经历谈起。她用一种大家喜闻乐见的方式告诉你,至少她不是你所认为的那种外国人,你和她之间并没有什么不同。在玩笑与段子背后,是赤诚交流的真心。

最重要的是,她以独特的身份在合适的语境中极大地激发了中国人的文化认同感。她来自加拿大,却在精英分子时常混迹的知乎上告诉网民不要轻易被西方价值观蛊惑,那都是政治家的手段。虽然远不至于倒戈,但这种情理之中的比较和她自己的现身说法的确具有很强的感染力和说服力:一个外国人都这么爱中国,我们为什么不呢?

她用前段时间流行的"社会主义梗"说出了对中国的文化、食物以及中国人的热爱。原本老旧的、用于宣传的口号经身为外国人的她俏皮地一提,反而因为身份的差异和特殊的话语表达而多了一份乐趣。

能欣赏文化的相似性,又能接受文化的差异性,才是一个跨文化交流者的最高境界,希望有一天世界会因为友好的你我而变得有一点点不一样。

〔刘也毓,作者单位:中国传媒大学新闻传播学部〕

图书在版编目(CIP)数据

中国网络视频年度案例研究.2016 /王晓红,付晓光主编. —北京:中国传媒大学出版社,2016.5

ISBN 978-7-5657-1679-9

Ⅰ. ①中… Ⅱ. ①王… ②付… Ⅲ. ①计算机网络－视频系统－案例－研究－中国－2016 Ⅳ. ①TN941.3 ②TN919.8

中国版本图书馆 CIP 数据核字(2016)第 069073 号

中国网络视频年度案例研究(2016)
ZHONGGUO WANGLUO SHIPIN NIANDU ANLI YANJIU(2016)

主　　编	王晓红　付晓光
副 主 编	包圆圆
策　　划	李唯梁
责任编辑	张　旭
责任印制	阳金洲
封面设计	拓美设计
出 版 人	王巧林

出版发行	中国传媒大学出版社
社　　址	北京市朝阳区定福庄东街1号　邮编:100024
电　　话	86－10－65450528　65450532　传真:65779405
网　　址	http://www.cucp.com.cn
经　　销	全国新华书店
印　　刷	北京易丰印捷科技股份有限公司
开　　本	787mm×1092mm　1/16
印　　张	14.25
版　　次	2016年5月第1版　　　2016年5月第1次印刷
书　　号	ISBN 978-7-5657-1679-9/TN·1679　　**定　价**　58.00元